电网企业专业技能考核题库

农网配电营业工（台区经理）

国网宁夏电力有限公司　编

中国电力出版社
CHINA ELECTRIC POWER PRESS

内 容 提 要

本书编写依据国家职业技能鉴定、电力行业职业技能鉴定与国家电网有限公司技能等级评价（认定）相关制度、规范、标准，立足宁夏电网生产实际，融合新型电力系统构建及新时代技能人才发展目标要求。本书主要内容为电网企业技能人员技能等级认定与评价实操试题，包含技能笔答及技能操作两大部分，其中技能笔答主要以问答题形式命题，技能操作以任务书形式命题，均明确了各个环节的考核知识点、标准答案和评分标准。

本书为电网企业生产技能人员的培训教学用书，可供从事相应职业（工种）技能人员学习参考，也可作为电力职业院校教学参考书。

图书在版编目（CIP）数据

农网配电营业工：台区经理 / 国网宁夏电力有限公司编. —北京：中国电力出版社，2022.9
电网企业专业技能考核题库
ISBN 978-7-5198-7060-7

Ⅰ. ①农… Ⅱ. ①国… Ⅲ. ①农村配电–资格考试–职业技能–鉴定–习题集 Ⅳ. ①TM727.1-44

中国版本图书馆 CIP 数据核字（2022）第 175554 号

出版发行：中国电力出版社
地　　址：北京市东城区北京站西街 19 号（邮政编码 100005）
网　　址：http://www.cepp.sgcc.com.cn
责任编辑：马　丹（010-63412725）　马玲科
责任校对：黄　蓓　常燕昆
装帧设计：郝晓燕
责任印制：钱兴根

印　　刷：望都天宇星书刊印刷有限公司
版　　次：2022 年 9 月第一版
印　　次：2022 年 9 月北京第一次印刷
开　　本：889 毫米×1194 毫米　16 开本
印　　张：17.25
字　　数：495 千字
定　　价：70.00 元

《电网企业专业技能考核题库　农网配电营业工(台区经理)》

编　委　会

《电网企业专业技能考核题库　农网配电营业工（台区经理）》

编　写　组

主　　编　高伟国

副 主 编　王翰林　王登峰

编写人员　牛文浩　郑小贤　韩世军　顾晓龙　周晓青
路　东　韩天才　黎　峰　闫　明　周进波
陈海啸　金彩龙　郑鹏竹　张兴兴

审稿人员　王　沛　岳东明　赵晓琦　秦　蕊　安　静
刘新梅　毛　捷　董继荣　孙卫国　张　骥
马绍斌　孟兆鹏

前 言

国网宁夏电力有限公司以国家职业技能鉴定、电力行业职业技能鉴定与国家电网有限公司技能等级评价（认定）相关制度、规范、标准为依据，主要针对电网企业各类技能工种的初级工、中级工、高级工、技师、高级技师等人员，以专业操作技能为主线，立足宁夏电网生产实际，结合新型电力系统构建要求，编写了《电网企业专业技能考核题库》丛书。丛书在编写原则上，以职业能力建设为核心；在内容定位上，突出针对性和实用性，涵盖了国家电网有限公司相关政策、标准、规程、规定及现代电力系统新设备、新技术、新知识、新工艺等内容。

丛书的深度、广度遵循了“适应发展需求、立足实践应用”的工作思路，全面涵盖了国家电网有限公司技能等级评价（认定）内容，能够为国网宁夏电力有限公司实施技能等级评价（认定）专业技能考核命题提供依据，也可服务于同类电网企业技能人员能力水平的考核与认定。本套丛书可供电网企业技能人员学习参考，可作为电网企业生产技能人员的培训教学用书，也可作为电力职业院校教学参考用书。

由于时间和水平有限，难免存在疏漏之处，恳请各位专家和读者提出宝贵意见。

目　录

第一部分 初级工

第一章　农网配电营业工（台区经理）初级工技能笔答

Jb0001531001　抄表员进行现场抄表时要做好什么工作？（5分）

考核知识点：电能表的现场抄录

难易度：易

标准答案：

（1）在现场将电能表上的户号、表计资产号等与抄表器中数据核对无误后，将表计指示数录入抄表机。

（2）核对客户用电情况，发现违章用电、窃电情况后，如实录入异常情况记录中。

（3）将故障表计的状态记录至异常情况中。

（4）对新装表客户第一次抄表时，抄表机会提示抄表员，抄表时对户号、客户名称、表计型号、资产号认真进行核对。

Jb0001511002　已知某0.4kV低压供电客户，TA＝50A/5A，有功电能表起码为157，止码为249。试求该客户有功电量为多少？（5分）

考核知识点：电量计算

难易度：易

标准答案：

该客户有功电量＝50/5×（249－157）＝920（kWh）。

答：该客户有功电量为920kWh。

Jb0001511003　某供电企业当月总抄表户数为1000户，电费总额为400 000元，经上级检查发现一户少抄电量5000kWh，一户多抄电量3000kWh，假设电价为0.4元/kWh，试求该供电企业当月的抄表差错率为多少？（5分）

考核知识点：实抄率、抄表准确率、抄表差错率的概念及计算公式

难易度：易

标准答案：

根据抄表差错率计算公式得：

抄表差错率＝2/1000×100%＝0.2%

答：该供电企业当月的抄表差错率为0.2%。

Jb0002531004　“远程费控”的定义是什么？（5分）

考核知识点：电费催缴与催缴方式推广

难易度：易

标准答案：

“远程费控”是智能电网背景下一种新兴预付费用电模式，主要是以具备费控功能的智能电能表

为基础，以用电信息采集系统为依托，通过系统每日自动测算电费来实时监测电量、电费和停电、复电流程的远程自动化控制。

Jb0002531005　电费回收的工作内容是什么？（5分）

考核知识点：电费回收工作的内容及具体要求

难易度：易

标准答案：

按电费通知、电费收缴、欠费催收、欠费停复电、欠费司法援助、电费坏账核销顺序开展应收电费的收取、催收、欠费处理工作，保证供电企业主营收入任务的全面完成。

Jb0004531006　集中器安装的技术要求是什么？（5分）

考核知识点：用电信息采集装置运行维护

难易度：易

标准答案：

集中器的主接线需要使用至少 $2.5mm^2$ 的硬芯铜线，一般选择 $2.5mm^2$ 或者 $4mm^2$ 的硬芯铜线来连接，由于集中器的下行通信使用的是电力线载波，所以辅助端子一般来说不需要连接，若遇到特殊情况，则建议使用信号线来连接。另外，集中器安装完毕后需要安装天线、SIM 卡并进行上行通信的调试。

Jb0004531007　什么是终端初始化？（5分）

考核知识点：采集终端的定义及工作原理

难易度：易

标准答案：

终端接收到主站下发的初始化命令后，分别对硬件、参数区、数据区进行初始化，参数区设置为缺省值，数据区清零，控制解除。

Jb0004531008　用电信息采集系统建设“全覆盖”的内涵是什么？（5分）

考核知识点：用电信息采集系统建设“全覆盖”定义

难易度：易

标准答案：

“全覆盖”指采集系统覆盖公司经营区域内包括结算关口、大型专用变压器客户、中小型专用变压器客户、一般工商业客户、居民客户的全部电力客户计量点和公用配电变压器考核计量点。

Jb0005531009　窃电时间的认定方法是什么？（5分）

考核知识点：违约用电、窃电的查处

难易度：易

标准答案：

窃电时间无法查明时，窃电日数至少以 180 天计算。每日窃电时间：电力客户按 12h 计算，照明客户按 6h 计算。

Jb0006531010　低压设备结构由哪几部分组合而成？（5分）

考核知识点：低压设备结构

难易度：易

标准答案：

低压设备由低压电路内起通断、监视、保护、控制或调节作用的设备组合而成。

Jb0006531011　检修工艺的要求有哪些？（5分）

考核知识点： 检修工艺

难易度： 易

标准答案：

（1）检修后的设备外表良好，无损伤。

（2）检修后的设备功能齐全、完好。

（3）检修后的设备布线应横平竖直，达到检修前标准。

Jb0006531012　设备巡视的目的是什么？（5分）

考核知识点： 低压设备检修的步骤

难易度： 易

标准答案：

对配电设备巡视的目的是掌握设备的运行情况及周围环境变化，及时发现和消除设备缺陷，预防事故发生，确保设备安全运行。

Jb0006531013　设备巡视周期是如何规定的？（5分）

考核知识点： 低压设备检修的步骤

难易度： 易

标准答案：

配电设备的巡视应与配电线路的巡视同期进行，正常巡视周期为：

（1）市区一般每月进行一次。

（2）郊区及农村每季至少一次。

（3）特殊巡视、夜间巡视、故障性巡视应根据实际情况进行。

Jb0006531014　开关站运行中应建立什么制度？（5分）

考核知识点： 开关站运行维护

难易度： 易

标准答案：

开关站运行中应建立值班制度、交接班制度、设备巡回检查制度、闭锁装置防误管理制度、运行岗位责任制、设备验收制度、培训制度。

Jb0006531015　按照供电所的业务范围和岗位责任，电力营销管理信息系统主要包括哪些功能？（5分）

考核知识点： 电力营销管理信息系统功能模块

难易度： 易

标准答案：

电力营销管理信息系统主要包括营销资料管理、抄核收业务、电费账务管理、计量管理、业扩与变更、线损管理。

Jb0006531016　任何的单位和个人在架空电力线路保护区内必须遵守哪些要求？（5分）

考核知识点：电力设施保护
难易度：易
标准答案：
（1）不得堆放谷物、草料、垃圾、矿渣、易燃物、易爆物及其他影响安全供电的物品。
（2）不得烧窑、烧荒。
（3）不得兴建建筑物、构筑物。
（4）不得种植可能危及电力设施安全的植物。

Jb0006531017　在营销业务应用系统中，变损、线损电量有哪几种计算方式？（5 分）
考核知识点：变损、线损电量
难易度：易
标准答案：
变损、线损电量有不计算、定量、定比、按标准表、按标准公式等计算方式。

Jb0006531018　供用电合同种类包括哪几种？（5 分）
考核知识点：供用电合同
难易度：易
标准答案：
供用电合同种类包括高压供用电合同、低压供用电合同、临时供用电合同、居民供用电合同。

Jb0006531019　线损可以分为哪几类？（5 分）
考核知识点：电力客户用电信息采集系统
难易度：易
标准答案：
（1）按损耗不同特性进行分类：
1）不变损耗。
2）可变损耗。
3）不明损耗。
（2）按损耗性质进行分类：
1）技术线损。
2）管理线损。

Jb0006531020　用电信息采集系统远程通信信道用于完成主站系统和现场终端之间的数据传输通信，其主要通信方式有哪些？（5 分）
考核知识点：用电信息采集系统
难易度：易
标准答案：
用电信息采集系统远程通信信道用于完成主站系统和现场终端之间的数据传输通信，其主要通信方式有光纤专网、GPRS/CDM、3G 等无线公网、230MHz 无线专网、中压电力线载波等。

Jb0006531021　用电信息采集系统主现场设备运维对象包括哪些？（5 分）
考核知识点：用电信息采集系统

难易度：易

标准答案：

用电信息采集系统主现场设备运维对象包括厂站采集终端、专用变压器采集终端、低压集中抄表终端（集中器）、采集器及电能表。

Jb0006531022　用电信息采集系统主站采集数据的方式主要有哪几种？（5分）

考核知识点：用电信息采集系统

难易度：易

标准答案：

用电信息采集系统主站采集数据的方式主要有定时自动采集、随机召测、主动上报。

Jb0006531023　用电计量装置由哪几部分组成？（5分）

考核知识点：计量装置

难易度：易

标准答案：

用电计量装置由计费电能表、电流互感器、电压互感器、二次连接线导线组成。

Jb0006531024　用电信息采集系统对系统整体运行区情况进行监督管控的主要任务包括哪些？（5分）

考核知识点：用电采集系统

难易度：易

标准答案：

用电信息采集系统对系统整体运行区情况进行监督管控的主要任务包括采集数据质量分析、采集系统运行指标分析、采集系统故障与处理情况、各项业务应用情况分析。

Jb0006531025　利用采集系统可以对电能表哪些参数进行分析并对疑似窃电进行核查？（5分）

考核知识点：用电采集系统

难易度：易

标准答案：

利用采集系统可以对负荷、电压、电流、功率因数等参数以及曲线图进行分析，以及利用采集系统电能表开盖事件对疑似窃电进行核查。

Jb0006531026　生产管理系统中，工作票的流程包括哪几个？（5分）

考核知识点：生产管理系统

难易度：易

标准答案：

生产管理系统中，工作票的流程包括工作票填写、工作票签发、工作票接收打印、工作票回填终结。

Jb0006531027　产生管理线损的主要原因包括哪几个方面？（5分）

考核知识点：管理因素

难易度：易

标准答案：

（1）电能计量装置的误差。

（2）营销工作中漏抄、错抄、估抄、漏计、错算及倍率搞错等。

（3）客户违章用电及窃电。

Jb0006531028 太阳能光伏发电系统的类型有哪几种？（5分）

考核知识点：光伏发电系统

难易度：易

标准答案：

太阳能光伏发电系统分为并网光伏发电系统、独立光伏发电系统（离网系统）、混合系统。

Jb0006531029 目前在我国，可以形成产业的新能源主要有哪些？（5分）

考核知识点：新能源

难易度：易

标准答案：

目前在我国，可以形成产业的新能源主要有水能（主要指小型水电站）、风能、生物质能、太阳能、地热能等。

Jb0006531030 新能源又称非常规能源，是指传统能源之外的各种能源形式。刚开始开发利用或正在积极研究、有待推广的新能源有哪些？（5分）

考核知识点：新能源

难易度：易

标准答案：

刚开始开发利用或正在积极研究、有待推广的新能源包括太阳能、地热能、风能、海洋能、生物质能和核聚变能等。

Jb0006531031 充换电设施经营企业向电动汽车客户收取哪些费用？（5分）

考核知识点：充换电桩

难易度：易

标准答案：

充换电设施经营企业可向电动汽车客户收取电费及充换电服务费两项费用。其中电费执行国家规定的电价政策，充换电服务费用于弥补充换电设施运行成本。

第二章　农网配电营业工（台区经理）初级工技能操作

Jc0002541001　通用电工工具的使用。（100 分）

考核知识点：工具使用

难易度：易

技能等级评价专业技能考核操作工作任务书

一、任务名称

通用电工工具的使用。

二、适用工种

农网配电营业工（台区经理）初级工。

三、具体任务

（1）准备必要的工具及安全工器具。

（2）工作任务：通用电工工具的使用。

四、工作规范及要求

（1）单人操作。

（2）考核时注意人身和设备安全。

（3）工作结束后恢复原始状态。

五、考核及时间要求

（1）本考核操作时间为 15 分钟，时间到停止考评。

（2）按照技能操作记录单的操作要求进行操作。

技能等级评价专业技能考核操作评分标准

<table>
<tr><td>工种</td><td colspan="6">农网配电营业工（台区经理）</td><td>评价等级</td><td>初级工</td></tr>
<tr><td>项目模块</td><td colspan="5">工具和设备—工器具使用</td><td>编号</td><td colspan="2">Jc0002541001</td></tr>
<tr><td>单位</td><td colspan="3"></td><td>准考证号</td><td colspan="2"></td><td>姓名</td><td></td></tr>
<tr><td>考试时限</td><td colspan="2">15 分钟</td><td>题型</td><td colspan="3">单项操作</td><td>题分</td><td>100 分</td></tr>
<tr><td>成绩</td><td></td><td>考评员</td><td></td><td>考评组长</td><td colspan="2"></td><td>日期</td><td></td></tr>
<tr><td>试题正文</td><td colspan="8">通用电工工具的使用</td></tr>
<tr><td>需要说明的问题和要求</td><td colspan="8">（1）使用钢丝钳剪出两段指定长度、截面的铁丝。
（2）使用尖嘴钳剪出两段指定长度、截面的塑铜线。
（3）使用剥线钳剥脱指定长度的绝缘层。
（4）使用电工刀剥削指定长度的绝缘层。
（5）使用尖嘴钳将以上两段导线裸露部分弯折成“接线环”。
（6）使用螺钉旋具将其中一个接线环安装在指定位置上。
（7）使用活络扳手将另一个接线环固定在指定位置上。
（8）各项得分均扣完为止</td></tr>
</table>

续表

序号	项目名称	质量要求	满分	扣分标准	扣分原因	得分
1	着装	戴安全帽，着全棉长袖工作服，戴棉质线手套，穿绝缘鞋	5	未按要求着装，每处扣2分； 着装不规范，每处扣2分； 工作过程中全程戴手套，每摘一次扣1分		
2	工作过程					
2.1	钢丝钳的使用	（1）检查绝缘柄绝缘是否良好。 （2）使用钢丝钳时，刀口面应向操作者一侧。 （3）使用钢丝钳剪出两段指定长度、截面的铁丝	15	使用前未检查钢丝钳扣5分； 使用钢丝钳时刀口朝向错误扣5分； 长度出现误差每2mm扣1分		
2.2	尖嘴钳钳断导线	（1）检查绝缘柄绝缘是否良好。 （2）剪除指定长度的塑铜线	5	使用前未检查绝缘层扣3分； 长度出现误差每2mm扣1分		
2.3	剥线钳的使用	使用剥线钳剥去绝缘层时，剥削的绝缘层长度定好后，左手持导线，右手握钳柄，导线端部绝缘层被剖断自由飞出。使用时应将导线放在大于芯线直径的切口上切削，以免切伤芯线	15	剥线钳使用方法错误扣5分； 剥脱导线绝缘层时伤及导线扣5分； 剥削指定长度出现误差每2mm扣1分		
2.4	电工刀的使用	使用电工刀时刀口应向人体外侧用力；电工刀刀柄是无绝缘保护的，故不能在带电导线或器材上剥削，以免触电；不能伤及导线	15	使用电工刀时用力方向不正确扣5分； 剥脱导线绝缘层时切削角度不正确、伤及导线各扣5分		
2.5	尖嘴钳弯环	使用尖嘴钳将剥削好的导线弯成指定直径的圆接线环	10	制作接线环工艺差，出现死折、伤线严重扣5分； 圆环直径误差每2mm扣2分		
2.6	螺钉旋具的使用	（1）使用螺钉旋具紧固或拆卸螺钉时，手不得触及螺钉旋具的金属杆。 （2）螺钉旋具操作时，用力方向不能对着别人或自己，以防脱落伤人。 （3）螺钉旋具口放入螺钉槽内，操作时用力要适当，不能打滑，否则会损坏螺钉的槽口。 （4）紧固时圆环应顺时针套入，并使用平垫和弹簧垫	15	操作时手触及金属杆扣3分； 操作时出现危险动作扣5分； 操作时螺钉旋具出现打滑现象每次扣2分； 圆环逆时针套入扣5分； 未使用平垫和弹簧垫每处扣2分； 不紧固扣2分		
2.7	活络扳手的使用	（1）根据螺母的大小，用两手指旋动蜗轮以调节扳口的大小，将扳口调到比螺母稍大些，卡住螺母，再用手指旋蜗轮使扳口紧压螺母。 （2）活络扳手不可反用，以免损坏活络扳唇，也不可用钢管接长柄施力，以免损坏扳手；紧固时圆环应顺时针套入，并使用平垫和弹簧垫	15	使用活络扳手时涡轮旋转方向错误扣5分； 活络扳手反用扣5分； 出现其他错误操作每次扣2分； 圆环逆时针套入扣5分； 未使用平垫和弹簧垫每处扣2分； 不紧固扣2分； 使用活络扳手出现打滑现象，每次扣3分		
3	文明生产	文明工作，确保工作环境整洁，工作完成回收工器具，恢复现场	5	收拾场地不充分扣2分； 未收拾试验场地扣5分		
合计			100			

Jc0002541002 低压验电笔的使用。（100分）

考核知识点：验电笔使用

难易度：易

技能等级评价专业技能考核操作工作任务书

一、任务名称

低压验电笔的使用。

二、适用工种

农网配电营业工（台区经理）初级工。

三、具体任务

（1）准备必要的工具及安全工器具。

（2）工作任务：低压验电笔的使用。

四、工作规范及要求

（1）单人操作。

（2）考核时注意人身和设备安全。

（3）工作结束后恢复原始状态。

五、考核及时间要求

（1）本考核操作时间为15分钟，时间到停止考评。

（2）按照技能操作记录单的操作要求进行操作。

技能等级评价专业技能考核操作评分标准

<table>
<tr><td>工种</td><td colspan="5">农网配电营业工（台区经理）</td><td>评价等级</td><td>初级工</td></tr>
<tr><td>项目模块</td><td colspan="4">工具和设备—工器具使用</td><td>编号</td><td colspan="2">Jc0002541002</td></tr>
<tr><td>单位</td><td colspan="3"></td><td>准考证号</td><td></td><td>姓名</td><td></td></tr>
<tr><td>考试时限</td><td colspan="2">15 分钟</td><td>题型</td><td colspan="2">单项操作</td><td>题分</td><td>100 分</td></tr>
<tr><td>成绩</td><td></td><td>考评员</td><td></td><td>考评组长</td><td></td><td>日期</td><td></td></tr>
<tr><td>试题正文</td><td colspan="7">低压验电笔的使用</td></tr>
<tr><td>需要说明的问题和要求</td><td colspan="7">（1）给定条件：现场对低压电器进行验电。
（2）低压电器是否带电不明，工作环境条件满足要求。
（3）正确选择低压验电笔。
（4）正确检验低压验电笔。
（5）正确使用低压验电笔。
（6）测试低压电器，并判断是否带电及交直流性质。
（7）各项得分均扣完为止</td></tr>
</table>

序号	项目名称	质量要求	满分	扣分标准	扣分原因	得分
1	工作前准备					
1.1	着装	戴安全帽，着全棉长袖工作服，戴棉质线手套，穿绝缘鞋	5	未按要求着装，每处扣2分； 着装不规范，每处扣2分； 未正确佩戴手套，每次扣1分		
1.2	正确选用低压验电笔	选择正确的验电笔	10	验电笔选择错误扣10分		
1.3	外观检查	验电笔外观检查完好，无老化、裂纹等问题	10	未进行外观检查扣10分； 未检查出存在的问题，每项扣5分		
1.4	验电笔检测	在带电体上测试，以检验验电笔是否完好	15	未进行测试扣15分； 测试结果有误扣10分		
2	工作过程					

续表

序号	项目名称	质量要求	满分	扣分标准	扣分原因	得分
2.1	使用方法	对低压电器验电前后，必须在有电的带电体上测试一次，以此确认验电笔是否发光良好，用右手握笔帽端金属挂钩或尾部螺钉，笔尖金属探头接触带电设备	30	使用前未进行测试扣10分； 验电笔使用方法错误扣10分； 使用左手测试扣10分		
2.2	测试过程	测试过程中，保持人与被测设备的安全距离，保证测试设备不发生短路、接地故障，测试中氖泡发光为有电	20	未正确判断被测低压电器每处是否带电扣10分； 安全距离不够扣5分； 错误操作，导致保护动作扣20分		
2.3	区分交直流电	交流电通过验电笔氖管时，两极附近都发亮；而直流电通过验电笔氖管时，仅一个电极附近发亮	5	交直流电判断错误扣5分		
3	文明生产	文明工作，确保工作环境整洁，工作完成回收工器具，恢复现场	5	未收拾试验场地扣5分； 收拾场地不充分扣2分		
合计			100			

Jc0002541003 手提式干粉灭火器的使用。（100分）

考核知识点：灭火器使用

难易度：易

技能等级评价专业技能考核操作工作任务书

一、任务名称

手提式干粉灭火器的使用。

二、适用工种

农网配电营业工（台区经理）初级工。

三、具体任务

（1）准备必要的工具及安全工器具。

（2）工作任务：手提式干粉灭火器的使用。

四、工作规范及要求

（1）单人操作。

（2）考核时注意人身和设备安全。

（3）工作结束后恢复原始状态。

五、考核及时间要求

（1）本考核操作时间为15分钟，时间到停止考评。

（2）按照技能操作记录单的操作要求进行操作。

技能等级评价专业技能考核操作评分标准

<table>
<tr><td>工种</td><td colspan="5">农网配电营业工（台区经理）</td><td>评价等级</td><td>初级工</td></tr>
<tr><td>项目模块</td><td colspan="4">工具和设备—工器具使用</td><td>编号</td><td colspan="2">Jc0002541003</td></tr>
<tr><td>单位</td><td colspan="2"></td><td>准考证号</td><td colspan="2"></td><td>姓名</td><td></td></tr>
<tr><td>考试时限</td><td colspan="2">15分钟</td><td>题型</td><td colspan="2">单项操作</td><td>题分</td><td>100分</td></tr>
<tr><td>成绩</td><td></td><td>考评员</td><td></td><td>考评组长</td><td></td><td>日期</td><td></td></tr>
</table>

续表

试题正文	手提式干粉灭火器的使用					
需要说明的问题和要求	（1）对需要灭火的电气设备独立操作灭火器进行灭火。 （2）清理现场，灭火现场无关人员退出，无易燃易爆物品。 （3）选择合格的灭火器。 （4）正确进行现场灭火操作。 （5）各项得分均扣完为止					

序号	项目名称	质量要求	满分	扣分标准	扣分原因	得分
1	着装	戴安全帽，着全棉长袖工作服，戴棉质线手套，穿绝缘鞋	5	未按要求着装，每处扣 2 分； 着装不规范，每处扣 2 分； 工作过程中全程戴手套，每摘一次扣 1 分		
2	正确选用合格的灭火器	灭火器的压力表指示在合格范围内，检查灭火器的保险销是否完好、开启压把是否完好、标签是否在合格期内	25	检查项目每漏检 1 项扣 5 分； 检查项目错误 1 项扣 4 分		
3	使用方法及熟练操作	提起灭火器的提把或提圈，迅速奔跑至距燃烧处约 5m 的地方，放下灭火器，拔出保险销，一手握住灭火器的开启压把，另一只手握住喷射软管前端的喷嘴处，对准火焰根部，用力压下开启压把并紧压不松开，这时灭火剂即喷出，操作者由近而远左右扫射，直至将火焰全部扑灭	50	未按照操作顺序逐项进行操作，每处扣 2 分； 迅速奔跑至距燃烧处的位置不正确时扣 2 分； 放下灭火器，拔出保险销的操作顺序不正确扣 5 分； 手未正确握住灭火器的开启压把扣 5 分； 手未正确握住喷射软管前端的喷嘴处扣 5 分； 未对准火焰根部，灭火剂未喷出扣 9 分； 操作者未由近而远左右扫射，导致火焰扑灭时间延长扣 10 分		
4	使用时注意事项	要保持竖直不能横置，否则驱动气体短路泄漏，不能将灭火剂喷出；应站在上风方向	20	操作不当时每项扣 10 分		
合计			100			

Jc0002541004　高压验电器的使用。（100 分）

考核知识点：验电笔使用

难易度：易

技能等级评价专业技能考核操作工作任务书

一、任务名称

高压验电器的使用。

二、适用工种

农网配电营业工（台区经理）初级工。

三、具体任务

（1）准备必要的工具及安全工器具。

（2）工作任务：高压验电器的使用。

四、工作规范及要求

（1）单人操作。

（2）考核时注意人身和设备安全。

（3）工作结束后恢复原始状态。

五、考核及时间要求

（1）本考核操作时间为 15 分钟，时间到停止考评。

（2）按照技能操作记录单的操作要求进行操作。

技能等级评价专业技能考核操作评分标准

<table>
<tr><td>工种</td><td colspan="5">农网配电营业工（台区经理）</td><td>评价等级</td><td colspan="2">初级工</td></tr>
<tr><td>项目模块</td><td colspan="4">工具和设备—工器具使用</td><td>编号</td><td colspan="3">Jc0002541004</td></tr>
<tr><td>单位</td><td colspan="3"></td><td>准考证号</td><td></td><td>姓名</td><td colspan="2"></td></tr>
<tr><td>考试时限</td><td colspan="2">15 分钟</td><td>题型</td><td colspan="2">单项操作</td><td>题分</td><td colspan="2">100 分</td></tr>
<tr><td>成绩</td><td></td><td>考评员</td><td></td><td>考评组长</td><td></td><td>日期</td><td colspan="2"></td></tr>
<tr><td>试题正文</td><td colspan="8">高压验电器的使用</td></tr>
<tr><td>需要说明的问题和要求</td><td colspan="8">（1）给定条件：现场对工作地段指定设备两侧进行高压验电。
（2）指定设备已经停电，工作环境条件满足要求。
（3）正确选择高压验电器。
（4）正确检验高压验电器。
（5）正确使用高压验电器。
（6）各项得分均扣完为止</td></tr>
<tr><td>序号</td><td>项目名称</td><td colspan="2">质量要求</td><td>满分</td><td colspan="2">扣分标准</td><td>扣分原因</td><td>得分</td></tr>
<tr><td>1</td><td>着装</td><td colspan="2">戴安全帽，着全棉长袖工作服，戴棉质线手套，穿绝缘鞋</td><td>5</td><td colspan="2">未按要求着装，每处扣 2 分；
着装不规范，每处扣 2 分</td><td></td><td></td></tr>
<tr><td>2</td><td>选择和检查绝缘手套</td><td colspan="2">（1）绝缘手套电压等级合适，外观完好无缺陷。
（2）检查绝缘手套处于试验合格期内（半年）。
（3）检查表面无损伤、磨损或破漏、划痕等。
（4）将手套向手指方向卷曲，当卷到一定程度时，内部空气因体积减小、压力增大，手指鼓起而不漏气者，即为良好</td><td>15</td><td colspan="2">未检查试验合格证扣 3 分；
未进行外观检查扣 3 分；
未进行气密性检查扣 9 分</td><td></td><td></td></tr>
<tr><td>3</td><td>选择和检查绝缘靴</td><td colspan="2">（1）绝缘靴电压等级合适，外观完好无缺陷。
（2）检查绝缘靴处于试验合格期内（半年）。
（3）检查表面无损伤、磨损或破漏、划痕等</td><td>15</td><td colspan="2">未检查试验合格证扣 7.5 分；
未进行外观检查扣 7.5 分</td><td></td><td></td></tr>
<tr><td>4</td><td>选择高压验电器</td><td colspan="2">（1）选择相应电压等级试验合格的接触式验电器。
（2）检查绝缘部分有无裂纹、老化、绝缘层脱落、严重伤痕，固定连接部分有无松动、锈蚀、断裂等现象。
（3）试验日期是否正常</td><td>15</td><td colspan="2">未对绝缘部分进行检查的扣 7.5 分；
未对试验日期进行检查扣 7.5 分</td><td></td><td></td></tr>
<tr><td>5</td><td>检验验电器</td><td colspan="2">（1）利用验电器的自检装置，检查验电器的指示器叶片是否旋转以及声、光信号是否正常。
（2）使用高压工频信号发生器试验，验证验电器功能正常</td><td>15</td><td colspan="2">未进行自检扣 7.5 分；
未使用高压工频信号发生器验证扣 7.5 分</td><td></td><td></td></tr>
<tr><td>6</td><td>验电方法</td><td colspan="2">（1）验电时，应戴绝缘手套。
（2）验电时，人体应与被验电设备保持 0.7m 以上安全距离。
（3）验电时，应逐渐靠近被测设备，使验电器的指示器叶片旋转以及发出声、光信号。
（4）验电时，应先验近侧，后验远侧，应先验下侧，后验上侧</td><td>30</td><td colspan="2">未戴绝缘手套扣 5 分；
姿势不当，安全距离不够，每次扣 5 分；
验电时的顺序不正确，每次扣 5 分</td><td></td><td></td></tr>
</table>

续表

序号	项目名称	质量要求	满分	扣分标准	扣分原因	得分
7	文明生产	文明工作，确保工作环境整洁，工作完成回收工器具，恢复现场	5	未收拾工作场地扣 5 分； 收拾场地不充分扣 2 分		
合计			100			

Jc0002541005　数字万用表的使用步骤。(100 分)

考核知识点： 仪器仪表的使用

难易度： 易

技能等级评价专业技能考核操作工作任务书

一、任务名称

数字万用表的使用步骤。

二、适用工种

农网配电营业工（台区经理）初级工。

三、具体任务

使用数字万用表完成指定操作。

四、工作规范及要求

（1）单人操作。

（2）考核时注意人身和设备安全。

（3）工作结束后恢复原始状态。

五、考核及时间要求

（1）本考核操作时间为 15 分钟，时间到停止考评。

（2）按照技能操作记录单的操作要求进行操作。

技能等级评价专业技能考核操作评分标准

工种	农网配电营业工（台区经理）					评价等级	初级工
项目模块	工具和设备—工器具使用				编号	Jc0002541005	
单位			准考证号			姓名	
考试时限	15 分钟	题型	单项操作			题分	100 分
成绩		考评员		考评组长		日期	
试题正文	数字万用表的使用步骤						
需要说明的问题和要求	（1）给定条件：利用现场指定万用表完成测量工作。 （2）测量指定位置直流电压。 （3）测量指定位置交流电压。 （4）测量指定电路直流电流。 （5）测量电阻值。 （6）各项得分均扣完为止						

序号	项目名称	质量要求	满分	扣分标准	扣分原因	得分
1	着装	戴安全帽，着全棉长袖工作服，戴棉质线手套，穿绝缘鞋	5	未按要求着装，每处扣 2 分； 着装不规范，每处扣 2 分； 工作过程中全程戴手套，每摘一次扣 1 分		

续表

序号	项目名称	质量要求	满分	扣分标准	扣分原因	得分
2	测量准备	（1）熟悉表盘上各符号的意义及各个旋钮和选择开关的主要作用，并进行检查，用欧姆挡检查通断。 （2）指针式万用表需要进行机械调零	5	未进行使用前检查扣3分； 未进行机械调零、检查通断扣2分		
3	测量直流电压					
3.1	选择挡位，调整接线	（1）调整接线插孔正确（参考：黑表笔接“COM”，红表笔接“V/Ω”挡）。 （2）选择转换开关的挡位到直流电压挡	5	黑红表笔接反扣2分； 表笔接错到其他挡位插孔扣1分； 挡位未切换到直流电压挡扣2分		
3.2	测量过程	（1）万用表两表笔和被测负载并联。 （2）选择最高量程挡，并判断极性，“+”表笔（红表笔）接到高电位处，“−”表笔（黑表笔）接到低电位处。 （3）测量后，根据测量值切换到合适的量程再进行测量；测量完毕挡位放置在交流电压最高挡	15	未按由大到小切换量程扣4分； 测量过程中带电切换量程扣4分； 读数时量程选择位置不适合扣4分； 测量完毕挡位放置不正确扣3分； 未测量成功扣15分		
4	测量交流电压					
4.1	选择挡位，调整接线	（1）调整接线插孔正确（参考：黑表笔接“COM”，红表笔接“V/Ω”挡）。 （2）选择转换开关的挡位到交流电压挡	5	黑红表笔接反扣2分； 表笔接错到其他挡位插孔扣1分； 挡位未切换到交流电压挡扣2分		
4.2	测量过程	（1）万用表两表笔和被测负载并联。 （2）选择最高量程挡，测量后，根据测量值切换到合适的量程再进行测量。 （3）测量完毕挡位放置在交流电压最高挡	15	量程使用过小扣4分； 测量过程中带电切换量程扣4分； 读数时量程选择位置不适合扣4分； 测量完毕挡位放置不正确扣3分； 未测量成功扣15分		
5	测量直流电流					
5.1	选择挡位，调整接线	将转换开关置于直流电流挡；调整接线插孔正确	5	挡位未切换到直流电流挡扣2.5分； 表笔接错插孔扣2.5分		
5.2	测量过程	测量时必须先断开电路；电流的量程选择和读数方法与电压一样；按照电流从“+”到“−”的方向，将万用表串联到被测电路中（如果误将万用表与负载并联，可立即终止考生此项工作，并视为测量不成功）	15	表笔带电接入电路扣4分； 读数时量程选择位置不适合扣4分； 测量完毕挡位放置不正确扣3分； 测量过程中带电切换量程扣4分； 未测量成功扣15分		
6	测量电阻值					
6.1	选择挡位，调整接线	调整接线插孔正确（参考：黑表笔接“COM”，红表笔接“V/Ω”挡）；选择转换开关的挡位到欧姆挡	5	表笔接错到其他挡位插孔扣2.5分； 挡位未切换到欧姆挡扣2.5分		
6.2	测量过程	选择合适的倍率挡（应使指针指在刻度尺的1/3～2/3间）；欧姆调零（每换一次倍率挡，都要再次进行欧姆调零，以保证测量准确）。 读数：表头的读数乘以倍率，就是所测电阻的电阻值，测量时，不得用两只手同时捏住被测电阻的两端	15	读数时倍率选择不适合扣4分； 切换倍率挡不调零扣4分； 读数不正确扣4分； 测量完毕挡位放置不正确扣3分		
7	测量完毕	测量完毕挡位放置在交流电压最高挡，数字式万用表还要关闭电源，盘好表笔线	5	指针式万用表未切换到交流电压最高挡扣3分； 数字万用表未关闭电源，盘好表笔线，每项扣2分		
8	文明生产	文明工作，确保工作环境整洁，工作完成回收工器具，恢复现场	5	未收拾试验场地扣5分； 收拾场地不充分扣2分		
合计			100			

Jc0002541006　数字万用表的使用。（100 分）

考核知识点：仪器仪表的使用

难易度：易

技能等级评价专业技能考核操作工作任务书

一、任务名称

数字万用表的使用。

二、适用工种

农网配电营业工（台区经理）初级工。

三、具体任务

工作任务：数字万用表的使用。

四、工作规范及要求

（1）单人操作。

（2）考核时注意人身和设备安全。

（3）工作结束后恢复原始状态。

五、考核及时间要求

（1）本考核操作时间为 20 分钟，时间到停止考评。

（2）按照技能操作记录单的操作要求进行操作。

技能等级评价专业技能考核操作评分标准

<table>
<tr><td>工种</td><td colspan="5">农网配电营业工（台区经理）</td><td>评价等级</td><td>初级工</td></tr>
<tr><td>项目模块</td><td colspan="4">工具和设备—工器具使用</td><td>编号</td><td colspan="2">Jc0002541006</td></tr>
<tr><td>单位</td><td colspan="2"></td><td>准考证号</td><td colspan="2"></td><td>姓名</td><td></td></tr>
<tr><td>考试时限</td><td>20 分钟</td><td>题型</td><td colspan="3">单项操作</td><td>题分</td><td>100 分</td></tr>
<tr><td>成绩</td><td></td><td>考评员</td><td></td><td>考评组长</td><td></td><td>日期</td><td></td></tr>
<tr><td>试题正文</td><td colspan="7">数字万用表的使用</td></tr>
<tr><td>需要说明的问题和要求</td><td colspan="7">（1）给定条件：利用现场万用表完成测量直流电流工作。
（2）万用表检查。
（3）测量指定电路直流电流。
（4）测量电流值及判断极性。
（5）各项得分均扣完为止</td></tr>
<tr><td>序号</td><td>项目名称</td><td>质量要求</td><td>满分</td><td>扣分标准</td><td>扣分原因</td><td>得分</td><td></td></tr>
<tr><td>1</td><td>着装</td><td>戴安全帽，着全棉长袖工作服，戴棉质线手套，穿绝缘鞋</td><td>5</td><td>未按要求着装，每处扣 2 分；
着装不规范，每处扣 2 分；
工作过程中全程戴手套，每摘一次扣 1 分</td><td></td><td></td><td></td></tr>
<tr><td>2</td><td>万用表检查</td><td>熟悉表盘上各符号的意义及各个旋钮和选择开关的主要作用，并进行检查；检查时将万用表量程开关拨至通断挡，短接表笔，蜂鸣器发出鸣叫，屏幕显示“0”</td><td>10</td><td>未进行使用前外观、开机检查扣 5 分；
未检查表笔（导线）通断扣 5 分</td><td></td><td></td><td></td></tr>
<tr><td>3</td><td>选择挡位，调整接线</td><td>（1）将量程开关拨至“DCA”（直流）最大电流挡，红表笔插入单独的最大电流测试孔，黑表笔插入“COM”孔，并将万用表串联在被测电路中。
（2）测量过程中需要更换毫安挡位时，红表笔插入“mA”孔中</td><td>30</td><td>挡位未切换到直流电流挡扣 15 分；
表笔接错插孔扣 15 分</td><td></td><td></td><td></td></tr>
</table>

续表

序号	项目名称	质量要求	满分	扣分标准	扣分原因	得分
4	测量过程	（1）测量时必须先断开电路；先选择最高量程挡，根据电流值大小判断并减小到合适的量程。 （2）满量程时，仪表仅在最高位显示数字“1”，其他位均消失，这时应选择更高的量程“+”表笔（红表笔）接到高电位处，“–”表笔（黑表笔）接到低电位处；测量直流量时，数字万用表能自动显示极性（如果误将万用表与负载并联，可立即终止考生此项工作，并视为测量不成功）。 （3）测量完毕挡位放置在交流电压最高挡位，关闭电源，盘好表笔线	50	表笔带电接入电路扣10分； 读数时量程选择位置不合适扣10分； 测量完毕挡位放置不正确扣10分； 测量过程中带电切换量程扣10分； 未测量成功扣50分； 未将挡位放置交流电压最高挡位扣6分； 未关闭电源，盘好表笔线，每项扣4分； 误操作导致万用表烧毁或故障扣50分		
5	文明生产	文明工作，确保工作环境整洁，工作完成回收工器具，恢复现场	5	未收拾试验场地扣5分； 收拾场地不充分扣2分		
合计			100			

Jc0003541007　直梯登高。（100分）

考核知识点：登高

难易度：易

技能等级评价专业技能考核操作工作任务书

一、任务名称

直梯登高。

二、适用工种

农网配电营业工（台区经理）初级工。

三、具体任务

（1）准备必要的工具及安全工器具。

（2）工作任务：直梯登高。

四、工作规范及要求

（1）一人操作，一人监护。

（2）考核时注意人身和设备安全。

（3）工作结束后恢复原始状态。

五、考核及时间要求

（1）本考核操作时间为15分钟，时间到停止考评。

（2）按照技能操作记录单的操作要求进行操作。

技能等级评价专业技能考核操作评分标准

工种	农网配电营业工（台区经理）					评价等级	初级工
项目模块	工具和设备—设备运维				编号	Jc0003541007	
单位			准考证号			姓名	
考试时限	15分钟	题型		单项操作		题分	100分
成绩		考评员		考评组长		日期	

续表

试题正文	直梯登高					
需要说明的问题和要求	（1）按规定要求进行着装。 （2）此操作由一人完成，一人监护、扶守。 （3）节约时间不加分，超时停止作业，未完成项目不得分。 （4）各项配分扣完为止					
序号	项目名称	质量要求	满分	扣分标准	扣分原因	得分
1	工具准备					
1.1	个人工具	核对工具、材料齐全，工具选择、使用方法正确	10	工作前不做检查扣 10 分		
1.2	专用工具	使用前检查直梯外观，各部连接要牢固可靠	5	错漏一项扣 5 分		
		使用时要检查试验是否能承受作业人员及所携带的工具和材料的总重量	10	错漏一项扣 10 分		
2	操作项目	登高时身体重心要平衡，操作动作要求正确	10	不符合要求扣 10 分		
		梯子摆放固定时正确、稳固	20	梯子摆放不正确扣 10 分； 摆放不稳固扣 10 分		
		下梯时脚未到地面不许跳下	10	违反者扣 10 分		
3	安全文明	登高人员衣着符合要求、戴安全帽	10	衣着不符合要求扣 5 分； 不戴安全帽扣 10 分		
		结束后工具、整理并摆放整齐，场地收拾干净	5	登高结束后不整理工具扣 5 分		
4	安全施工	梯子登高应采取防滑限高措施，且保证施工安全	20	未采取防滑限高措施一项扣 10 分； 登高中出现危险因素扣 20 分		
合计			100			

Jc0003541008　人字梯登高。（100 分）

考核知识点： 登高

难易度： 易

技能等级评价专业技能考核操作工作任务书

一、任务名称

人字梯登高。

二、适用工种

农网配电营业工（台区经理）初级工。

三、具体任务

（1）准备必要的工具及安全工器具。

（2）工作任务：人字梯登高。

四、工作规范及要求

（1）一人操作，一人监护。

（2）考核时注意人身和设备安全。

（3）工作结束后恢复原始状态。

五、考核及时间要求

（1）本考核操作时间为 15 分钟，时间到停止考评。

（2）按照技能操作记录单的操作要求进行操作。

技能等级评价专业技能考核操作评分标准

<table>
<tr><td>工种</td><td colspan="5">农网配电营业工（台区经理）</td><td>评价等级</td><td colspan="2">初级工</td></tr>
<tr><td>项目模块</td><td colspan="4">工具和设备—设备运维</td><td>编号</td><td colspan="3">Jc0003541008</td></tr>
<tr><td>单位</td><td colspan="3"></td><td>准考证号</td><td></td><td>姓名</td><td colspan="2"></td></tr>
<tr><td>考试时限</td><td colspan="2">15 分钟</td><td>题型</td><td colspan="2">单项操作</td><td>题分</td><td colspan="2">100 分</td></tr>
<tr><td>成绩</td><td></td><td>考评员</td><td></td><td>考评组长</td><td></td><td>日期</td><td colspan="2"></td></tr>
<tr><td>试题正文</td><td colspan="8">人字梯登高</td></tr>
<tr><td>需要说明的问题和要求</td><td colspan="8">（1）按规定要求进行着装。
（2）此操作由一人完成，一人监护、扶守。
（3）节约时间不加分，超时停止作业，未完成项目不得分。
（4）各项得分均扣完为止</td></tr>
</table>

序号	项目名称	质量要求	满分	扣分标准	扣分原因	得分
1	工具准备					
1.1	个人工具	核对工具、材料齐全，工具选择、使用方法正确	10	工作前不做检查扣 10 分		
1.2	专用工具	使用前检查人字梯外观，各部连接，要牢固可靠	5	错漏一项扣 5 分		
		使用时要检查试验是否能承受作业人员及所携带的工具和材料的总重量	10	错漏一项扣 10 分		
2	操作项目	登高时身体重心要平衡，操作动作要求正确	10	不符合要求扣 10 分		
		梯子摆放固定时正确、稳固	20	梯子摆放不正确扣 10 分； 摆放不稳固扣 10 分		
		下梯时脚未到地面不许跳下	10	违反者扣 10 分		
3	安全文明	登高人员衣着符合要求、戴安全帽	10	衣着不符合要求扣 5 分； 不戴安全帽扣 5 分		
		结束后整理工具并摆放整齐，场地收拾干净	5	登高结束后不整理工具扣 5 分		
4	安全施工	梯子登高应采取防滑限高措施，且保证施工安全	20	未采取防滑限高措施一项扣 10 分； 登高中出现危险因素扣 20 分		
合计			100			

Jc0003541009 脚扣登杆。（100 分）

考核知识点：登高

难易度：易

技能等级评价专业技能考核操作工作任务书

一、任务名称

脚扣登杆。

二、适用工种

农网配电营业工（台区经理）初级工。

三、具体任务

（1）准备必要的工具及安全工器具。

（2）工作任务：脚扣登杆。

四、工作规范及要求

（1）一人操作，一人监护。

（2）考核时注意人身和设备安全。

（3）工作结束后恢复原始状态。

五、考核及时间要求

（1）本考核操作时间为15分钟，时间到停止考评。

（2）按照技能操作记录单的操作要求进行操作。

技能等级评价专业技能考核操作评分标准

工种	农网配电营业工（台区经理）				评价等级	初级工
项目模块	工具和设备—设备运维			编号	Jc0003541009	
单位		准考证号			姓名	
考试时限	15分钟	题型	单项操作		题分	100分
成绩		考评员		考评组长	日期	
试题正文	脚扣登杆					
需要说明的问题和要求	（1）按规定要求进行着装。 （2）此操作由一人完成，一人监护。 （3）节约时间不加分，超时停止作业，未完成项目不得分。 （4）各项得分均扣完为止					

序号	项目名称	质量要求	满分	扣分标准	扣分原因	得分
1	工具准备					
1.1	个人工具	核对工具、材料齐全，工具选择、使用方法正确	10	上杆前不做检查扣10分		
1.2	专用工具	考上杆前检查脚扣、脚扣带及各部连接，要牢固可靠	5	错漏一项扣5分		
		脚扣、安全带要做冲击试验（0.5m杆处）	10	错漏一项扣2分		
2	操作项目	登杆操作上下杆时身体重心要平衡，操作动作要求正确	10	不符合要求扣10分		
		上下杆过程中无下滑和脚扣现象	20	登杆过程中出现滑扣、碰扣，每次扣2分； 掉脚扣者扣10分		
		下杆时脚未到地面不许跳下	10	违反者扣10分		
3	安全文明	登杆人员衣着符合要求、戴安全帽	10	衣着不符合要求扣5分； 不戴安全帽扣5分		
		结束后整理工具并摆放整齐，场地收拾干净	5	登杆结束后不整理工具扣5分		
4	在规定时间内完成	上杆从脚离开地面算起到达杆顶后手摸杆头至下杆脚落地为止； 根据电杆的高度定上下杆时间	5	超时扣5分		
5	着装正确	穿工作服、工作胶鞋，戴安全帽	10	每漏一项扣2分		
6	清理工作现场	符合文明生产要求	5	视情况扣1～5分		
合计			100			

Jc0003541010　线路施工常用绳扣系法及作用。（100 分）

考核知识点：绳扣

难易度：易

技能等级评价专业技能考核操作工作任务书

一、任务名称

线路施工常用绳扣系法及作用。

二、适用工种

农网配电营业工（台区经理）初级工。

三、具体任务

（1）准备必要的工具及安全工器具。

（2）工作任务：线路施工常用绳扣系法及作用。

四、工作规范及要求

（1）一人操作，一人监护。

（2）考核时注意人身和设备安全。

（3）工作结束后恢复原始状态。

五、考核及时间要求

（1）本考核操作时间为 15 分钟，时间到停止考评。

（2）按照技能操作记录单的操作要求进行操作。

技能等级评价专业技能考核操作评分标准

工种	农网配电营业工（台区经理）			评价等级	初级工
项目模块	工具和设备—工器具使用		编号	Jc0003541010	
单位		准考证号		姓名	
考试时限	15 分钟	题型	单项操作	题分	100 分
成绩		考评员	考评组长		日期
试题正文	线路施工常用绳扣系法及作用				
需要说明的问题和要求	（1）按规定要求进行着装。 （2）此操作由一人完成，一人监护。 （3）节约时间不加分，超时停止作业，未完成项目不得分。 （4）各项得分均扣完为止				

序号	项目名称	质量要求	满分	扣分标准	扣分原因	得分
1	工作前准备					
1.1	着装及佩戴	按规定穿戴安全帽、工作服、绝缘鞋、手套进入现场	10	着装不合规或每漏一项扣 1 分； 操作过程中着装不规范，每次扣 1 分		
1.2	检查材料	选择合适的大绳，并检查外观	10	未选择合适的大绳扣 5 分，未检查外观扣 5 分		
2	根据要求系绳扣					
2.1	从（直扣、活扣、紧线扣、双套扣、抬扣、倒扣、背扣、倒背扣、拴马扣、瓶扣）任选 1 种绳扣	系法正确并能说明其作用	15	系法不正确扣 10 分； 叙述不正确扣 5 分		

续表

序号	项目名称	质量要求	满分	扣分标准	扣分原因	得分
2.2	从（直扣、活扣、紧线扣、双套扣、抬扣、倒扣、背扣、倒背扣、拴马扣、瓶扣）任选 1 种绳扣	系法正确并能说明其作用	15	系法不正确扣 10 分； 叙述不正确扣 5 分		
2.3	从（直扣、活扣、紧线扣、双套扣、抬扣、倒扣、背扣、倒背扣、拴马扣、瓶扣）任选 1 种绳扣	系法正确并能说明其作用	15	系法不正确扣 10 分； 叙述不正确扣 5 分		
2.4	从（直扣、活扣、紧线扣、双套扣、抬扣、倒扣、背扣、倒背扣、拴马扣、瓶扣）任选 1 种绳扣	系法正确并能说明其作用	15	系法不正确扣 10 分； 叙述不正确扣 5 分		
3	安全文明生产	爱护工具、节约材料，按要求进行拆装，操作现场清理干净彻底	10	严重违章操作、人身伤害、工器具的损坏、野蛮拆装扣 4 分； 工作结束后未清理现场扣 3 分； 清理不彻底扣 3 分		
4	时间	提前完成并且安装工艺符合要求每提前 5 分钟加 1 分，超时停止工作	10	超时停止工作，只得相应分数		
合计			100			

Jc0003541011　10kV 配电设备巡视的要求和注意事项。（100 分）

考核知识点：线路巡视

难易度：易

技能等级评价专业技能考核操作工作任务书

一、任务名称

10kV 配电设备巡视的要求和注意事项。

二、适用工种

农网配电营业工（台区经理）初级工。

三、具体任务

进行 10kV 配电设备巡视，过程中注意其具体的要求和事项。

四、工作规范及要求

（1）单人操作。

（2）考核时注意人身和设备安全。

（3）工作结束后恢复原始状态。

五、考核及时间要求

（1）本考核操作时间为 30 分钟，时间到停止考评。

（2）按照技能操作记录单的操作要求进行操作。

技能等级评价专业技能考核操作评分标准

工种	农网配电营业工（台区经理）					评价等级	初级工
项目模块	工具和设备—设备运维				编号	Jc0003541011	
单位		准考证号				姓名	
考试时限	30 分钟	题型	单项操作			题分	100 分
成绩		考评员		考评组长		日期	
试题正文	10kV 配电设备巡视的要求和注意事项						
需要说明的问题和要求	（1）按规定要求进行着装。 （2）此操作由一人完成。 （3）节约时间不加分，超时停止作业，未完成项目不得分。 （4）各项得分均扣完为止						

序号	项目名称	质量要求	满分	扣分标准	扣分原因	得分
1	配电设备巡视人员要求	（1）设备巡视时，必须严格遵守《国家电网公司电力安全工作规程（配电部分）》关于设备巡视的有关规定，确保巡视人员安全。 （2）巡视工作应由有电力线路工作经验的人员担任。单独巡线人员应考试合格并经工区（公司、所）主管生产领导批准。 （3）巡视人员应熟悉设备运行情况、相关技术参数和周围自然情况及风土人情。 （4）巡视人员在巡视中一般通过看、听、摸、嗅、测的方法对设备进行全面巡视检查。 （5）巡视人员应能对发现的缺陷进行准确分类	20	缺该项内容扣 20 分； 内容不全面缺一项扣 5 分； 每项描述不准确扣 1 分		
2	配电设备巡视的注意事项	（1）单人巡视时，禁止攀登电杆及铁塔。 （2）故障巡视应始终认为线路带电，即使明知线路已停电，也应认为线路随时有恢复送电的可能。 （3）夜间巡视应沿线路外侧进行，大风天气应沿线路上风侧进行，以免万一触及断落的导线。 （4）巡视工作应由有电力线路工作经验的人担任，新人员不得单独进行巡视。偏僻山区和夜间巡视应由两人进行。暑天、大雪天必要时由两人进行。 （5）巡视人员如果发现危及安全的紧急情况，应立即采取防止行人触电的安全措施，并报告相关部门及领导组织处理。 （6）巡线时应持棒，防止被狗及动物伤害。 （7）根据不同地域、天气情况，穿着合适的服装、鞋	40	缺该项内容扣 40 分； 内容不全面缺一项扣 5 分； 每项描述不准确扣 1 分		
3	特殊性巡视要求	在气候恶劣（如台风、暴雨、复冰等）、河水泛滥、火灾和其他特殊情况下，对线路的全部或部分进行巡视或检查	20	缺该项内容扣 20 分； 描述不准确扣 5 分		
4	巡视终结	（1）巡视结束后，应及时把发现的缺陷统计分类，传递给检修班组编排检修计划。 （2）对于发现的缺陷，应及时记录在巡视手册上，要记录详细、准确、字迹工整	20	缺该项内容扣 20 分； 内容不全面缺一项扣 10 分； 每项描述不准确扣 5 分		
合计			100			

Jc0003541012　拉合 10kV 跌落式熔断器。（100 分）

考核知识点：拉合跌落式熔断器

难易度：易

技能等级评价专业技能考核操作工作任务书

一、任务名称

拉合 10kV 跌落式熔断器。

二、适用工种

农网配电营业工（台区经理）初级工。

三、具体任务

进行 10kV 跌落式熔断器拉合操作。

四、工作规范及要求

（1）单人操作。

（2）考核时注意人身和设备安全。

（3）工作结束后恢复原始状态。

五、考核及时间要求

（1）本考核操作时间为 10 分钟，时间到停止考评。

（2）按照技能操作记录单的操作要求进行操作。

技能等级评价专业技能考核操作评分标准

工种	农网配电营业工（台区经理）			评价等级	初级工
项目模块	工具和设备—设备运维		编号	Jc0003541012	
单位		准考证号		姓名	
考试时限	10 分钟	题型	单项操作	题分	100 分
成绩		考评员		考评组长		日期	
试题正文	拉合 10kV 跌落式熔断器				
需要说明的问题和要求	（1）动作熟练，操作顺序正确。 （2）严格执行有关规程、规范。 （3）各项得分均扣完为止				

序号	项目名称	质量要求	满分	扣分标准	扣分原因	得分
1	工作前准备					
1.1	选择所需材料工器具	绝缘手套、绝缘靴、安全帽	10	漏选、错选一项扣 2 分		
1.2	检查工作器械	检查方法正确	10	漏检、错检一项扣 2 分		
2	工作过程					
2.1	分闸操作	拉闸时，先断中相后断两边相，每项操作应一次成功到位	20	每项操作重复一次扣 5 分； 操作顺序错误扣 10 分； 不熟练扣 5 分		
2.2	合闸操作	合闸时，先合两边相后合中相，每项操作应一次成功到位	20	每项操作重复一次扣 5 分； 不到位，每相扣 2 分； 操作顺序错误扣 10 分		
2.3	操作水平	熟练、果断、顺利	20	不熟练扣 20 分		
3	安全文明生产	操作过程中无工器具损伤，工作时无物件跌落，工作完交还工器具	20	工具损伤扣 5 分； 物件跌落扣 5 分； 未清理交还工器具扣 10 分		
合计			100			

Jc0003541013 地面组装10kV配电线路耐张绝缘子。（100分）

考核知识点：线路架设

难易度：易

技能等级评价专业技能考核操作工作任务书

一、任务名称

地面组装10kV配电线路耐张绝缘子。

二、适用工种

农网配电营业工（台区经理）初级工。

三、具体任务

进行10kV配电线路耐张绝缘子地面组装。

四、工作规范及要求

（1）单人操作。

（2）考核时注意人身和设备安全。

（3）工作结束后恢复原始状态。

五、考核及时间要求

（1）本考核操作时间为30分钟，时间到停止考评。

（2）按照技能操作记录单的操作要求进行操作。

技能等级评价专业技能考核操作评分标准

工种	农网配电营业工（台区经理）					评价等级	初级工
项目模块	工具和设备—设备运维				编号	Jc0003541013	
单位			准考证号			姓名	
考试时限	30分钟		题型	单项操作		题分	100分
成绩		考评员		考评组长		日期	
试题正文	地面组装10kV配电线路耐张绝缘子						
需要说明的问题和要求	（1）工作条件：本项目由一人操作，现场指定线路方向和相位。 （2）节约时间不加分，超时停止作业，未完成项目不得分。 （3）各项得分均扣完为止						

序号	项目名称	质量要求	满分	扣分标准	扣分原因	得分
1	着装	正确佩戴安全帽、穿工作服、穿绝缘鞋	5	没穿工作服（工作鞋）、没戴安全帽，每项扣2分； 帽扣带不系紧，衣、袖扣没扣，鞋带不系，每项扣1分		
2	材料、工具准备	正确选用材料和工器具，规格数量满足工作要求	10	每缺少一项或规格不符合要求或数量每缺少一件扣1分		
3	材料检查	组装前认真进行绝缘子、金具的检查	15	成套金具组件齐全，每缺少一件扣1分； 金属件不应有严重腐蚀、变形、裂纹等缺陷，每存在一处缺陷扣1分； 绝缘子清擦、检查，绝缘体不应有裂纹、缺釉、气泡、碰伤等缺陷，每存在一处缺陷扣1分，未清擦绝缘子每只扣2分； 弹簧销失去弹性，每只扣2分		

续表

序号	项目名称	质量要求	满分	扣分标准	扣分原因	得分
4	组装	使用工具进行耐张绝缘子串组装	30	错误使用工具（如扳手用力方向、敲击），每次扣1分； 球头挂环与直角挂板、耐张线夹的U形螺栓位置、垫圈位置、螺帽方向组装错误，每处扣2分； 弹簧销方向、耐张线夹的导线出口与引流线出口组装错误，每处扣2分； 不使用铝包带扣5分； 采用转动导线方法缠绕铝包带扣2分； 损坏绝缘子，每只扣5分； 人为损坏弹簧销，每只扣5分； 工器具、材料放置不当（正确位置：工具包或工具套内），每件次扣1分		
5	质量标准	组装完成后应符合现场施工标准	30	铝包带端头不处理、缠绕方向错误、长度露出线夹出口不为30～40mm，允许截除长度大于200mm，存在缺陷每处扣1分； 垂直方位螺栓方向应自上向下，每处缺陷扣1分； 水平方位螺栓方向：边相应由内向外，中相应由左向右，每处缺陷扣1分； 绝缘子碗口大口方向应向上，弹簧销应保持弹力，否则每处缺陷扣1分； 耐张线夹导线压板应位于导线正上方，且呈一直线，U形螺栓不应倾斜，每处缺陷扣2分； 耐张线夹U形螺栓的螺帽应压紧，螺杆露出螺帽长度应相同，存在缺陷每处扣2分； 预留引流线0.5m，线夹引流线出口与档距内导线出口安装错误扣1分； 缺件（垫圈、销、螺帽、压板等），每件扣1分		
6	现场清理	工作完毕后拆除安全措施，清理工作现场	10	未清理或清理不彻底扣10分		
合计			100			

Jc0003541014　绝缘导线在低压直线杆蝶式绝缘子上的固定安装。（100分）

考核知识点： 导线绑扎

难易度： 易

技能等级评价专业技能考核操作工作任务书

一、任务名称

绝缘导线在低压直线杆蝶式绝缘子上的固定安装。

二、适用工种

农网配电营业工（台区经理）初级工。

三、具体任务

对在低压直线杆蝶式绝缘子上的绝缘导线进行固定安装。

四、工作规范及要求

（1）单人操作。

（2）考核时注意人身和设备安全。

（3）工作结束后恢复原始状态。

五、考核及时间要求

（1）本考核操作时间为15分钟，时间到停止考评。

（2）按照技能操作记录单的操作要求进行操作。

技能等级评价专业技能考核操作评分标准

<table>
<tr><td>工种</td><td colspan="5">农网配电营业工（台区经理）</td><td>评价等级</td><td>初级工</td></tr>
<tr><td>项目模块</td><td colspan="4">工具和设备—设备运维</td><td>编号</td><td colspan="2">Jc0003541014</td></tr>
<tr><td>单位</td><td colspan="3"></td><td>准考证号</td><td></td><td>姓名</td><td></td></tr>
<tr><td>考试时限</td><td colspan="2">15 分钟</td><td>题型</td><td colspan="2">单项操作</td><td>题分</td><td>100 分</td></tr>
<tr><td>成绩</td><td></td><td>考评员</td><td></td><td>考评组长</td><td></td><td>日期</td><td></td></tr>
<tr><td>试题正文</td><td colspan="7">绝缘导线在低压直线杆蝶式绝缘子上的固定安装</td></tr>
<tr><td>需要说明的问题和要求</td><td colspan="7">（1）按规定要求进行着装。
（2）此操作由一人完成。
（3）现场设置一条较低的配电线路，人站在地面进行操作，以便于检查在按杆上作业进行要求。
（4）节约时间不加分，超时停止作业，未完成项目不得分。
（5）各项得分均扣完为止</td></tr>
</table>

序号	项目名称	质量要求	满分	扣分标准	扣分原因	得分
1	着装	正确佩戴安全帽，穿工作服，穿绝缘鞋	10	没穿工作服（工作鞋）、没戴安全帽，每项扣2分； 帽扣带不系紧，衣、袖扣没扣，鞋带不系，每项扣1分		
2	材料、工具准备	（1）直径不小于2.5mm的单股塑料铜线，绝缘良好，长度合适。 （2）绝缘自粘带质量良好，无老化现象。 （3）个人工具良好	15	绑扎线选择不合适扣5分； 未对扎线进行检查扣2分； 个人工具有缺陷，每处扣1分； 绝缘自粘带有老化现象扣3分		
3	缠绕绝缘自粘带	绝缘线与绝缘子接触部分应用绝缘自粘带缠绕，缠绕长度应超出绑扎部位或与绝缘子接触部位两侧各30mm	25	未缠绕绝缘自粘带扣25分； 缠绕长度不够，每处扣3分； 若不足或超出接触部分40mm，每处扣3分； 绝缘自粘带不紧密扣3分		
4	绝缘子绑扎	按照工艺要求进行绝缘导线在碟式绝缘子上的绑扎： （1）把导线紧贴在绝缘子颈部嵌线槽内，把绑线短头一端留出足够在嵌线槽中绕一圈和在导线上绕10圈的长度，将绑线压在导线上，并与导线呈X状相交。 （2）把绑线从导线右下侧绕嵌线槽背后至导线左边下侧，按逆时针方向绕正面嵌线槽，与前圈绑线交叉从导线右边上侧绕出。 （3）接着将扎线贴紧并围绕绝缘子嵌线槽背后至导线左边下侧，在贴近绝缘子处开始，将扎线在导线上紧缠10圈（或不少于10圈）后，剪除余端。 （4）把扎线的另一端围绕嵌线槽背后至导线右边下侧，也在贴近绝缘子处开始，将轧线在导线上紧缠10圈（不少于10圈）后，剪除余端，完成绑扎	30	绑扎完后，扎线在绝缘子两侧每侧10圈，每少一圈扣2分； 应至少有一个“X”字交叉，若没有或不全扣5分； 扎线起头应在导线下方，若不在导线下方扣1分； 缠绕过程中，扎线进入导线缠绕时，都应从下方进入，若不是，每处扣1分； 扎线不应出现死弯，若出现则每处扣1分； 扎线不应出现损伤，每出现一处扣1分； 绑扎后沿顺线路方向拉，若出现滑动则扣5分； 剩余扎线长度超过300mm扣2分		

续表

序号	项目名称	质量要求	满分	扣分标准	扣分原因	得分
5	安全文明生产	在施工过程中应注意施工安全	10	操作中不允许将工具、材料随意乱放（应放在钳套或工具包中），每出现一次扣2分； 工具、材料（线头）每掉落地面一次扣3分； 未全程戴手套扣5分； 发生意外伤害扣5分		
6	现场清理	工作完毕后工器具、废料应清理干净	10	未清理干净，每处扣5分		
合计			100			

Jc0003541015　小截面绝缘导线在低压直线杆蝶式绝缘子上的固定安装。（100分）

考核知识点： 导线绑扎

难易度： 易

技能等级评价专业技能考核操作工作任务书

一、任务名称

小截面绝缘导线在低压直线杆蝶式绝缘子上的固定安装。

二、适用工种

农网配电营业工（台区经理）初级工。

三、具体任务

对在低压直线杆蝶式绝缘子上的小截面绝缘导线进行固定安装。

四、工作规范及要求

（1）单人操作。

（2）考核时注意人身和设备安全。

（3）工作结束后恢复原始状态。

五、考核及时间要求

（1）本考核操作时间为15分钟，时间到停止考评。

（2）按照技能操作记录单的操作要求进行操作。

技能等级评价专业技能考核操作评分标准

工种	农网配电营业工（台区经理）						评价等级	初级工
项目模块	工具和设备—设备运维					编号	Jc0003541015	
单位			准考证号				姓名	
考试时限	15分钟		题型	单项操作			题分	100分
成绩		考评员		考评组长			日期	
试题正文	小截面绝缘导线在低压直线杆蝶式绝缘子上的固定安装							
需要说明的问题和要求	（1）按规定要求进行着装。 （2）此操作由一人完成。 （3）现场设置一条较低的配电线路，人站在地面进行操作，以便于检查在按杆上作业进行要求。 （4）节约时间不加分，超时停止作业，未完成项目不得分。 （5）各项得分均扣完为止							

续表

序号	项目名称	质量要求	满分	扣分标准	扣分原因	得分
1	着装	正确佩戴安全帽，穿工作服，穿绝缘鞋	10	没穿工作服（工作鞋）、没戴安全帽，每项扣2分； 帽扣带不系紧，衣、袖扣没扣，鞋带不系，每项扣1分		
2	材料、工具准备	（1）直径不小于2.5mm的单股塑料铜线，绝缘良好，长度合适。 （2）绝缘自粘带质量良好，无老化现象。 （3）个人工具良好	15	绑扎线选择不合适扣5分； 未对扎线进行检查扣2分； 个人工具有缺陷，每处扣1分； 绝缘自粘带有老化现象扣3分		
3	缠绕绝缘自粘带	绝缘线与绝缘子接触部分应用绝缘自粘带缠绕，缠绕长度应超出绑扎部位或与绝缘子接触部位两侧各30mm	25	未缠绕绝缘自粘带扣25分； 缠绕长度不够，每处扣3分； 若不足或超出接触部分40mm，每处扣3分； 绝缘自粘带不紧密扣3分		
4	绝缘子绑扎	（1）把收紧后的导线末端先在绝缘子嵌线槽内缠绕1圈，接着把导线的端线压在第1圈已缠绕的导线上，再围绕第2圈后，将两导线（主线和端线）合并在绝缘子的中间。 （2）把扎线短的一端由下向上在两导线间隙中穿入，并将扎线端头嵌入两导线末端并合处的凹缝中，扎线按从上向下的方向在两导线上紧密地缠绕在一起。 当扎线在两导线上紧缠不少于100mm长度后，将扎线与扎线端头用钢丝钳紧绞5～6圈，剪去余端，把绞线端头紧贴在两导线的夹缝中，绑扎完成	30	绑扎不紧密扣3分； 绝缘导线未在绝缘子上缠绕两圈扣3分； 第2圈未从上方压第1圈扣3分； 引流线端留取长度不合适扣3分； 扎线短头穿入方向错误扣2分； 扎线不应出现死弯，若出现则每处扣1分； 扎线不应出现损伤，每出现一处扣1分； 扎线缠绕方向错误扣3分； 缠绕长度小于100mm扣3分； 缠绕长度每超过30mm扣1分； 小辫绞紧圈数不够扣2分； 未紧贴夹缝压平扣3分； 剩余扎线长度超过300mm扣2分		
5	安全文明生产	在施工过程中应注意施工安全	10	操作中不允许将工具、材料随意乱放（应放在钳套或工具包中），每出现一次扣2分； 工具、材料（线头）每掉落地面一次扣3分； 未全程戴手套扣5分； 发生意外伤害扣5分		
6	现场清理	工作完毕后工器具、废料应清理干净	10	未清理干净，每处扣5分		
合计			100			

Jc0005561016　用电信息采集系统低压客户日用电量查询。（100分）

考核知识点：抄表管理

难易度：易

技能等级评价专业技能考核操作工作任务书

一、任务名称

用电信息采集系统低压客户日用电量查询。

二、适用工种

农网配电营业工（台区经理）初级工。

三、具体任务

在用电信息采集系统中查询某一居民客户某月1～5日每日总用电量及当月月末冻结表码填写在

答题纸上。

四、工作规范及要求

填写查询客户编号、户名及对应的需要查询内容。

五、考核及时间要求

本考核要求完成时间为 10 分钟，时间到应立即停止操作。

技能等级评价专业技能考核操作评分标准

<table>
<tr><td>工种</td><td colspan="6">农网配电营业工（台区经理）</td><td>评价等级</td><td colspan="2">初级工</td></tr>
<tr><td>项目模块</td><td colspan="5">营销服务—抄表与计量</td><td>编号</td><td colspan="3">Jc0005561016</td></tr>
<tr><td>单位</td><td colspan="3"></td><td>准考证号</td><td colspan="2"></td><td>姓名</td><td colspan="2"></td></tr>
<tr><td>考试时限</td><td colspan="2">10 分钟</td><td>题型</td><td colspan="3">单项操作题</td><td>题分</td><td colspan="2">100 分</td></tr>
<tr><td>成绩</td><td></td><td>考评员</td><td></td><td>考评组长</td><td colspan="2"></td><td>日期</td><td colspan="2"></td></tr>
<tr><td>试题正文</td><td colspan="9">用电信息采集系统低压客户日用电量查询</td></tr>
<tr><td>需要说明的问题和要求</td><td colspan="9">（1） 要求单人完成。
（2） 填写查询客户编号、户名及对应的需要查询内容</td></tr>
<tr><td>序号</td><td>项目名称</td><td colspan="3">质量要求</td><td>满分</td><td colspan="2">扣分标准</td><td>扣分原因</td><td>得分</td></tr>
<tr><td>1</td><td>户号、户名</td><td colspan="3">填写正确</td><td>20</td><td colspan="2">错误一项扣 10 分，扣完为止</td><td></td><td></td></tr>
<tr><td>2</td><td>1～5 日每日总用电量</td><td colspan="3">填写正确</td><td>80</td><td colspan="2">错误一项扣 16 分，扣完为止</td><td></td><td></td></tr>
<tr><td colspan="2">合计</td><td colspan="3"></td><td>100</td><td colspan="2"></td><td></td><td></td></tr>
</table>

Jc0005561017　用电信息采集系统正确抄录相关参数。（100 分）

考核知识点：用电信息采集

难易度：易

技能等级评价专业技能考核操作工作任务书

一、任务名称

用电信息采集系统正确抄录相关参数。

二、适用工种

农网配电营业工（台区经理）初级工。

三、具体任务

已知某供电公司客户的表号为××××××××××，请使用营销业务应用系统和用电信息采集系统完成以下任务：

（1）在营销业务应用系统中查询出该客户户号及终端地址。

（2）召测该电能表上两月月末冻结表码、上一月月末冻结表码、当前表码。

（3）请在营销业务应用系统中查询上两月、上一月发行的电量电费，并核实发行抄见电量与采集系统是否一致。

（4）在桌面以准考证号为名称建立文件夹，将电费清单、表码截图存入该文件夹中。

四、工作规范及要求

（1）在使用用电信息采集系统及营销业务应用系统功能时，不得进行其他无关操作。

（2）自备钢笔或圆珠笔、计算器。

（3）要求上两月月末冻结表码、上一月月末冻结表码、当前表码值等结果需提供截图；电费清单需导出。

五、考核及时间要求

本考核操作时间为30分钟，计时结束停止考评。

技能等级评价专业技能考核操作评分标准

工种	农网配电营业工（台区经理）				评价等级	初级工
项目模块	营销服务—抄表与计量			编号	Jc0005561017	
单位		准考证号			姓名	
考试时限	30分钟	题型	单项操作题		题分	100分
成绩		考评员		考评组长		日期
试题正文	用电信息采集系统正确抄录相关参数					
需要说明的问题和要求	（1）要求单人完成。 （2）在使用用电信息采集系统及营销业务应用系统功能时，不得进行其他无关操作。 （3）自备钢笔或圆珠笔、计算器。 （4）要求上两月月末冻结表码、上一月月末冻结表码、当前表码值等结果需提供截图；电费清单需导出。 （5）各项得分均扣完为止					
序号	项目名称	质量要求	满分	扣分标准	扣分原因	得分
1	用电信息采集系统操作	（1）通过终端地址进行实时数据召测。 （2）通过户号查询该表上一月、上两月冻结表码。 （3）提供上一月、上两月冻结表码截图	40	每个数据项错误扣10分； 无截图每项扣5分		
2	营销系统操作	（1）通过表号正确查询户号。 （2）在客户档案中查询终端地址。 （3）通过户号查询上两月、上一月电费清单。 （4）导出上两月、上一月电费清单。 （5）正确判断营销业务应用系统发行抄见电量与采集系统是否一致	50	每一项错误扣分10分		
3	计算机桌面系统	按要求建立文件夹，并将文件存入文件夹中	10	未按要求建立文件夹或未将文件保存至指定位置，每项各扣5分		
合计			100			

标准答案：

（1）通过营销业务应用系统查询出该客户户号为×××，终端地址为××××××。

（2）通过用电信息采集系统冻结表码查询上两月、上一月月末冻结表码。通过实时召测功能，抄收该表计当前表码。

（3）在营销业务应用系统中，查询并导出电费清单。

（4）在计算机桌面新建以准考证号为名称的文件夹，并将电费清单、表码截图存入该文件夹中。

Jc0005561018　单相电能表参数抄读。（100分）

考核知识点：抄表管理

难易度：易

技能等级评价专业技能考核操作工作任务书

一、任务名称

单相电能表参数抄读。

二、适用工种

农网配电营业工（台区经理）初级工。

三、具体任务

在用电信息采集系统中查询某一低压客户当前表计执行电价和剩余金额并填写在答题纸上。

四、工作规范及要求

填写查询客户编号、户名及对应的需要查询内容。

五、考核及时间要求

本考核要求完成时间为 10 分钟，时间到应立即停止操作。

技能等级评价专业技能考核操作评分标准

<table>
<tr><td>工种</td><td colspan="5">农网配电营业工（台区经理）</td><td>评价等级</td><td colspan="2">初级工</td></tr>
<tr><td>项目模块</td><td colspan="4">营销服务—抄表与计量</td><td>编号</td><td colspan="3">Jc0005561018</td></tr>
<tr><td>单位</td><td colspan="3"></td><td>准考证号</td><td></td><td>姓名</td><td colspan="2"></td></tr>
<tr><td>考试时限</td><td colspan="2">10 分钟</td><td>题型</td><td colspan="2">单项操作题</td><td>题分</td><td colspan="2">100 分</td></tr>
<tr><td>成绩</td><td></td><td>考评员</td><td></td><td>考评组长</td><td></td><td>日期</td><td colspan="2"></td></tr>
<tr><td>试题正文</td><td colspan="8">单相电能表参数抄读</td></tr>
<tr><td>需要说明的问题和要求</td><td colspan="8">（1）要求单人完成。
（2）填写查询客户编号、户名及对应的需要查询内容。
（3）各项得分均扣完为止</td></tr>
<tr><td>序号</td><td>项目名称</td><td colspan="2">质量要求</td><td>满分</td><td colspan="2">扣分标准</td><td>扣分原因</td><td>得分</td></tr>
<tr><td>1</td><td>户号、户名</td><td colspan="2">填写正确</td><td>10</td><td colspan="2">错误一项扣 5 分</td><td></td><td></td></tr>
<tr><td>2</td><td>阶梯电价</td><td colspan="2">填写正确</td><td>40</td><td colspan="2">错误一项扣 10 分</td><td></td><td></td></tr>
<tr><td>3</td><td>费率电价</td><td colspan="2">填写正确</td><td>40</td><td colspan="2">错误一项扣 10 分</td><td></td><td></td></tr>
<tr><td>4</td><td>剩余金额</td><td colspan="2">填写正确</td><td>10</td><td colspan="2">错误扣 10 分</td><td></td><td></td></tr>
<tr><td colspan="2">合计</td><td colspan="2"></td><td>100</td><td colspan="2"></td><td></td><td></td></tr>
</table>

Jc0005561019　营销业务应用系统——客户档案基本信息查询。（100 分）

考核知识点： 营销业务应用

难易度： 易

技能等级评价专业技能考核操作工作任务书

一、任务名称

营销业务应用系统——客户档案基本信息查询。

二、适用工种

农网配电营业工（台区经理）初级工。

三、具体任务

（1）熟练操作营销业务应用系统。

（2）通过营销业务应用系统查询户号为 1010351830 的户名、城乡类别、客户分类、行业分类、用电容量、用电类别、供电电压、立户日期、是否开通远程购电、预留电话等信息。

（3）将该客户基本信息保存在桌面文件“基本信息”中，并将此文件另存为单位＋客户姓名.xls（如中卫公司张三的文件名应为中卫张三.xls）。

（4）写出国家电网有限公司供电服务“十项承诺”中关于此类客户快速抢修及时复电的要求。

四、工作规范及要求

（1）在电教室独立完成。

（2）电脑可以登录系统内网并可登录相应业务应用系统。

（3）时间到应立即停止答题，离开考试场地。

（4）考核中出现下列情况之一的，本次考核成绩为零：

1）非独立完成。

2）在规定时限内，未提交答卷或未发起相应业务流程。

（5）考生不得询问与考试内容无关的问题，考评员不得提示与考试有关的内容。

五、考核及时间要求

本考核操作时间为 15 分钟，按照技能操作记录单的操作要求进行操作，正确记录查询结果。

技能等级评价专业技能考核操作评分标准

<table>
<tr><td>工种</td><td colspan="4">农网配电营业工（台区经理）</td><td>评价等级</td><td>初级工</td></tr>
<tr><td>项目模块</td><td colspan="3">营销服务—用电信息采集</td><td>编号</td><td colspan="2">Jc0005561019</td></tr>
<tr><td>单位</td><td colspan="2"></td><td>准考证号</td><td></td><td>姓名</td><td></td></tr>
<tr><td>考试时限</td><td>15 分钟</td><td>题型</td><td colspan="2">单项操作</td><td>题分</td><td>100 分</td></tr>
<tr><td>成绩</td><td></td><td>考评员</td><td>考评组长</td><td></td><td>日期</td><td></td></tr>
<tr><td>试题正文</td><td colspan="6">营销业务应用系统——客户档案基本信息查询</td></tr>
<tr><td>需要说明的问题和要求</td><td colspan="6">（1）独立完成，考试一人一桌一机。
（2）预装好相应 Office 软件、95598 业务支持系统、营销业务应用系统、用电信息采集系统。
（3）通过营销业务应用系统查询户号为 1010351830 的户名、城乡类别、客户分类、行业分类、用电容量、用电类别、供电电压、立户日期、是否开通远程购电、预留电话等信息。
（4）将该客户基本信息保存在桌面文件“基本信息”中，并将此文件另存为单位 + 客户姓名.xls（如中卫公司张三的文件名应为中卫张三.xls）。
（5）写出国家电网有限公司供电服务“十项承诺”中关于此类客户快速抢修及时复电的要求</td></tr>
<tr><td>序号</td><td>项目名称</td><td>质量要求</td><td>满分</td><td>扣分标准</td><td>扣分原因</td><td>得分</td></tr>
<tr><td>1</td><td>营销业务应用系统客户档案信息查询</td><td>正确查询相关数据明细</td><td>60</td><td>数据查询错误，每项扣 10 分，扣完为止</td><td></td><td></td></tr>
<tr><td>2</td><td>数据保存</td><td>按要求进行文件命名并按指定格式保存在指定路径</td><td>20</td><td>未按要求命名扣 10 分；
保存格式或保存路径不正确扣 10 分</td><td></td><td></td></tr>
<tr><td>3</td><td>十项承诺要求</td><td>正确描述国家电网有限公司供电服务“十项承诺”中关于此类客户快速抢修及时复电的要求</td><td>20</td><td>描述不清楚或不全面扣 20 分</td><td></td><td></td></tr>
<tr><td colspan="3">合计</td><td>100</td><td></td><td></td><td></td></tr>
</table>

Jc0005561020　营销业务应用系统——客户电源信息查询。（100 分）

考核知识点：营销业务应用

难易度：易

技能等级评价专业技能考核操作工作任务书

一、任务名称

营销业务应用系统——客户电源信息查询。

二、适用工种

农网配电营业工（台区经理）初级工。

三、具体任务

（1）熟练操作 95598 业务支持系统、营销业务应用系统、用电信息采集系统。

（2）通过营销业务应用系统查询户号为 1010351830 的电源编号、电源类别、供电电压、供电容量、电源相数、变电站、供电线路、供电台区、产权分界点等信息。

（3）将该客户基本信息保存在桌面文件“客户电源信息”中，并将此文件另存为单位＋客户姓名.xls（如中卫公司张三的文件名应为中卫张三.xls）。

四、工作规范及要求

（1）在电教室独立完成。

（2）电脑可以登录系统内网并可登录相应业务应用系统。

（3）时间到应立即停止答题，离开考试场地。

（4）考核中出现下列情况之一的，本次考核成绩为零：

1）非独立完成。

2）在规定时限内，未提交答卷或未发起相应业务流程。

（5）考生不得询问与考试内容无关的问题，考评员不得提示与考试有关的内容。

五、考核及时间要求

本考核操作时间为 15 分钟，按照技能操作记录单的操作要求进行操作，正确记录查询结果。

技能等级评价专业技能考核操作评分标准

<table>
<tr><td>工种</td><td colspan="5">农网配电营业工（台区经理）</td><td>评价等级</td><td colspan="2">初级工</td></tr>
<tr><td>项目模块</td><td colspan="4">营销服务—用电信息采集</td><td>编号</td><td colspan="3">Jc0005561020</td></tr>
<tr><td>单位</td><td colspan="3"></td><td>准考证号</td><td></td><td>姓名</td><td colspan="2"></td></tr>
<tr><td>考试时限</td><td colspan="2">15 分钟</td><td>题型</td><td colspan="2">单项操作</td><td>题分</td><td colspan="2">100 分</td></tr>
<tr><td>成绩</td><td></td><td>考评员</td><td></td><td>考评组长</td><td></td><td>日期</td><td colspan="2"></td></tr>
<tr><td>试题正文</td><td colspan="8">营销业务应用系统——客户电源信息查询</td></tr>
<tr><td>需要说明的问题和要求</td><td colspan="8">（1）独立完成，考试一人一桌一机。
（2）预装好相应 Office 软件、95598 业务支持系统、营销业务应用系统、用电信息采集系统。
（3）通过营销业务应用系统查询户号为 1010351830 的电源编号、电源类别、供电电压、供电容量、电源相数、变电站、供电线路、供电台区、产权分界点等信息。
（4）将该客户基本信息保存在桌面文件“客户电源信息”中，并将此文件另存为单位＋客户姓名.xls（如中卫公司张三的文件名应为中卫张三.xls）</td></tr>
<tr><td>序号</td><td>项目名称</td><td colspan="2">质量要求</td><td>满分</td><td colspan="2">扣分标准</td><td>扣分原因</td><td>得分</td></tr>
<tr><td>1</td><td>营销业务应用系统客户档案信息查询</td><td colspan="2">正确查询相关数据明细</td><td>80</td><td colspan="2">数据查询错误，每项扣 10 分，扣完为止</td><td></td><td></td></tr>
<tr><td>2</td><td>数据保存</td><td colspan="2">按要求进行文件命名并按指定格式保存在指定路径</td><td>20</td><td colspan="2">未按要求命名扣 10 分；
保存格式或保存路径不正确扣 10 分</td><td></td><td></td></tr>
<tr><td colspan="2">合计</td><td colspan="2"></td><td>100</td><td colspan="2"></td><td></td><td></td></tr>
</table>

Jc0005561021　营销业务应用系统——客户组合信息查询。（100 分）

考核知识点：营销业务应用

难易度：易

技能等级评价专业技能考核操作工作任务书

一、任务名称

营销业务应用系统——客户组合信息查询。

二、适用工种

农网配电营业工（台区经理）初级工。

三、具体任务

（1）熟练操作 95598 业务支持系统、营销业务应用系统、用电信息采集系统。

（2）通过营销业务应用系统查询××供电公司－××供电所行业分类为“食品、饮料及烟草制品专门零售”的正常用电客户明细。

（3）将查询出的客户明细截图保存在桌面文件“用电客户明细”中，并将此文件另存为××供电所客户明细.JPG。

四、工作规范及要求

（1）在电教室独立完成。

（2）电脑可以登录系统内网并可登录相应业务应用系统。

（3）时间到应立即停止答题，离开考试场地。

（4）考核中出现下列情况之一的，本次考核成绩为零：

1）非独立完成。

2）在规定时限内，未提交答卷或未发起相应业务流程。

（5）考生不得询问与考试内容无关的问题，考评员不得提示与考试有关的内容。

五、考核及时间要求

本考核操作时间为 10 分钟，按照技能操作记录单的操作要求进行操作，正确记录查询结果。

技能等级评价专业技能考核操作评分标准

工种	农网配电营业工（台区经理）					评价等级	初级工
项目模块	营销服务—用电信息采集				编号	Jc0005561021	
单位			准考证号			姓名	
考试时限	10 分钟		题型	单项操作		题分	100 分
成绩		考评员		考评组长		日期	
试题正文	营销业务应用系统——客户组合信息查询						
需要说明的问题和要求	（1）独立完成，考试一人一桌一机。 （2）预装好相应 Office 软件、95598 业务支持系统、营销业务应用系统、用电信息采集系统。 （3）通过营销业务应用系统查询××供电公司－××供电所行业分类为“食品、饮料及烟草制品专门零售”的正常用电客户明细。 （4）将查询出的客户明细截图保存在桌面文件夹“用电客户明细”中，并将此文件另存为××供电所客户明细.JPG						

序号	项目名称	质量要求	满分	扣分标准	扣分原因	得分
1	营销业务应用系统客户组合信息查询	正确查询相关数据明细	80	数据查询错误扣 80 分		
2	数据保存	按要求进行文件命名并按指定格式保存在指定路径	20	未按要求命名扣 10 分； 保存格式或保存路径不正确扣 10 分		
合计			100			

Jc0005562022　营销业务应用系统——抄表段管理。（100 分）

考核知识点：营销业务应用

难易度：中

技能等级评价专业技能考核操作工作任务书

一、任务名称

营销业务应用系统——抄表段管理。

二、适用工种

农网配电营业工（台区经理）初级工。

三、具体任务

（1）熟练操作 95598 业务支持系统、营销业务应用系统、用电信息采集系统。

（2）××市供电公司新建台区“××公用变压器”下批量新增 25 户居民客户，新装流程结束后抄表员在新户分配抄表段时发现没有匹配的抄表段，作为该台区的农网配电营业工（台区经理），请为该台区创建一个新的抄表段，并分配抄表员、核算员，其他抄表段信息按业务规则设置。

（3）将抄表段编号及流程申请编号写在答题纸上。

四、工作规范及要求

（1）在电教室独立完成。

（2）电脑可以登录系统内网并可登录相应业务应用系统。

（3）时间到应立即停止答题，离开考试场地。

（4）考核中出现下列情况之一的，本次考核成绩为零：

1）不能登录营销业务应用系统。

2）非独立完成。

3）在规定时限内，未提交答卷或未发起相应业务流程。

（5）考生不得询问与考试内容无关的问题，考评员不得提示与考试有关的内容。

五、考核及时间要求

本考核操作时间为 15 分钟，按照技能操作记录单的操作要求进行操作，正确记录查询结果。

技能等级评价专业技能考核操作评分标准

工种	农网配电营业工（台区经理）				评价等级	初级工
项目模块	营销服务—用电信息采集			编号	Jc0005562022	
单位		准考证号			姓名	
考试时限	15 分钟	题型	多项操作		题分	100 分
成绩		考评员		考评组长		日期	
试题正文	营销业务应用系统——抄表段管理					
需要说明的问题和要求	（1）独立完成，考试一人一桌一机。 （2）预装好相应 Office 软件、95598 业务支持系统、营销业务应用系统、用电信息采集系统。 （3）××供电公司新建台区“××公用变压器”下批量新增 25 户居民客户，新装流程结束后抄表员在新户分配抄表段时发现没有匹配的抄表段，作为该台区的农网配电营业工（台区经理），请为该台区创建一个新的抄表段，并分配抄表员、核算员，其他抄表段信息按业务规则设置。 （4）将抄表段编号及流程申请编号写在答题纸上					

序号	项目名称	质量要求	满分	扣分标准	扣分原因	得分
1	系统登录	熟练登录营销业务应用系统	20	登录系统不熟练或无法登录系统，扣 20 分		
2	抄表段维护新增	正确设置抄表段属性、抄表员、核算员等信息	60	抄表段相关信息填写错误，每处扣 10 分，扣完为止		
3	新建的抄表段编号及流程申请编号	写出新建的抄表段编号及流程申请编号	20	流程未结束或未写出相关信息扣 20 分		
合计			100			

Jc0005562023　采集终端抄读与调试。（100 分）

考核知识点：用电信息采集

难易度：中

技能等级评价专业技能考核操作工作任务书

一、任务名称

采集终端抄读与调试。

二、适用工种

农网配电营业工（台区经理）初级工。

三、具体任务

现场判断处理专用变压器终端下行采集异常情况，并通过终端抄读电能表数据，填入表Jc0005562023－1。

表 Jc0005562023－1

正向有功总		正向有功谷	
正向有功峰		正向无功总	
正向有功平		有功需量总	

四、工作规范及要求

（1）着装符合要求，穿全棉长袖工作服、绝缘鞋，戴安全帽、线手套。

（2）携带自备工具（钢笔或中性笔）进入现场，待考评老师宣布许可工作命令后开始工作并计时。

（3）打开计量柜（箱）门之前必须对柜（箱）体进行验电，现场操作严格执行《国家电网有限公司营销现场作业安全工作规程（试行）》。

（4）工作结束清理现场，并向监考老师报告。

五、考核及时间要求

本考核操作时间为30分钟，时间到停止考评。

技能等级评价专业技能考核操作评分标准

工种	农网配电营业工（台区经理）				评价等级	初级工
项目模块	营销服务—用电信息采集			编号	Jc0005562023	
单位		准考证号			姓名	
考试时限	30分钟	题型	单项操作		题分	100分
成绩		考评员		考评组长	日期	
试题正文	采集终端抄读与调试					
需要说明的问题和要求	（1）单人操作。 （2）操作时应注意安全，按照标准化作业指导书的技术安全说明做好安全措施					
序号	项目名称	质量要求	满分	扣分标准	扣分原因	得分
1	安全文明生产	佩戴安全帽；穿全棉工作服；穿绝缘鞋；操作时戴线手套；打开柜门前需先验电	20	未按要求进行，每项扣5分，扣完为止		
2	异常判断	正确判断采集异常原因	25	异常原因未找到扣25分		
3	异常处理	正确处理异常	20	异常未处理扣20分		
4	填写记录	正确、规范填写记录表	25	数据填写错误一处扣5分； 单位使用错误一处扣5分； 以上扣分，扣完为止		
5	现场恢复	操作结束后清理现场杂物，并将工器具归位摆放整齐	10	现场留有杂物或工器具未归位扣10分		
合计			100			

计量（采集）装置设置：

（1）考试使用电能表为仿真表，通过模拟装置进行参数设置。

（2）屏蔽电能表显示屏。

（3）通信速率设置错误，专用变压器终端电能表参数设置中通信速率错误设置为1200，正确应改为2400。

标准答案：

（1）调试终端，将通信速率改为2400。

（2）通过终端抄取电能表当前示数，采集相关数据，见表Jc0005562023－2。（表内空白处以考核现场电能计量装置参数示数值为准）

表 Jc0005562023－2

正向有功总	kWh	正向有功谷	kWh
正向有功峰	kWh	正向无功总	kvarh
正向有功平	kWh	有功需量总	kW

第二部分 中级工

第三章　农网配电营业工（台区经理）中级工技能笔答

Jb0001431001　电能表抄读数据上装工作包括哪些内容？（5分）

考核知识点：电能表的现场抄录

难易度：易

标准答案：

（1）电能表抄读数据复核。抄表数据上装后，进行电量复核，对错误的数据可进行修改，营销系统会自动记录每一次修改情况。完成电量复核后，提交到电费审核部门。

（2）漏抄补抄工作。电费发布后，若发现漏抄客户，应及时对漏抄客户进行补抄，并提交审核。营销系统会将抄表时发现的表计故障、窃电、违章用电等直接记录在抄表机中，在抄表数据上装时，异常情况将直接被提交到用电稽查部门。

Jb0001431002　电能表现场抄表工作要求有哪些？（5分）

考核知识点：电能表的现场抄录

难易度：易

标准答案：

（1）核对信息。抄表人员现场应仔细核对表号、互感器倍率等相关信息。特别是对新增客户第一次抄表或老客户电能表更换后的第一次抄表，更应认真核对。

（2）电能计量装置常规检查。检查是否存在失压、失流现象；检查分时表时间、时段、自检信息是否正确；封印等外观检查。

（3）准确抄读电能表。

（4）了解客户计量装置异常情况。

Jb0001431003　2016年10月，某供电企业一抄表员，工作任务单上派发其本月应抄电费户数4000户，其中：照明客户3600户，动力客户400户。月末经电费核算员核算，发现其漏抄动力客户4户、照明客户28户，估抄照明客户5户。求该抄表员本月照明客户实抄率、动力客户实抄率、综合实抄率分别是多少？（5分）

考核知识点：实抄率、抄表准确率、抄表差错率的概念及计算公式

难易度：易

标准答案：

解：实抄率＝（实抄电费户数/应抄电费户数）×100%，则

照明客户实抄率＝［（3600－28－5）/3600］×100%＝99.08%

动力客户实抄率＝［（400－4）/400］×100%＝99%

综合实抄率＝［（4000－28－5－4）/4000］×100%＝99.08%

答：该抄表员本月照明客户实抄率、动力客户实抄率、综合实抄率分别是99.08%、99%、99.08%。

Jb0001431004 电费通知单上应填写哪些主要内容？（至少写出10条）（5分）

考核知识点：抄表工作的内容

难易度：易

标准答案：

电费通知单上应填写的主要内容有：供电单位、电费年月、抄表段、抄表日期、客户编号、客户名称、用电地址、表号、表计示数、倍率、当月使用的电量和电费及代收款项的金额、交费期限、交费地点、抄表员。

Jb0002431005 简述非居民非购电客户的催费流程及停电、复电流程。（5分）

考核知识点：电费催缴与催缴方式推广

难易度：易

标准答案：

（1）催费流程：

1）非居民客户电费抄表发行时间应以营销系统显示为准，客户应在规定时限内交清电费，如客户在交费期内未交清电费将产生滞纳金。

2）从逾期之日起，以短信或电话等方式提醒客户电费已逾期，已产生违约金，请其尽快缴纳电费。

（2）停电、复电流程：

自逾期之日起超过三十日，经催缴仍未交付电费的：

1）应将停电的客户、原因、时间报本单位负责人批准。批准权限和程序由省电网经营企业制定。

2）在停电前3～7天内，将停电通知书送达客户（需拍照留存并上传至营销系统）；对重要客户的停电，应将停电通知书报送同级电力管理部门。

3）在停电前30min，将停电时间再通知客户一次，方可在通知规定的时间实施停电。

4）客户缴费后，24小时内完成复电。

Jb0002431006 收取现金时，应注意哪些事项？（5分）

考核知识点：收费、业务费收取的相关工作标准及规定

难易度：易

标准答案：

收费员在收（退）现金时应双手递接并唱收唱付，当面检验现金的真伪，当收到假币时应要求客户更换。根据客户编号查询客户应缴电费、违约金、预收电费或业务费，在营销业务应用系统中进行收费，同时核对缴费金额与系统内收费金额是否一致。收费员在收到客户缴纳的电费后，应正确打印电费票据。

Jb0003431007 更换电能计量装置前应检查、记录电能计量装置的哪些信息？（5分）

考核知识点：电能计量装置安装、检查与更换

难易度：易

标准答案：

（1）目测检查金属表箱的接地极、导线和表箱的连接是否良好，用验电笔验明金属表箱无电。如果发现金属表箱有电或金属表箱接地装置不可靠，应检查带电原因，排除带电缺陷后，方可进行作业；如现场不能排除金属表箱带电或接地装置缺陷，应终止电能表装接拆换作业，并通知相关部门进行设备消缺，消缺完成后方进行电能表的装接拆换作业。

（2）打开表箱门检查电能表及接线，并记录原表计的表码，确认户号和表计编号，检查封印、外观、防窃电是否完好。要求封印完好、接线正常。如果检查发现电能计量装置运行异常，窃电或有明显违约迹象，应终止电能表装接拆换作业，保持或恢复原状，并通知相关部门处理。

（3）对于更换直接式电能表，更换前应先断开客户侧开关，并观察电能表运行状态指示，确认已切除负荷，要求电子式电能表的指示灯停止闪动或熄灭。确定客户侧的负荷开关在拉开位置，并挂上“禁止合闸”的警示标志。

Jb0003431008　电能表的带电调换危险点分析与控制措施有哪些？（5 分）

考核知识点：电能计量装置安装、检查与更换

难易度：易

标准答案：

危险点主要有触电伤害、电弧灼伤、高处坠落、高处坠物、损坏设备、人员摔伤等。具体控制措施是：离地 2.0m 及以上登高作业应系好安全带，在梯子上作业应有人扶持；检查金属表箱接地，确认良好；对金属表箱外壳验电，确认不带电；检查客户侧开关已断开，悬挂警示牌；明确保留的带电部分，并做好安全措施，保持安全距离；逐相拆开电源进、出相线，并用绝缘胶带包扎；逐相拆开绝缘胶带，逐一搭接电源进、出相线。

Jb0003431009　电能计量装置安装场所有什么要求？（5 分）

考核知识点：电能计量装置安装、检查与更换

难易度：易

标准答案：

检查电能计量装置安装场所是否符合安装要求，主要检查内容为：周围环境应干净明亮，不易受损、受振，无磁场及烟灰影响；无腐蚀性气体、易蒸发液体的侵蚀。运行安全可靠，抄表读数、校验、检查、轮换方便；装表点的气温不应超过电能表标准规定的工作温度范围。电能表原则上应装于室外的走廊、过道内及公共的楼梯间，或装于专用配电间内（二楼及以下）；高层住宅一户一表，宜集中装于公共楼梯间内。

Jb0003431010　标出接线盒与电能表侧出线端子接线方式。（5 分）

考核知识点：电能计量装置安装、检查与更换

难易度：易

标准答案：

接线盒与电能表侧出线端子接线方式如图 Jb0003431010 所示。

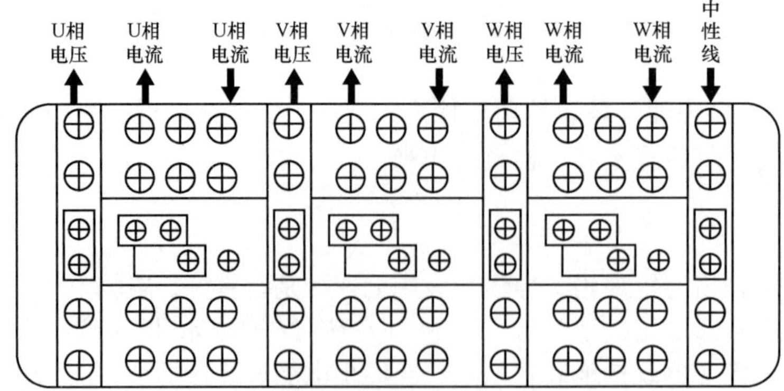

图 Jb0003431010

Jb0003431011　接线盒互感器侧出线端子接线方式。（5 分）

考核知识点：电能计量装置安装、检查与更换

难易度： 易

标准答案：

接线盒互感器侧出线端子接线方式如图 Jb0003431011 所示。

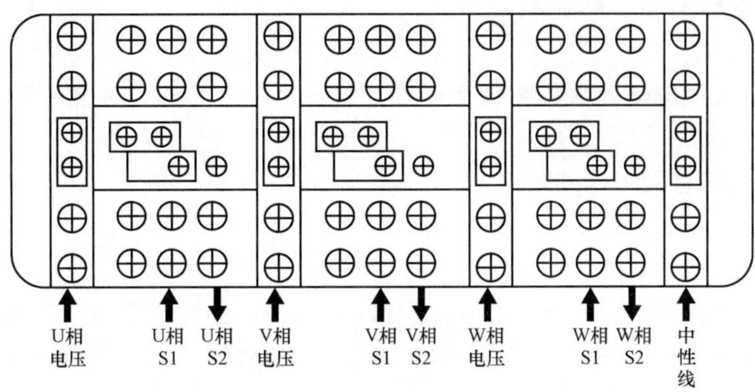

图 Jb0003431011

Jb0004431012　集中器的安装要求有哪些？（5 分）

考核知识点： 用电信息采集装置运行维护

难易度： 易

标准答案：

（1）集中器安装时应将接线端子拧紧，并且挂牢在坚固耐火、不易振动的墙壁或屏柜上。

（2）必须严格按照面板上标明的电压等级接入电压，并将 485 通信口与表计 485 通信口相连。安装 SIM 卡（采用 GPRS 通信的集中器应开通 GPRS 功能），设置好相关参数，查看集中器工作是否正常。

（3）在端盖上加上铅封，以防止非授权人开启。

（4）在原包装的条件下储存，叠放高度不超过 5 层。集中器在包装拆封后不宜储存。

（5）集中器不提供 SIM 卡，当客户需使用 GPRS 功能时，需与当地 GPRS 网络运营商联系，购买适宜的 SIM 卡并及时激活 GPRS 通信功能。

（6）接线后应将端盖加上铅封，建议将集中器的透明上盖也加上铅封。

Jb0004431013　如何对采集系统进行日常维护？（5 分）

考核知识点： 用电信息采集装置运行维护

难易度： 易

标准答案：

（1）时刻统计台区的客户变化情况，及时地完成相应的用电流程，以及时地更改营销系统中的客户档案，使其时刻保持与现场客户情况一致，以保证采集系统的档案时刻正确。

（2）另外，对于个别电能表损坏的情况，应及时换表，并完成相应的换表流程，保证系统运行正常。

（3）应对出现采集故障的台区及时进行维护，对出现故障的采集器、集中器进行相应的维护，并及时完成相应的档案更改流程。

Jb0004432014　采集器现场调试常见问题有哪些？（5 分）

考核知识点： 用电信息采集装置运行维护

难易度： 中

标准答案：

（1）RS485 线 A 和 B 接反。

（2）RS485 线未可靠接触或不牢固。

（3）数据线卡扣接触不良，有损坏。

Jb0004432015　《用电信息采集系统运行维护管理办法》中规定采集系统运行监控的主要任务是什么？（5 分）

考核知识点： 用电信息采集基础知识

难易度： 中

标准答案：

采集系统运行监控是对系统整体运行情况进行监督管控，主要任务包括采集任务配置与执行、采集数据质量分析、采集系统运行指标分析、采集系统故障与处理情况、各项业务应用情况分析等。

Jb0005431016　窃电量的认定方法是什么？（5 分）

考核知识点： 违约用电、窃电的查处

难易度： 易

标准答案：

（1）在供电设施上擅自接线用电或绕越用电计量装置用电的，所窃电量按私接设备额定容量（kVA 视同 kW）乘以实际使用时间计算确定。

（2）其他行为窃电所窃电量，按计费电能表最大电流值（对装有限流器的，按限流整定电流值）所指的容量（kVA 视同 kW）乘以实际窃用的时间计算确定。

Jb0005431017　私自迁移、更动和擅自操作供电企业的用电计量装置的违约用电行为，应如何处理？（5 分）

考核知识点： 违约用电、窃电的查处

难易度： 易

标准答案：

私自迁移、更动和擅自操作供电企业的用电计量装置、电力负荷控制装置、供电设施以及约定由供电企业调度的客户受电设备者，属于居民客户的，应承担每次 500 元的违约使用电费；属于其他客户的，应承担每次 5000 元的违约使用电费。

Jb0005431018　供电企业在进行营业普查时发现某居民客户在公用低压线路上私自接用一只 2kW 的单相电暖器进行窃电，且窃电时间无法查明。请计算该居民客户应补交的电费和违约使用电费（电价为 0.4486 元/kWh）。（5 分）

考核知识点： 窃电及违约用电的规定及处罚依据

难易度： 易

标准答案：

解： 根据《供电营业规则》规定，该客户窃电时间无法查明，窃电时间按 180 天、每天 6h 计算。

该客户应补交电费 $=2\times180\times6\times0.4486=968.98$（元）

违约使用电费 $=968.98\times3=2906.94$（元）

答： 该客户应补交电费 968.98 元，违约使用电费 2906.94 元。

Jb0005431019　某供电所在一次营业普查过程中发现，某高压非工业客户超过合同约定私自增加一台受电变压器，容量为 30kVA，该客户应交纳违约使用电费多少元？供电企业该如何处理？（5 分）

考核知识点：窃电及违约用电的规定及处罚依据

难易度：易

标准答案：

（1）该客户应拆除私增容的变压器，并承担私增容量 50 元/kW（kVA）的违约使用电费，根据《供电营业规则》第一百条第二款规定，该客户应交纳的违约使用电费为 30×50＝1500（元）。

（2）若该客户要求继续使用，则按新装增容办理。

Jb0006431020　低压设备检修技术资料有哪些？（5 分）

考核知识点：低压设备检修前的准备

难易度：易

标准答案：

检修设备说明书、低压设备安装竣工图、低压设备台账、低压设备验收记录。

Jb0006431021　接地装置常见检查项目有哪些？（5 分）

考核知识点：接地装置的运行维护

难易度：易

标准答案：

（1）接地引线有无破损及腐蚀现象。

（2）接地体与接地引线连接线夹或螺栓是否完好、紧固。

（3）接地保护管是否完整。

（4）接地体的接地圆钢、扁钢有无露出、被盗、浅埋等现象。

（5）在土壤电阻率最大时测量接地装置的接地电阻，并对测量结果进行分析比较。

（6）电气设备检修后，应检查接地线连接情况是否牢固可靠。

Jb0006431022　柱上断路器的巡视内容有哪些？（5 分）

考核知识点：柱上断路器的运行维护

难易度：易

标准答案：

（1）外壳有无渗、漏油和锈蚀现象。

（2）套管有无破损、裂纹、严重脏污和闪络放电的痕迹。

（3）断路器的固定是否牢固；引线触点和接地是否良好；线间和对地距离是否足够。

（4）油位是否正常。

（5）断路器分、合位置指示是否正确、清晰。

Jb0006431023　避雷器维护项目有哪些？（5 分）

考核知识点：避雷器维护

难易度：易

标准答案：

在运行中应与被保护的配电装置同时进行巡视检查。

（1）检查瓷质部分有无破损、裂纹及放电现象。

（2）检查接地引线有无烧伤痕迹和断股现象。
（3）检查 10kV 避雷器上帽引线处密封是否严密，有无进水现象。
（4）检查瓷套表面有无严重污秽。
（5）检查放电记录器是否动作。
（6）检查引线接头是否牢固。
（7）检查避雷器内部是否有异常声响。
（8）检查避雷器是否齐全，有无漏投。
（9）避雷器安装前的检查。

Jb0006431024　电容器正常使用应该怎么操作？（5 分）

考核知识点：电容器运行维护

难易度：易

标准答案：

电容器组在正常情况下的投入或退出运行，应根据系统无功负荷潮流和负荷功率因数及电压情况来确定。正常情况下，配电室停电操作时，应先拉开电容器开关，后拉开各路出线开关。正常情况下，配电室恢复送电时，应先合各路出线开关，后合电容器组的开关。

Jb0006431025　接地装置的检查周期是如何规定的？（5 分）

考核知识点：接地装置运行维护

难易度：易

标准答案：

（1）变（配）电站的接地装置一般每年检查一次。
（2）根据车间或建筑物的具体情况，对接地线的运行情况一般每年检查 1～2 次。
（3）各种防雷装置的接地装置每年在雷雨季前检查一次。
（4）对有腐蚀性土壤的接地装置，应根据运行情况一般 3～5 年对地面下接地体检查一次。
（5）手持式、移动式电气设备的接地线应在每次使用前进行检查。
（6）接地装置的接地电阻一般 1～3 年测量一次。

Jb0006431026　什么情况下，应对开关站进行特殊巡视？（5 分）

考核知识点：开关站运行维护

难易度：易

标准答案：

（1）10kV 开关站设备新投入运行、设备经过检修或改造、长期停运后重新投入系统运行。
（2）遇台风、暴雨、大雪等特殊天气。
（3）与 10kV 开关站相关的线路跳闸后的故障巡视。
（4）10kV 开关站设备变动后的巡视。
（5）异常情况下的巡视，主要是指设备发热、跳闸、有接地故障情况等，应加强巡视。

Jb0006431027　电力客户用电信息采集系统的特点是什么？（5 分）

考核知识点：电力客户用电信息采集系统

难易度：易

标准答案：

（1）电力客户用电信息采集系统是“SG186”营销技术支持系统的主要组成部分。

（2）可通过中间库、Web service 方式为“SG186”营销业务应用提供数据支撑。

（3）同时也可独立运行，完成采集点设置、数据采集管理、预付费管理、线损分析等功能。

Jb0006431028　配电生产管理信息系统的作用是什么？（5分）

考核知识点：电力客户用电信息采集系统

难易度：易

标准答案：

（1）配电生产管理信息系统以图库一体化的信息化管理为基础，逐步建立以可靠性为中心的工作管理模式，以满足不断增加的配电管理资讯需求。

（2）根据业务变化需要，完善与营销系统的数据交换。

（3）对配电管理信息系统（MIS）、地理信息系统（GIS）、配网自动化系统功能进行重新定位和分工，建立一套满足配电运行管理实际需求的管理系统。

（4）是电网企业实现管理创新、提高管理水平、保证配电网安全运行、适应客户需求、提高工作效率的主要手段和技术支撑。

Jb0006431029　任何的单位和个人在架空电力电缆保护区内必须遵守哪些要求？（5分）

考核知识点：电力设施保护

难易度：易

标准答案：

（1）不得在地下电缆保护区内堆放垃圾、矿渣、易燃物、易爆物，倾倒盐、碱及其他有害化学物品，兴建建筑物或种植树木、竹子。

（2）不得在海底电缆保护区内抛锚、拖锚。

（3）不得在江河电缆保护区内炸鱼、挖沙。

Jb0006431030　对客户的受电工程不指定具体是哪三类？（5分）

考核知识点：供用电合同

难易度：易

标准答案：

设计单位、施工队伍、设备材料采购。

Jb0006431031　技术线损的概念是什么？（5分）

考核知识点：技术线损

难易度：易

标准答案：

技术线损即为理论线损，它是电网系统中必然存在的，其数值可通过各种计算方法算出。技术线损包含线路损耗、爬电比距变小导致的绝缘子电量损耗、配电变压器绕组损耗、高次谐波损耗、灰尘过多污闪而导致漏电的电量损耗等。

Jb0006431032　降低线损的技术措施分为哪两类？（5分）

考核知识点：电力客户用电信息采集系统

难易度：易

标准答案：

降低电力网的线损仅有两种途径：减小流过电力设备中的电流和减少电力设备的电阻。

（1）要减小流过电力设备中的电流，可采取提高供电的电压及负载的功率因数等措施。供电电压的提高可将高电压引入负荷密集区域，避免了低压线路供电半径过大的不利情况。负载的功率因数的提高需减少配电网中流过的无功电流，可采取将流过的无功电流就地平衡的措施。

（2）要减小电力设备的电阻，可采取的途径有：加大导线的截面；采用性能更优的配电变压器和电能计量装置。因此，要降低配电网的技术损耗，必须对配电网络进行升级改造。

Jb0006431033　台区防窃电的主要检查方法有哪几种？（5分）

考核知识点：台区防窃电

难易度：易

标准答案：

台区防窃电的主要检查方法有采集系统法、经济分析法、电量比对法、仪器检查法、直观检查法。

Jb0006431034　晶体硅光伏电池根据硅晶体结构的不同，太阳能电池可分为哪几种？（5分）

考核知识点：晶体硅光伏电池

难易度：易

标准答案：

太阳能电池可分为单晶硅太阳能电池、多晶硅太阳能电池、非晶硅太阳能电池、带状硅太阳能电池。

Jb0006431035　影响太阳能电池转换效率的因素有哪些？（5分）

考核知识点：太阳能电池转换效率

难易度：易

标准答案：

影响太阳能电池转换效率的因素有材料能带宽度、温度、光生载流子复合寿命、光强、掺杂浓度及剖面分布、串联电阻、金属栅线和光反射。

Jb0006431036　电动汽车的种类一般有哪几种？（5分）

考核知识点：电动汽车

难易度：易

标准答案：

电动汽车一般分为纯电动汽车（BEV）、混合动力汽车（HEV）、燃料电池汽车（FCEV）。

Jb0006431037　哪些设备接入高压配电网的分布式电源需向电网管理单位报备？（5分）

考核知识点：新能源

难易度：易

标准答案：

接入高压配电网的分布式电源需向电网管理单位报备的设备有客户进线开关、并网点开断设备。

Jb0006431038　新能源又称非常规能源。是指传统能源之外的各种能源形式。刚开始开发利用或正在积极研究、有待推广的新能源有哪些？（5分）

考核知识点：新能源

难易度：易

标准答案：

刚开始开发利用或正在积极研究、有待推广的新能源包括太阳能、地热能、风能、海洋能、生物质能和核聚变能等。

Jb0006431039 直流充电枪由哪几部分组成？（5分）

考核知识点：新能源

难易度：易

标准答案：

直流充电枪由供电接口、电缆及盖帽等组成。

Jb0006431040 充电设备有哪几种类型？（5分）

考核知识点：新能源

难易度：易

标准答案：

充电设备是指与电动汽车或动力蓄电池相连，并为其提供电能的设备，一般包括非车载充电机、交流充电桩、车载充电器等。

Jb0006431041 电动汽车智能充换电服务网络的线上服务包括哪些渠道？（5分）

考核知识点：电动汽车

难易度：易

标准答案：

电动汽车智能充换电服务网络的线上服务是通过车联网平台的e充电APP、e充电网站、微信公众号等互联网线上渠道，为客户提供的服务。

Jb0006431042 混合动力汽车的优点有哪些？（5分）

考核知识点：混合动力汽车

难易度：易

标准答案：

（1）因有电池，故可以十分方便地回收制动时、下坡时、怠速时的能量。

（2）在繁华市区，可关停内燃机，由电池单独驱动实现零排放。

（3）可以利用现有的加油站加油，不必再投资。

（4）可让电池保持在良好的工作状态，不发生过充、过放，延长其使用寿命，降低成本。

Jb0006431043 什么是分布式电源？（5分）

考核知识点：电力客户用电信息采集系统

难易度：易

标准答案：

分布式电源是指在客户所在场地或附近建设安装，运行方式以客户侧自发自用为主、多余电量上网，且在配电网系统平衡调节为特征的发电设施或有电力输出的能量综合梯级利用多联供设施。包括太阳能、天然气、生物质能、风能、地热能、海洋能、资源综合利用发电（含煤矿瓦斯发电）等，以同步电机、感应电机、变流器等形式接入电网。

Jb0003431044　分布式电源的系统备用容量费和各项代征费应如何收取？（5分）

考核知识点：分布式电源

难易度：易

标准答案：

分布式光伏发电、分布式风电项目不收取系统备用容量费；对分布式光伏发电自发自用电量免收可再生能源电价附加、国家重大水利工程建设基金、大中型水库移民后期扶持基金、农网还贷资金等4项针对电量征收的政府性基金。其他分布式电源系统备用容量费、基金和附加执行国家有关政策。

Jb0005463045　某供电所2号台区变压器容量为100kVA，导线型号为LK－LYJ－50，所辖客户48户，采集成功率100%。2020年8月20日，日线损报表显示该台区供电量为750kWh，售电量为750kWh，分布式电源上网电量为50kWh，台区倒供电量为75kWh，损失电量为－25kWh，线损率为－3.13%。台区客户王某属光伏发电，余额上网客户。发电量为50kWh，用电量为75kWh。经现场与系统核查，该台区总表及客户表情况见表Jb0005463045，根据核实情况判断该台区损失电量、线损率是否正确，若错误请计算正确的损失电量和当日台区线损率。（5分）

表 Jb0005463045

表类型	起码	止码	倍率
总表正向示数	963300	963325	30
总表反向示数	2355.23	2355.63	30
客户发电正向示数	1253	1303	1
客户发电反向示数	3.56	13.56	1
客户用电正向示数	1253	1306	1
客户用电反向示数	1258	1288	1
台区总售电量	750kWh		

考核知识点：线损计算

难易度：难

标准答案：

解：该台区损失电量为－25kWh、线损率为－3.13%的计算结果错误。

（1）实际供电量：总表正向电量＋光伏上网电量－台区总表的反向电量＝（963 325－9 633 00）×30＋（1288－1258）－（2355.63－2355.23）×30＝750＋30－12＝768（kWh）

（2）实际售电量：台区总售电量＝750（kWh）

（3）实际损失电量：实际供电量－实际售电量＝768－750＝18（kWh）

（4）实际线损率：$\dfrac{\text{供电量}-\text{售电量}}{\text{供电量}}\times 100\% = \dfrac{768-750}{768}\times 100\% = 2.34\%$

答：该台区实际损失电量为18kWh，实际线损率为2.34%。

Jb0005463046　某供电所抄表员共管理三台变压器。某月甲变压器供电量为3000kWh，售电量为2800kWh；乙变压器供电量为6700kWh，售电量为6200kWh；丙变压器为专用变压器无损户，低压侧计量，当月抄表起码为09958，止码为10354，倍率为10，假设该专用变压器当月对应变

损消耗电量为 352kWh。试求该抄表员当月总线损率为多少？扣除专用变压器无损户后总线损率为多少？（5分）

考核知识点：线损计算

难易度：难

标准答案：

解：丙变压器供电量=售电量=（10 354－099 58）×10+352=4312（kWh）

总供电量=3000+6700+4312=14 012（kWh）

总售电量=2800+6200+4312=13 312（kWh）

总线损率=（供电量－售电量）/供电量=（14 012－13 312）/14 012×100%=5%

有损供电量=3000+6700=9700（kWh）

有损售电量=2800+6200=9000（kWh）

扣无损电量后线损率=（9700－9000）/9700×100%=7.22%

第四章　农网配电营业工（台区经理）中级工技能操作

Jc0001441001　**单股导线的铰接。（100 分）**

考核知识点： 导线连接

难易度： 易

技能等级评价专业技能考核操作工作任务书

一、任务名称

单股导线的铰接。

二、适用工种

农网配电营业工（台区经理）中级工。

三、具体任务

（1）准备必要的工具及安全工器具。

（2）工作任务：单股导线的铰接。

四、工作规范及要求

（1）单人操作。

（2）考核时注意人身和设备安全。

（3）工作结束后恢复原始状态。

五、考核及时间要求

（1）本考核操作时间为 15 分钟，时间到停止考评。

（2）按照技能操作记录单的操作要求进行操作。

技能等级评价专业技能考核操作评分标准

<table>
<tr><td>工种</td><td colspan="6">农网配电营业工（台区经理）</td><td>评价等级</td><td>中级工</td></tr>
<tr><td>项目模块</td><td colspan="5">工具和设备—设备运维</td><td>编号</td><td colspan="2">Jc0001441001</td></tr>
<tr><td>单位</td><td colspan="3"></td><td>准考证号</td><td colspan="2"></td><td>姓名</td><td></td></tr>
<tr><td>考试时限</td><td colspan="2">15 分钟</td><td>题型</td><td colspan="3">单项操作</td><td>题分</td><td>100 分</td></tr>
<tr><td>成绩</td><td></td><td>考评员</td><td></td><td>考评组长</td><td colspan="2"></td><td>日期</td><td></td></tr>
<tr><td>试题正文</td><td colspan="8">单股导线的铰接</td></tr>
<tr><td>需要说明的问题和要求</td><td colspan="8">（1）给定条件：现场对 BV－2.5mm^2 绝缘导线进行铰接。
（2）考场设在室内，工作环境条件满足要求。
（3）正确选择合格的工具、材料。
（4）导线连接前的作业准备。
（5）正确对绝缘导线剥削绝缘层。
（6）导线连接程序正确、规范。
（7）接头连接质量符合技术要求。
（8）搪锡的方法及质量符合技术要求。
（9）绝缘恢复工艺符合要求。
（10）各项得分均扣完为止</td></tr>
</table>

续表

序号	项目名称	质量要求	满分	扣分标准	扣分原因	得分
1	工作前准备					
1.1	着装	戴安全帽，着全棉长袖工作服，戴棉质线手套，穿绝缘鞋	5	未按要求着装，每处扣2分； 着装不规范，每处扣2分； 工作过程中全程戴手套，每摘一次扣1分		
1.2	选择工具	工具选择正确	5	选择工具与项目不符扣1分； 漏选，每项扣1分； 未进行外观检查，每项扣1分； 未对移动电源剩余电流动作保护器试跳扣2分		
1.3	选择材料	材料选择正确	5	选择的材料与项目不符合扣2分； 漏选材料，每项扣2分		
2	工作过程					
2.1	导线绝缘层的剥削	量取导线剥削长度，将绝缘皮削掉，剥削时不能伤及线芯	10	长度合适，每差5mm扣2分； 绝缘层的剥削方法不正确扣3分； 伤及线芯，每处扣2分； 超出截面积1/3，每处扣3分		
2.2	处理线芯氧化层	用砂纸直接去除氧化层，将裸露的导体表面，用清洁剂擦洗干净，清洗的长度不应小于连接长度的2倍	10	清除不彻底扣3分； 清除长度不够扣3分； 导线擦洗不干净扣3分； 方法不正确扣1分； 未处理扣10分		
2.3	导线的铰接	两连接导线线芯呈X形相交，互相绞合2～3圈两端紧密，每根线头分别紧贴在另一根线上依序向两端紧密、整齐地缠绕5～6圈，钳平端头，完成连接	35	导线绞合圈数（2～3圈）多或少扣3分； 绞合松动扣2分； 缠绕圈数过多或过少扣3分； 缠绕不紧密扣2分； 导线钳伤严重扣5分； 缠绕不平直扣2分； 没钳平线端扣3分； 接线方法不正确扣15分		
2.4	焊锡	无虚焊，焊接表面光洁明亮	15	无虚焊，虚焊扣10分； 加锡后表面不光洁扣2分； 焊面未做清洁处理扣3分		
2.5	恢复绝缘	绝缘恢复方法正确，宽度及层数符合要求	10	绝缘恢复方法不正确扣5分； 压绕宽度不够，每处扣1分； 包扎层数少一层扣3分		
3	文明生产	文明工作，确保工作环境整洁，工作完成回收工器具，恢复现场	5	未收拾工作场地扣5分； 收拾场地不充分扣2分		
合计			100			

Jc0001441002 单股导线的绑接。（100分）

考核知识点： 导线连接

难易度： 易

技能等级评价专业技能考核操作工作任务书

一、任务名称

单股导线的绑接。

二、适用工种

农网配电营业工（台区经理）中级工。

三、具体任务

（1）准备必要的工具及安全工器具。

（2）工作任务：单股导线的绑接。

四、工作规范及要求

（1）单人操作。

（2）考核时注意人身和设备安全。

（3）工作结束后恢复原始状态。

五、考核及时间要求

（1）本考核操作时间为 15 分钟，时间到停止考评。

（2）按照技能操作记录单的操作要求进行操作。

技能等级评价专业技能考核操作评分标准

<table>
<tr><td>工种</td><td colspan="5">农网配电营业工（台区经理）</td><td>评价等级</td><td>中级工</td></tr>
<tr><td>项目模块</td><td colspan="4">工具和设备—设备运维</td><td>编号</td><td colspan="2">Jc0001441002</td></tr>
<tr><td>单位</td><td colspan="3"></td><td>准考证号</td><td></td><td>姓名</td><td></td></tr>
<tr><td>考试时限</td><td colspan="2">15 分钟</td><td>题型</td><td colspan="2">单项操作</td><td>题分</td><td>100 分</td></tr>
<tr><td>成绩</td><td></td><td>考评员</td><td></td><td>考评组长</td><td></td><td>日期</td><td></td></tr>
<tr><td>试题正文</td><td colspan="7">单股导线的绑接</td></tr>
<tr><td>需要说明的问题和要求</td><td colspan="7">（1）给定条件：现场对 BV－6mm² 绝缘导线进行绑接。
（2）考场设在室内，工作环境条件满足要求。
（3）正确选择合格的工具、材料。
（4）导线连接前的作业准备。
（5）正确对绝缘导线剥削绝缘层。
（6）导线连接程序正确、规范。
（7）接头连接质量符合技术要求。
（8）绝缘恢复工艺符合要求。
（9）各项得分均扣完为止</td></tr>
</table>

序号	项目名称	质量要求	满分	扣分标准	扣分原因	得分
1	工作前准备					
1.1	着装	戴安全帽，着全棉长袖工作服，戴棉质线手套，穿绝缘鞋	5	未按要求着装，每处扣 2 分； 着装不规范，每处扣 2 分； 工作过程中全程戴手套，每摘一次扣 1 分		
1.2	选择工具	工具选择正确	5	选择工具与项目不符扣 2 分； 漏选，每项扣 1 分； 未进行外观检查，每项扣 1 分		
1.3	选择材料	材料选择正确	5	选择的材料与项目不符合扣 2 分； 漏选材料，每项扣 2 分		
2	工作过程					
2.1	导线绝缘层的剥削	量取导线剥削长度，将绝缘皮削掉，剥削时不能伤及线芯	10	长度合适，每差 5mm 扣 2 分； 绝缘层的剥削方法不正确扣 3 分； 伤及线芯，每处扣 2 分； 超出截面积 1/3，每处扣 3 分		

续表

序号	项目名称	质量要求	满分	扣分标准	扣分原因	得分
2.2	处理线芯氧化层	用砂纸直接去除氧化层，将裸露的导体表面，用清洁剂擦洗干净，清洗的长度不应小于连接长度的2倍，然后涂抹导电脂	20	涂除不彻底扣3分； 涂除长度不够扣3分； 伤及线芯扣5分； 导线擦洗不干净扣3分； 清洗的长度不够扣3分； 接头处清洗后未涂导电脂扣3分		
2.3	导线的缠绕	两线头并合在一起，再敷一根同样截面、同等接头长度的辅助裸线，然后用直径不小于2mm的铜扎线，从中间向两端顺序缠绕至导线绝缘层端头20～30mm处，将辅助线折起，扎线继续缠绕3～5圈后与线头拧麻花2～3转，用手钳剪去余线，拍平辅助线及线头，完成连接	40	接线方法不正确扣13分； 两根导线中间未填辅助裸线扣3分； 缠绕顺序不正确扣3分； 缠绕不紧密扣3分； 缠绕长度不够扣3分； 导线钳伤严重扣3分； 多余的芯线头处理不当扣3分； 没钳平线端扣3分； 缠绕不整齐、不美观，各扣3分		
2.4	恢复绝缘	绝缘恢复方法正确，宽度及层数符合要求	10	绝缘恢复方法不正确扣5分； 压绕宽度不够，每处扣1分； 包扎层数少一层扣3分		
3	文明生产	文明工作，确保工作环境整洁，工作完成回收工器具，恢复现场	5	未收拾工作场地扣5分； 收拾场地不充分扣2分		
合计			100			

Jc0001441003　多股导线的插接。（100分）

考核知识点：导线连接

难易度：易

技能等级评价专业技能考核操作工作任务书

一、任务名称

多股导线的插接。

二、适用工种

农网配电营业工（台区经理）中级工。

三、具体任务

（1）准备必要的工具及安全工器具。

（2）工作任务：多股导线的插接。

四、工作规范及要求

（1）单人操作。

（2）考核时注意人身和设备安全。

（3）工作结束后恢复原始状态。

五、考核及时间要求

（1）本考核操作时间为15分钟，时间到停止考评。

（2）按照技能操作记录单的操作要求进行操作。

技能等级评价专业技能考核操作评分标准

<table>
<tr><td>工种</td><td colspan="5">农网配电营业工（台区经理）</td><td>评价等级</td><td>中级工</td></tr>
<tr><td>项目模块</td><td colspan="4">工具和设备—设备运维</td><td>编号</td><td colspan="2">Jc0001441003</td></tr>
<tr><td>单位</td><td colspan="2"></td><td>准考证号</td><td colspan="2"></td><td>姓名</td><td></td></tr>
<tr><td>考试时限</td><td colspan="2">15 分钟</td><td>题型</td><td colspan="2">单项操作</td><td>题分</td><td>100 分</td></tr>
<tr><td>成绩</td><td></td><td>考评员</td><td></td><td>考评组长</td><td></td><td>日期</td><td></td></tr>
<tr><td>试题正文</td><td colspan="7">多股导线的插接</td></tr>
<tr><td>需要说明的问题和要求</td><td colspan="7">（1）给定条件：现场对 BLV－16mm² 绝缘导线进行插接。
（2）考场设在室内，工作环境条件满足要求。
（3）正确选择合格的工具、材料。
（4）导线连接前的作业准备。
（5）正确对绝缘导线剥削绝缘层。
（6）导线连接程序正确、规范。
（7）接头连接质量符合技术要求。
（8）绝缘恢复工艺符合要求。
（9）各项得分均扣完为止</td></tr>
</table>

序号	项目名称	质量要求	满分	扣分标准	扣分原因	得分
1	工作前准备					
1.1	着装	戴安全帽，着全棉长袖工作服，戴棉质线手套，穿绝缘鞋	5	未按要求着装，每处扣 2 分； 着装不规范，每处扣 2 分； 工作过程中全程戴手套，每摘一次扣 1 分		
1.2	选择工具	工具选择正确	5	选择工具与项目不符扣 2 分； 漏选，每项扣 1 分； 未进行外观检查，每项扣 1 分		
1.3	选择材料	材料选择正确	5	选择的材料与项目不符合扣 2 分； 漏选材料，每项扣 1 分		
2	工作过程					
2.1	导线绝缘层的剥削	量取导线剥削长度，将绝缘皮削掉，剥削时不能伤及线芯	10	长度合适，每差 5mm 扣 2 分； 绝缘层的剥削方法不正确扣 3 分； 伤及线芯，每处扣 2 分； 超出截面积 1/3，每处扣 3 分		
2.2	展开线芯并处理氧化层	用砂纸直接去除氧化层，将裸露的导体表面，用清洁剂擦洗干净，清洗的长度不应小于连接长度的 2 倍，然后涂抹导电脂	20	涂除不彻底扣 3 分； 涂除长度不够扣 3 分； 伤及线芯扣 5 分； 导线擦洗不干净扣 3 分； 清洗的长度不够扣 3 分； 接头处清洗后未涂导电脂扣 3 分		
2.3	导线的连接	两端多芯线相互交叉，用手钳压平，用任意一股顺时针缠绕 5～6 圈，再换另一根把完成缠绕的一根压在里面，继续缠绕 5～6 圈，缠绕完毕后，将线头与一股线拧 3～4 转，余线剪掉，同样方法再做另一端，完成连接	40	接线方法不正确扣 10 分； 导线未用手钳压平扣 2 分； 缠绕顺序不对扣 5 分； 缠绕不紧密，每处扣 1 分； 缠绕圈数不够，每处每圈扣 1 分； 未将完成缠绕的一根导线压在里面，每处扣 1 分； 导线钳伤，每处扣 3 分； 多余的芯线头处理不当扣 2 分； 没钳平线端扣 3 分		
2.4	恢复绝缘	绝缘恢复方法正确，宽度及层数符合要求	10	绝缘恢复方法不正确扣 5 分； 压绕宽度不够，每处扣 1 分； 包扎层数少一层扣 3 分		
3	文明生产	文明工作，确保工作环境整洁，工作完成回收工器具，恢复现场	5	未收拾工作场地扣 5 分； 收拾场地不充分扣 2 分		
合计			100			

Jc0001441004 不同截面导线的绑接。（100 分）

考核知识点：导线连接

难易度：易

技能等级评价专业技能考核操作工作任务书

一、任务名称

不同截面导线的绑接。

二、适用工种

农网配电营业工（台区经理）中级工。

三、具体任务

（1）准备必要的工具。

（2）工作任务：不同截面导线的绑接。

四、工作规范及要求

（1）单人操作。

（2）考核时注意人身和设备安全。

（3）工作结束后恢复原始状态。

五、考核及时间要求

（1）本考核操作时间为 15 分钟，时间到停止考评。

（2）按照技能操作记录单的操作要求进行操作。

技能等级评价专业技能考核操作评分标准

<table>
<tr><td>工种</td><td colspan="5">农网配电营业工（台区经理）</td><td>评价等级</td><td colspan="2">中级工</td></tr>
<tr><td>项目模块</td><td colspan="4">工具和设备—设备运维</td><td>编号</td><td colspan="3">Jc0001441004</td></tr>
<tr><td>单位</td><td colspan="2"></td><td>准考证号</td><td colspan="2"></td><td>姓名</td><td colspan="2"></td></tr>
<tr><td>考试时限</td><td colspan="2">15 分钟</td><td>题型</td><td colspan="2">单项操作</td><td>题分</td><td colspan="2">100 分</td></tr>
<tr><td>成绩</td><td></td><td>考评员</td><td></td><td>考评组长</td><td></td><td>日期</td><td colspan="2"></td></tr>
<tr><td>试题正文</td><td colspan="8">不同截面导线的绑接</td></tr>
<tr><td>需要说明的问题和要求</td><td colspan="8">（1）给定条件：现场对 BV－6mm²、BV－2.5mm² 绝缘导线进行绑接。
（2）考场设在室内，工作环境条件满足要求。
（3）正确选择合格的工具、材料。
（4）导线连接前的作业准备。
（5）正确对绝缘导线剥削绝缘层。
（6）导线连接程序正确、规范。
（7）接头连接质量符合技术要求。
（8）搪锡的方法及质量符合技术要求。
（9）绝缘恢复工艺符合要求。
（10）各项得分均扣完为止</td></tr>
<tr><td>序号</td><td>项目名称</td><td colspan="2">质量要求</td><td>满分</td><td colspan="2">扣分标准</td><td>扣分原因</td><td>得分</td></tr>
<tr><td>1</td><td>工作前准备</td><td colspan="2"></td><td></td><td colspan="2"></td><td></td><td></td></tr>
<tr><td>1.1</td><td>着装</td><td colspan="2">戴安全帽，着全棉长袖工作服，戴棉质线手套，穿绝缘鞋</td><td>5</td><td colspan="2">未按要求着装，每处扣 2 分；
着装不规范，每处扣 2 分；
工作过程中全程戴手套，每摘一次扣 1 分</td><td></td><td></td></tr>
</table>

续表

序号	项目名称	质量要求	满分	扣分标准	扣分原因	得分
1.2	选择工具	工具选择正确	5	选择工具与项目不符扣 1 分； 漏选，每项扣 1 分； 未进行外观检查，每项扣 1 分； 未对移动电源剩余电流动作保护器试跳扣 2 分		
1.3	选择材料	材料选择正确	5	选择的材料与项目不符合扣 2 分； 漏选材料，每项扣 2 分		
2	工作过程					
2.1	导线绝缘层的剥削	量取导线剥削长度，将绝缘皮削掉，剥削时不能伤及线芯	10	长度合适，每差 5mm 扣 2 分； 绝缘层的剥削方法不正确扣 3 分； 伤及线芯，每处扣 2 分； 超出截面积 1/3，每处扣 3 分		
2.2	处理线芯氧化层	用砂纸直接去除氧化层，将裸露的导体表面，用清洁剂擦洗干净，清洗的长度不应小于连接长度的 2 倍	10	清除不彻底扣 3 分； 清除长度不够扣 3 分； 导线擦洗不干净扣 3 分； 方法不正确扣 1 分； 未处理扣 10 分		
2.3	导线的缠绕	细导线线头在粗导线线头上紧密缠绕 5～6 圈，翻折粗导线线头压在缠绕层上，再用细导线线头顺序缠绕 3～5 圈，完成后，剪去余端，钳平接口，完成接线	35	接线方法不正确扣 11 分； 缠绕顺序不对扣 4 分； 缠绕不紧密扣 3 分； 缠绕圈数不够扣 4 分； 导线钳伤严重扣 6 分； 多余的芯线头处理不当扣 3 分； 没钳平线端扣 4 分		
2.4	焊锡	无虚焊，焊接表面光洁明亮	15	虚焊扣 10 分； 加锡后表面不光洁扣 2 分； 焊面未做清洁处理扣 3 分		
2.5	恢复绝缘	绝缘恢复方法正确，宽度及层数符合要求	10	绝缘恢复方法不正确扣 5 分； 压绕宽度不够，每处扣 1 分； 包扎层数少一层扣 3 分		
3	文明生产	文明工作，确保工作环境整洁，工作完成回收工器具，恢复现场	5	未收拾工作场地扣 5 分； 收拾场地不充分扣 2 分		
合计			100			

Jc0002441005　使用手提电钻钻孔的操作。（100 分）

考核知识点：工具使用

难易度：易

技能等级评价专业技能考核操作工作任务书

一、任务名称

使用手提电钻钻孔的操作。

二、适用工种

农网配电营业工（台区经理）中级工。

三、具体任务

（1）准备必要的工具及安全工器具。

（2）工作任务：使用手提电钻钻孔。

四、工作规范及要求

（1）单人操作。

（2）考核时注意人身和设备安全。

（3）工作结束后恢复原始状态。

五、考核及时间要求

（1）本考核操作时间为15分钟，时间到停止考评。

（2）按照技能操作记录单的操作要求进行操作。

技能等级评价专业技能考核操作评分标准

工种	农网配电营业工（台区经理）					评价等级	中级工
项目模块	工具和设备—工器具使用				编号		Jc0002441005
单位				准考证号		姓名	
考试时限	15分钟		题型	单项操作		题分	100分
成绩		考评员		考评组长		日期	
试题正文	使用手提电钻钻孔的操作						
需要说明的问题和要求	（1）给定条件：对现场给定金属、塑料或其他类似材料或工件，按照给定的直径进行钻孔。 （2）正确选择手提电钻。 （3）正确选择、安装钻头。 （4）正确地对手提电钻接通电源并验电。 （5）正确地对金属、塑料或其他类似材料或工件进行钻孔。 （6）正确拆卸钻头。 （7）各项得分均扣完为止						

序号	项目名称	质量要求	满分	扣分标准	扣分原因	得分
1	着装	安全帽佩戴正确规范，着棉质长袖工作服，穿绝缘鞋，戴棉质线手套（进场及修孔时），戴胶皮手套（钻孔时）	5	未按要求着装，每处扣1分； 着装不规范，每处扣1分； 钻孔时不戴手套不扣分，修孔时不戴手套扣1分； 戴错手套工作扣2分		
2	正确选择、检查手提电钻	从额定电压为220V的手枪电钻、手提电钻、冲击电钻和电锤中，正确选择手提电钻；使用电钻前要用手转动电钻的夹头，检查一下转动是否灵活	10	手提电钻选择错误扣5分； 没有检查电钻外观扣2分； 没有检查转动是否灵活扣3分		
3	正确选择、安装钻头	按照给定的钻孔直径选择钻头并检查，用专用钻头夹具钥匙将钻头紧固在夹头上；拆换钻头时，一定要用专用钻头夹具钥匙拆换，不允许用螺钉旋具或其他工具敲打电钻钻头夹具，以免损坏；拆换钻头时，应先切断电源	10	未按照给定的钻孔直径选择钻头扣2分； 未对钻头进行检查扣2分； 未用专用钻头夹具钥匙将钻头紧固、拆换扣3分； 拆换钻头时，未切断电源扣3分		
4	正确地对手提电钻接通电源并验电	开始使用前，对电源盘的剩余电流动作保护器进行试跳，试跳前后使用验电笔试验；先将手提电钻放在干燥木板上再接电源，用验电笔检查外壳是否带电；按一下开关，让电钻空转一下，检查转动是否正常，再次进行验电	10	未对移动电源盘的剩余电流动作保护器进行试跳扣2分； 用手握电钻去接电源扣2分； 未将手提电钻放在干燥木板上再接电源扣2分； 验电不正确扣2分； 未检查电钻转动扣2分		

续表

序号	项目名称	质量要求	满分	扣分标准	扣分原因	得分
5	正确地对金属、塑料或其他类似材料或工件进行钻孔	用夹具把金属、塑料或其他类似材料或工件固定好，用垫木垫好；使用样冲在指定位置冲出定位坑；在钻孔前应先通电空转试运行（15～60s），同时检查传动机构是否灵活，有无异常声音，钻头是否偏摆；如有异常声音应断电；钻头偏摆要重新夹直钻头或更换钻头；用电钻钻孔时，不宜用力过大，以免使电钻电动机过载；在钻金属时，注意即将钻通时要减轻用力，以免钻头卡死或伤手；若电钻转速异常降低，应立即减轻压力，突然卡钻时，要立即断开电源；离开工作地点时，应立即切断电钻电源；电钻导线不得乱拖、缠绕	40	未用夹具把金属、塑料或其他类似材料或工件固定扣 3 分； 未使用样冲在指定位置冲出定位坑扣 3 分； 未通电空转试运行并检查运行情况扣 4 分； 试转时间不够 15s 扣 2 分，超过 60s 扣 4 分； 钻头卡死一次扣 4 分； 钻打手一次扣 5 分； 未用专用钻头夹具钥匙将钻头紧固拆换扣 4 分； 拆换钻头时未切断电源扣 4 分； 用力过大，导致电动机过载，转速明显变慢扣 5 分； 导线乱拖、缠绕扣 4 分		
6	正确拆卸钻头	拆卸钻头时，用专用钻头夹具钥匙拆换，不允许用螺钉旋具或其他工具敲打电钻钻头夹具，以免损坏；拆换钻头时，应先切断电源	10	未用专用钻头夹具钥匙将钻头紧固、拆换扣 5 分； 拆换钻头时，未切断电源扣 5 分		
7	对材料或工件钻孔修正	用椭圆锉、平锉对钻孔周边毛刺进行打磨、修正	10	未进行此项工作扣 10 分； 钻孔歪斜、偏心，用游标卡尺进行测量，每偏差 0.5mm 扣 2 分； 有毛刺扣 2 分； 选择钻头直径不合适，每偏差 1mm 扣 2 分		
8	文明生产	文明工作，确保工作环境整洁，工作完成回收材料及施工工具	5	收拾场地不充分扣 2 分； 未收拾场地扣 5 分		
合计			100			

Jc0002441006　装设 10kV 接地线。（100 分）

考核知识点：装设接地线

难易度：易

技能等级评价专业技能考核操作工作任务书

一、任务名称

装设 10kV 接地线。

二、适用工种

农网配电营业工（台区经理）中级工。

三、具体任务

（1）准备必要的工具及安全工器具。

（2）工作任务：装设 10kV 接地线。

四、工作规范及要求

（1）一人操作，一人监护。

（2）考核时注意人身和设备安全。

（3）工作结束后恢复原始状态。

五、考核及时间要求

（1）本考核操作时间为 15 分钟，时间到停止考评。

（2）按照技能操作记录单的操作要求进行操作。

技能等级评价专业技能考核操作评分标准

<table>
<tr><td>工种</td><td colspan="6">农网配电营业工（台区经理）</td><td>评价等级</td><td>中级工</td></tr>
<tr><td>项目模块</td><td colspan="5">工具和设备—设备运维</td><td>编号</td><td colspan="2">Jc0002441006</td></tr>
<tr><td>单位</td><td colspan="3"></td><td>准考证号</td><td colspan="2"></td><td>姓名</td><td></td></tr>
<tr><td>考试时限</td><td colspan="2">15 分钟</td><td>题型</td><td colspan="3">单项操作</td><td>题分</td><td>100 分</td></tr>
<tr><td>成绩</td><td></td><td>考评员</td><td></td><td>考评组长</td><td colspan="2"></td><td>日期</td><td></td></tr>
<tr><td>试题正文</td><td colspan="8">装设 10kV 接地线</td></tr>
<tr><td>需要说明的问题和要求</td><td colspan="8">（1）给定条件：10kV 线路，登杆验电并装设接地线。
（2）检查安全帽。
（3）检查绝缘手套。
（4）检查脚扣。
（5）检查安全带。
（6）检查绝缘棒。
（7）检查验电器。
（8）检查接地线。
（9）装设接地线。
（10）各项得分均扣完为止</td></tr>
</table>

序号	项目名称	质量要求	满分	扣分标准	扣分原因	得分
1	着装	戴安全帽，着全棉长袖工作服，戴棉质线手套，穿绝缘鞋	5	未按要求着装，每处扣 2 分； 着装不规范，每处扣 2 分		
2	检查安全帽	检查安全帽是否处于试验合格期内，应仔细检查有无龟裂、下凹、裂痕和磨损等情况，检查帽壳、帽衬、帽箍、顶衬、下颌带等附件完好无损	5	未检查试验合格证扣 2 分； 未进行外观检查扣 2 分； 未检查帽壳、帽衬、帽箍、顶衬、下颌带扣 1 分		
3	检查绝缘手套	检查绝缘手套处于试验合格期内（半年）；检查表面无损伤、磨损或破漏、划痕等；将手套向手指方向卷曲，当卷到一定程度时，内部空气因体积减小、压力增大，手指鼓起而不漏气者，即为良好	5	未检查试验合格证扣 1 分； 未进行外观检查扣 1 分； 未进行气密性检查扣 3 分		
4	检查脚扣	检查脚扣处于试验合格期内（1 年）；检查金属部分有无变形，连接部分有无损坏等	5	未检查试验合格证扣 2 分； 未进行外观检查扣 3 分		
5	检查安全带	检查安全带处于试验合格期内（1 年）；检查保险带、绳机械强度，保险装置有无变形，连接部分有无损坏等	5	未检查试验合格证扣 2 分； 未进行外观检查扣 3 分		
6	检查成套接地线	（1）检查绝缘部分有无裂纹、老化、绝缘层脱落、严重伤痕；固定连接部分有无损伤、松动、锈蚀、断裂等现象；电压等级合适，接地棒长度足够；接地线铜线截面积不小于 $25mm^2$。 （2）检查是否超过有效试验期（不超过 5 年）。 （3）检查透明护套层是否完好；铜绞线有无松股、断股、护套层严重破损、夹具损坏断裂。 （4）接地线连接螺栓应保证接地线与导体和接地装置都能接触良好，有足够的机械强度	10	未检查试验合格证扣 1 分； 未进行外观检查扣 1 分； 选择的接地线接地棒长度不足扣 2 分； 选择电压等级不符、截面积不足的接地线扣 2 分； 未检查夹具部分，每处扣 1 分，最多扣 3 分； 未检查接地线连接螺栓，每处扣 1 分，最多扣 3 分		

续表

序号	项目名称	质量要求	满分	扣分标准	扣分原因	得分
7	检查验电器	（1）检查验电器是否超过有效试验期（1年）。 （2）检查绝缘部分有无裂纹、老化、绝缘层脱落、严重伤痕；利用验电器的自检装置，检查验电器的指示器叶片是否旋转以及声、光信号是否正常；使用高压工频信号发生器试验，验证验电器功能正常	5	未检查验电器试验有效期扣1分； 未进行外观检查扣1分； 未进行自检扣1.5分； 未使用高压工频信号发生器验证扣1.5分		
8	登杆前检查	电杆埋深，电杆合格、无裂纹；脚扣（踏板）外观无损伤并进行冲击试验，安全带外观无损伤（配有腰绳）并进行冲击试验	5	未检查电杆杆基扣2分； 未做冲击试验，每项扣2分		
9	安装接地极	（1）使用手锤不得戴手套；使用手锤动作准确、熟练。 （2）接地极砸深不小于0.6m	5	每砸空一次扣1分，最多扣2分； 砸深不够扣3分		
10	登杆	登杆应系好安全带，不得手持物体，登杆动作熟练；作业不得失去二道绳保护，上、下传递物品不能碰触电杆及杆上部件，上下传递物品绳索不能缠在身上，杆上不得扔、掉东西，站位合适，工作面与脚的位置一致	15	登杆手持物体扣3分； 打滑，每次扣3分； 脚扣互碰，每次扣2分； 碰杆一次扣1分； 掉物品一次扣3分		
11	验电并装设接地线	验电前，身体距导线的距离不得小于0.7m；人体不准触碰未接地的导线，必须在监护下进行；验电时应戴绝缘手套，应先验下层后验上层；登杆后开始操作时应将小绳从身上解下来并拴在横担上；挂完地线后，应将腰绳系在横担上；挂地线应先挂下层后挂上层，先近后远（拆时顺序相反）；挂、拆地线时身体不得触及地线金属部位	30	距离小于0.7m扣3分； 未戴绝缘手套，每次扣3分； 验电顺序错误扣3分； 装设接地线顺序错误扣3分； 触及地线金属部位，每次扣3分； 碰触未接地导线，每次扣3分； 传递绳系在作业者身上，每次扣2分，不使用传递绳扣5分		
12	文明生产	文明工作，确保工作环境整洁，操作完毕后，向考评员汇报工作结束；考评员同意后回收工器具，恢复现场	5	未收拾工作场地扣5分； 收拾场地不充分扣2分； 未汇报工作结束扣2分		
合计			100			

Jc0002441007　使用绝缘棒操作跌落式熔断器。（100分）

考核知识点：操作跌落式熔断器

难易度：易

技能等级评价专业技能考核操作工作任务书

一、任务名称

使用绝缘棒操作跌落式熔断器。

二、适用工种

农网配电营业工（台区经理）中级工。

三、具体任务

（1）准备必要的工具及安全工器具。

（2）工作任务：使用绝缘棒操作跌落式熔断器。

四、工作规范及要求

（1）一人操作，一人监护。

（2）考核时注意人身和设备安全。

（3）工作结束后恢复原始状态。

五、考核及时间要求

（1）本考核操作时间为 15 分钟，时间到停止考评。

（2）按照技能操作记录单的操作要求进行操作。

技能等级评价专业技能考核操作评分标准

工种	农网配电营业工（台区经理）				评价等级	中级工
项目模块	工具和设备—设备运维			编号	Jc0002441007	
单位		准考证号			姓名	
考试时限	15 分钟	题型	单项操作		题分	100 分
成绩		考评员		考评组长	日期	
试题正文	使用绝缘棒操作跌落式熔断器					
需要说明的问题和要求	（1）给定条件：标准化配电变压器变台。 （2）选择及检查安全帽。 （3）选择及检查绝缘手套。 （4）选择及检查绝缘棒。 （5）选择及检查验电器。 （6）操作变压器跌落式熔断器。 （7）各项得分均扣完为止					

序号	项目名称	质量要求	满分	扣分标准	扣分原因	得分
1	着装	戴安全帽，着全棉长袖工作服，戴棉质线手套，穿绝缘鞋	5	未按要求着装，每处扣 2 分； 着装不规范，每处扣 2 分		
2	选择及检查安全帽					
2.1	选择安全帽	安全帽完好无缺陷	5	安全帽选择不仔细，挑选出安全帽有损坏现象时扣 5 分		
2.2	检查安全帽	检查安全帽是否处于试验合格期内，应仔细检查有无龟裂、下凹、裂痕和磨损等情况，检查帽壳、帽衬、帽箍、顶衬、下颌带等附件完好无损	5	未检查试验合格证扣 2 分； 未进行外观检查扣 2 分； 未检查帽壳、帽衬、帽箍、顶衬、下颌带扣 1 分		
2.3	工器具保护	安全帽在使用过程中要爱护，以免使其强度降低或损坏	5	操作过程中出现安全帽摔、碰现象，每次扣 1 分； 坐在安全帽上休息扣 5 分		
3	选择及检查绝缘手套					
3.1	选择绝缘手套	绝缘手套电压等级合适，外观完好无缺陷	5	选择过程不仔细，挑选出电压等级不符或有损坏现象的绝缘手套扣 5 分		
3.2	检查绝缘手套	检查绝缘手套处于试验合格期内（半年）；检查表面无损伤、磨损或破漏、划痕等；将手套向手指方向卷曲，当卷到一定程度时，内部空气因体积减小、压力增大，手指鼓起而不漏气者，即为良好	5	未检查试验合格证扣 1 分； 未进行外观检查扣 1 分； 未进行气密性检查扣 3 分		
3.3	工器具保护	绝缘手套在使用过程中不得接触酸、碱、油类和化学药品，且应放在干燥绝缘垫上	5	将绝缘手套直接放在地面上扣 2 分； 使用过程中沾染油（酸、碱）污，或出现损坏现象扣 3 分		
4	选择及检查绝缘棒					
4.1	选择绝缘棒	电压等级合适，外观完好无缺陷	5	选择过程不仔细，挑选出电压等级不符或有损坏现象的绝缘棒扣 5 分		

续表

序号	项目名称	质量要求	满分	扣分标准	扣分原因	得分
4.2	检查绝缘棒	检查处于试验合格期内（一年）；检查绝缘部分有无裂纹、老化、绝缘层脱落、严重伤痕；固定连接部分有无损伤、松动、锈蚀、断裂等现象	5	未检查试验合格证扣 3 分； 未进行外观检查扣 2 分		
4.3	工器具保护	绝缘棒不得直接与墙或地面接触，应放在干燥绝缘垫上，使用中注意防止碰撞，以免损坏表面的绝缘层	5	使用过程中出现较重碰撞现象，每次扣 1 分； 将绝缘棒随意倒放在地面上扣 2 分； 出现损坏现象扣 5 分		
5	操作变压器跌落式熔断器					
5.1	低压侧操作顺序	依次拉开各低压分路开关、刀开关，拉开低压侧开关、刀开关；检查电流指示是否为零，机械指示是否在分位	15	未按顺序操作扣 5 分； 漏项，每处扣 5 分		
5.2	跌落式熔断器操作	使用风向标，判断风向；接续绝缘棒，戴好绝缘手套，按顺序操作，先拉开中相，再拉开迎风相，最后拉开背风向，分别取下熔管	30	未使用风向标扣 3 分； 未按顺序操作，每相扣 5 分； 未取下熔管，每相扣 3 分； 熔管掉落，每相扣 5 分； 未申请专人监护扣 10 分		
6	文明生产	文明工作，确保工作环境整洁，工作完成回收工器具，恢复现场	5	未收拾工作场地扣 5 分； 收拾场地不充分扣 2 分		
合计			100			

Jc0002441008　常用安全工器具的检查。（100 分）

考核知识点： 安全工器具使用

难易度： 易

技能等级评价专业技能考核操作工作任务书

一、任务名称

常用安全工器具的检查。

二、适用工种

农网配电营业工（台区经理）中级工。

三、具体任务

进行常用安全工器具检查。

四、工作规范及要求

（1）单人操作。

（2）考核时注意人身和设备安全。

（3）工作结束后恢复原始状态。

五、考核及时间要求

（1）本考核操作时间为 15 分钟，时间到停止考评。

（2）按照技能操作记录单的操作要求进行操作。

技能等级评价专业技能考核操作评分标准

工种	农网配电营业工（台区经理）			评价等级	中级工
项目模块	工具和设备—工器具使用		编号	Jc0002441008	
单位		准考证号		姓名	
考试时限	15 分钟	题型	单项操作	题分	100 分
成绩		考评员		考评组长		日期	
试题正文	常用安全工器具的检查				
需要说明的问题和要求	（1）给定条件：施工场所电压等级为 10kV，选择安全工器具，并进行检查。 （2）选择及检查安全帽。 （3）选择及检查绝缘手套。 （4）选择及检查绝缘靴。 （5）选择及检查绝缘棒。 （6）选择及检查验电器。 （7）选择及检查接地线。 （8）各项得分均扣完为止				

序号	项目名称	质量要求	满分	扣分标准	扣分原因	得分
1	着装	戴安全帽，着全棉长袖工作服，戴棉质线手套，穿绝缘鞋	5	未按要求着装，每处扣 1 分； 着装不规范，每处扣 1 分		
2	选择及检查安全帽					
2.1	选择安全帽	安全帽完好无缺陷	3	安全帽选择不仔细，挑选出安全帽有损坏现象时扣 3 分		
2.2	检查安全帽	检查安全帽是否处于试验合格期内，应仔细检查有无龟裂、下凹、裂痕和磨损等情况，检查帽壳、帽衬、帽箍、顶衬、下颌带等附件完好无损	5	未检查试验合格证扣 2 分； 未进行外观检查扣 2 分； 未检查帽壳、帽衬、帽箍、顶衬、下颌带扣 1 分		
2.3	工器具保护	安全帽在使用过程中要爱护，以免使其强度降低或损坏	4	操作过程中出现安全帽摔、碰现象，每次扣 1 分； 坐在安全帽上休息扣 4 分		
3	选择及检查绝缘手套					
3.1	选择绝缘手套	绝缘手套电压等级合适，外观完好无缺陷	5	选择过程不仔细，挑选出电压等级不符或有损坏现象的绝缘手套扣 5 分		
3.2	检查绝缘手套	（1）检查绝缘手套处于试验合格期内（半年）。 （2）检查表面无损伤、磨损或破漏、划痕等。 （3）将手套向手指方向卷曲，当卷到一定程度时，内部空气因体积减小、压力增大，手指鼓起而不漏气者，即为良好	10	未检查试验合格证扣 2 分； 未进行外观检查扣 2 分； 未进行气密性检查扣 6 分		
3.3	工器具保护	绝缘手套在使用过程中不得接触酸、碱、油类和化学药品，且应放在干燥绝缘垫上	4	将绝缘手套直接放在地面上扣 2 分； 检查过程中沾染油（酸、碱）污，或出现损坏现象扣 4 分		
4	选择及检查绝缘靴					
4.1	选择绝缘靴	绝缘靴电压等级合适，外观完好无缺陷	5	选择过程不仔细，挑选出电压等级不符或有损坏现象的绝缘靴扣 5 分		
4.2	检查绝缘靴	（1）检查绝缘靴处于试验合格期内（半年）。 （2）检查表面无损伤、磨损或破漏、划痕等	4	未检查试验合格证扣 2 分； 未进行外观检查扣 2 分		

续表

序号	项目名称	质量要求	满分	扣分标准	扣分原因	得分
4.3	工器具保护	绝缘靴在使用过程中不得接触酸、碱、油类和化学药品，且应放在干燥绝缘垫上	4	将绝缘靴随意倒放在地面上扣2分； 检查过程中沾染油（酸、碱）污，或出现损坏现象扣4分		
5	选择及检查绝缘棒					
5.1	选择绝缘棒	电压等级合适，外观完好无缺陷	5	选择过程不仔细，挑选出电压等级不符或有损坏现象的绝缘棒扣5分		
5.2	检查绝缘棒	（1）检查处于试验合格期内（一年），检查绝缘部分有无裂纹、老化、绝缘层脱落、严重伤痕。 （2）检查固定连接部分有无损伤、松动、锈蚀、断裂等现象	4	未检查试验合格证扣2分； 未进行外观检查扣2分		
5.3	工器具保护	绝缘棒不得直接与墙或地面接触，应放在干燥绝缘垫上，使用中注意防止碰撞，以免损坏表面的绝缘层	4	使用过程中出现较重碰撞现象，每次扣1分； 将绝缘棒随意倒放在地面上扣2分； 出现损坏现象扣4分		
6	选择及检查验电器					
6.1	选择验电器	电压等级合适，外观完好无缺陷	5	选择过程不仔细，挑选出电压等级不符或有损坏现象的验电器扣5分		
6.2	检查验电器	（1）检查验电器是否超过有效试验期（1年）。 （2）检查绝缘部分有无裂纹、老化、绝缘层脱落、严重伤痕；利用验电器的自检装置，检查验电器的指示器叶片是否旋转以及声、光信号是否正常；使用高压工频信号发生器试验，验证验电器功能正常	10	未检查验电器试验有效期扣2分； 未进行外观检查扣2分； 未进行自检扣3分； 未使用高压工频信号发生器验证扣3分		
6.3	工器具保护	验电器应放在干燥绝缘垫上，在收缩绝缘棒装匣或放入包装袋之前，应将表面尘埃拭净，再存放在柜内，保持干燥，避免积灰和受潮	4	使用过程中出现较重碰撞现象，每次扣1分； 将验电器随意放在地面上扣2分； 出现损坏现象扣4分		
7	选择及检查接地线					
7.1	选择接地线	电压等级合适，接地体可埋深长度大于60cm；接地线铜线截面积大于25mm²	5	选择的接地线接地体长度不足扣2分； 选择过程不仔细，挑选出电压等级不符，截面不足，或有严重损坏的接地线不得分		
7.2	检查接地线	检查是否超过有效试验期（不超过5年）；透明护套层是否完好；绞线有无松股、断股、护套层严重破损、夹具损坏断裂；接地线连接螺栓应保证接地线与导体和接地装置都能接触良好，有足够的机械强度	10	未检查接地线试验有效期扣2分； 未进行外观检查扣2分； 未检查夹具部分，每处扣1分，最多扣3分； 未检查接地线连接螺栓，每处扣1分，最多扣3分		
7.3	工器具保护	操作过程使用中注意防止碰撞，以免损坏表面的绝缘层；操作完毕应及时回收，铜线整理有序，不应出现绞扭现象	4	使用过程中出现较重碰撞现象，每次扣1分； 将接地线随意放在地面上扣1分； 回收接地线铜线杂乱，出现绞扭现象扣2分； 出现损坏现象扣4分		
合计			100			

Jc0002441009 数字万用表的使用。(100分)

考核知识点： 仪器仪表的使用

难易度： 易

技能等级评价专业技能考核操作工作任务书

一、任务名称

数字万用表的使用。

二、适用工种

农网配电营业工（台区经理）中级工。

三、具体任务

工作任务：进行数字万用表的使用操作。

四、工作规范及要求

（1）单人操作。

（2）考核时注意人身和设备安全。

（3）工作结束后恢复原始状态。

五、考核及时间要求

（1）本考核操作时间为15分钟，时间到停止考评。

（2）按照技能操作记录单的操作要求进行操作。

技能等级评价专业技能考核操作评分标准

工种	农网配电营业工（台区经理）				评价等级	中级工
项目模块	工具和设备—工器具使用			编号	Jc0002441009	
单位		准考证号			姓名	
考试时限	15分钟	题型	单项操作		题分	100分
成绩		考评员		考评组长	日期	
试题正文	数字万用表的使用					
需要说明的问题和要求	（1）给定条件：利用现场指定万用表完成测量工作。 （2）测量指定位置直流电压。 （3）测量指定位置交流电压。 （4）各项得分均扣完为止					

序号	项目名称	质量要求	满分	扣分标准	扣分原因	得分
1	着装	戴安全帽，着全棉长袖工作服，戴棉质线手套，穿绝缘鞋	5	未按要求着装，每处扣2分； 着装不规范，每处扣2分； 工作过程中全程戴手套，每摘一次扣1分		
2	测量准备	熟悉表盘上各符号的意义及各个旋钮和选择开关的主要作用，并进行检查；数字万用表检查时打开电源，将万用表量程开关拨至通断挡，短接表笔，蜂鸣器发出鸣叫，屏幕显示“0”；指针式万用表挡位拨到欧姆挡，短接表笔，指针归零	10	未进行使用前检查扣5分； 未检查表笔通断扣5分		
3	测量直流电压					
3.1	选择挡位，调整接线	调整接线插孔正确（参考：黑表笔接“COM”，红表笔接“V/Ω”挡）；选择转换开关的挡位到直流电压挡（DCV）	10	黑红表笔接反扣2分； 表笔接错到其他挡位插孔扣4分； 挡位切换错误扣4分		

续表

序号	项目名称	质量要求	满分	扣分标准	扣分原因	得分
3.2	测量过程	万用表两表笔和被测负载并联；选择最高量程挡，并判断极性，“+”表笔（红表笔）接到高电位处，“–”表笔（黑表笔）接到低电位处；测量后，根据测量值切换到合适的量程再进行测量；测量完毕挡位放置在交流电压最高挡	30	未按由大到小切换量程扣5分； 测量过程中带电切换量程扣5分； 读数时量程选择不合适扣5分； 测量完毕挡位放置不正确扣5分； 未测量成功或出现安全问题扣30分		
4	测量交流电压					
4.1	选择挡位，调整接线	调整接线插孔正确（参考：黑表笔接“COM”，红表笔接“V/Ω”挡）；选择转换开关的挡位到交流电压挡（ACV）	10	表笔接错到其他挡位插孔扣5分； 挡位未切换到交流电压挡扣5分		
4.2	测量过程	万用表两表笔和被测负载并联；选择最高量程挡，测量后，根据测量值切换到合适的量程再进行测量；测量完毕挡位放置在交流电压最高挡，数字式万用表还要关闭电源，盘好表笔线	30	测量过程中带电切换量程扣5分； 读数时量程选择位置不合适扣5分； 测量完毕挡位放置不正确扣5分； 未测量成功或出现安全问题扣30分； 指针式万用表未切换到交流电压最高挡扣2分； 数字万用表未关闭电源，未盘好表笔线扣2分		
5	文明生产	文明工作，确保工作环境整洁，工作完成回收工器具，恢复现场	5	未收拾试验场地扣5分； 收拾场地不充分扣2分		
合计			100			

Jc0002441010　使用万用表测量电阻。（100分）

考核知识点：仪器仪表的使用

难易度：易

技能等级评价专业技能考核操作工作任务书

一、任务名称

使用万用表测量电阻。

二、适用工种

农网配电营业工（台区经理）中级工。

三、具体任务

（1）准备必要的工具及安全工器具。

（2）工作任务：使用万用表测量电阻。

四、工作规范及要求

（1）单人操作。

（2）考核时注意人身和设备安全。

（3）工作结束后恢复原始状态。

五、考核及时间要求

（1）本考核操作时间为15分钟，时间到停止考评。

（2）按照技能操作记录单的操作要求进行操作。

技能等级评价专业技能考核操作评分标准

<table>
<tr><td>工种</td><td colspan="5">农网配电营业工（台区经理）</td><td>评价等级</td><td>中级工</td></tr>
<tr><td>项目模块</td><td colspan="4">工具和设备—工器具使用</td><td>编号</td><td colspan="2">Jc0002441010</td></tr>
<tr><td>单位</td><td colspan="3"></td><td>准考证号</td><td></td><td>姓名</td><td></td></tr>
<tr><td>考试时限</td><td colspan="2">15 分钟</td><td>题型</td><td colspan="2">单项操作</td><td>题分</td><td>100 分</td></tr>
<tr><td>成绩</td><td></td><td>考评员</td><td></td><td>考评组长</td><td></td><td>日期</td><td></td></tr>
<tr><td>试题正文</td><td colspan="7">使用万用表测量电阻</td></tr>
<tr><td>需要说明的问题和要求</td><td colspan="7">（1）给定条件：利用现场指定万用表完成测量电阻工作。
（2）测量多组电阻值。
（3）各项得分均扣完为止</td></tr>
</table>

序号	项目名称	质量要求	满分	扣分标准	扣分原因	得分
1	着装	戴安全帽，着全棉长袖工作服，戴棉质线手套，穿绝缘鞋	5	未按要求着装，每处扣 2 分； 着装不规范，每处扣 2 分； 工作过程中全程戴手套，每摘一次扣 1 分		
2	测量准备	熟悉表盘上各符号的意义及各个旋钮和选择开关的主要作用，并进行检查；指针式万用表需要进行机械调零，并用欧姆挡检查通断；数字万用表检查时打开电源，将万用表量程开关拨至通断挡，短接表笔，蜂鸣器发出鸣叫，屏幕显示“0”	10	未进行使用前检查扣 3 分； 指针式万用表未进行机械调零扣3分； 万用表未检查通断扣 4 分		
3	选择挡位，调整接线	调整接线插孔正确（参考：黑表笔接“COM”，红表笔接“V/Ω”挡）；选择转换开关的挡位到欧姆挡	20	表笔接错到其他挡位插孔扣 10 分； 挡位未切换到欧姆挡扣 10 分		
4	欧姆挡调零	应将两个表笔短接，同时调节“欧姆调零”旋钮，使指针刚好指在欧姆刻度线右边的零位。如果指针不能调到零位，说明电池电压不足或仪表内部有问题。每换一次倍率挡，都要再次进行欧姆调零，以保证测量准确	20	切换倍率挡不调零扣 10 分； 未进行调零或方法不正确扣 20 分		
5	选择倍率	选择合适的倍率挡（应使指针指在刻度尺的 1/3～2/3 间）	10	读数时倍率选择不适合扣 10 分		
6	测量读数	测量时，不得用两只手同时捏住被测电阻的两端；表头的读数乘以倍率，就是所测电阻的电阻值	20	两只手同时捏住被测电阻两端扣 5 分； 读数错误（误差 5%以上），每组扣此项得分（如测 4 组，每组扣 5 分）		
7	测量完毕	测量完毕挡位放置在交流电压最高挡，数字式万用表还要关闭电源，盘好表笔线	10	指针式万用表未切换到交流电压最高挡扣 5 分； 数字万用表未关闭电源，未盘好表笔线扣 5 分		
8	文明生产	文明工作，确保工作环境整洁，工作完成回收工器具，恢复现场	5	未收拾试验场地扣 5 分； 收拾场地不充分扣 2 分		
合计			100			

Jc0002441011　钳形电流表的使用。（100 分）

考核知识点： 仪器仪表的使用

难易度： 易

技能等级评价专业技能考核操作工作任务书

一、任务名称

钳形电流表的使用。

二、适用工种

农网配电营业工（台区经理）中级工。

三、具体任务

（1）准备必要的工具及安全工器具。

（2）工作任务：钳形电流表的使用。

四、工作规范及要求

（1）单人操作。

（2）考核时注意人身和设备安全。

（3）工作结束后恢复原始状态。

五、考核及时间要求

（1）本考核操作时间为20分钟，时间到停止考评。

（2）按照技能操作记录单的操作要求进行操作。

技能等级评价专业技能考核操作评分标准

工种	农网配电营业工（台区经理）				评价等级	中级工
项目模块	工具和设备—工器具使用			编号	Jc0002441011	
单位		准考证号			姓名	
考试时限	20分钟	题型	单项操作		题分	100分
成绩		考评员		考评组长	日期	
试题正文	钳形电流表的使用					
需要说明的问题和要求	（1）给定条件：现场对指定位置进行电流测量。 （2）检查表计。 （3）正确操作并读数。 （4）安全、文明工作。 （5）各项得分均扣完为止					

序号	项目名称	质量要求	满分	扣分标准	扣分原因	得分
1	着装	戴安全帽，着全棉长袖工作服，戴棉质线手套，穿绝缘鞋	5	未按要求着装，每处扣2分； 着装不规范，每处扣2分； 工作过程中全程戴手套，每摘一次扣1分		
2	检查表计	检查钳形电流表各个旋钮和选择开关是否灵活，功能及显示是否正常；检查钳形铁芯的绝缘是否完好无损；钳口应清洁、无锈，闭合后无明显的缝隙；指针式钳形电流表应进行机械调零	10	未检查钳形铁芯绝缘及钳口扣3分； 未进行调零（指针式钳形电流表）扣3分； 未进行使用前检查扣4分		
3	用最大量程粗测	测量时，应先估计被测电流大小，选择合适量程。若无法估计，可选最大量程	10	未进行粗测工作扣10分		
4	转换量程	转换挡位力度适当，用力不应过猛；测量过程当中，不得转换量程挡位，以免损坏仪表	20	切换挡位力度过猛扣10分； 带电换量程挡扣20分		
5	测量读数	测量时，被测导线应尽量放在钳口中部；钳口的结合面如有杂声，应重新开合一次，若仍有杂声，应处理结合面，以使读数准确	25	测量时被测导线位置偏移过大扣10分； 钳口结合不紧密且未调整扣10分； 测量数值与实际值每相差10%扣5分		

续表

序号	项目名称	质量要求	满分	扣分标准	扣分原因	得分
6	安全生产	测量时应注意相对带电部分的安全距离，以免发生触电事故	20	出现危险动作，每次扣10分； 发生设备、仪表损坏或人身安全问题扣20分		
7	测量完毕	测量完毕有电源开关的关闭电源；没有开关的置最大量程	5	未关闭电源、置最大量程扣5分		
8	文明生产	文明工作，确保工作环境整洁，工作完成回收工器具，恢复现场	5	未收拾试验场地扣5分； 收拾场地不充分扣2分		
合计			100			

Jc0003442012　制作拉线主要材料工具准备。（100分）

考核知识点：拉线制作

难易度：中

技能等级评价专业技能考核操作工作任务书

一、任务名称

制作拉线主要材料工具准备。

二、适用工种

农网配电营业工（台区经理）中级工。

三、具体任务

（1）准备必要的工具及安全工器具。

（2）工作任务：制作拉线主要材料工具准备。

四、工作规范及要求

（1）单人操作。

（2）考核时注意人身和设备安全。

（3）工作结束后恢复原始状态。

五、考核及时间要求

（1）本考核操作时间为15分钟，时间到停止考评。

（2）按照技能操作记录单的操作要求进行操作。

技能等级评价专业技能考核操作评分标准

<table>
<tr><td>工种</td><td colspan="5">农网配电营业工（台区经理）</td><td>评价等级</td><td>中级工</td></tr>
<tr><td>项目模块</td><td colspan="4">工具和设备—设备运维</td><td>编号</td><td colspan="2">Jc0003442012</td></tr>
<tr><td>单位</td><td colspan="3"></td><td>准考证号</td><td></td><td>姓名</td><td></td></tr>
<tr><td>考试时限</td><td colspan="2">15分钟</td><td>题型</td><td colspan="2">单项操作</td><td>题分</td><td>100分</td></tr>
<tr><td>成绩</td><td></td><td>考评员</td><td></td><td>考评组长</td><td></td><td>日期</td><td></td></tr>
<tr><td>试题正文</td><td colspan="7">制作拉线主要材料工具准备</td></tr>
<tr><td>需要说明的问题和要求</td><td colspan="7">（1）单人操作。
（2）考核时注意人身和设备安全。
（3）工作结束后恢复原始状态。
（4）各项得分均扣完为止</td></tr>
</table>

续表

序号	项目名称	质量要求	满分	扣分标准	扣分原因	得分
1	现场分析	根据要求说出计算拉线长度和型号等材料依据	15	叙述不清，每项扣3分		
2	工具选择	选取合适的工具	15	缺该项内容扣15分； 内容不全，每项扣3分； 选取不合适，每项扣2分		
3	材料选择	选取合适的材料	30	内容不全每项扣5分		
		拉线各部分材料作用	30	叙述错误，每项扣5分； 表述不清，每项扣3分		
4	清理现场	工作结束后清理考试现场	5	缺该项内容扣5分； 未清理干净扣2分		
5	考试时间	到时结束工作	5	超时结束工作扣5分		
合计			100			

Jc0003441013　导线在针式绝缘子上的绑扎。(100分)

考核知识点：导线绑扎

难易度：易

技能等级评价专业技能考核操作工作任务书

一、任务名称

导线在针式绝缘子上的绑扎。

二、适用工种

农网配电营业工（台区经理）中级工。

三、具体任务

（1）准备必要的工具及安全工器具。

（2）工作任务：导线在针式绝缘子上的绑扎。

四、工作规范及要求

（1）一人操作，一人监护。

（2）考核时注意人身和设备安全。

（3）工作结束后恢复原始状态。

五、考核及时间要求

（1）本考核操作时间为15分钟，时间到停止考评。

（2）按照技能操作记录单的操作要求进行操作。

技能等级评价专业技能考核操作评分标准

<table>
<tr><td>工种</td><td colspan="5">农网配电营业工（台区经理）</td><td>评价等级</td><td>中级工</td></tr>
<tr><td>项目模块</td><td colspan="4">工具和设备—设备运维</td><td>编号</td><td colspan="2">Jc0003441013</td></tr>
<tr><td>单位</td><td colspan="2"></td><td>准考证号</td><td colspan="2"></td><td>姓名</td><td></td></tr>
<tr><td>考试时限</td><td>15分钟</td><td>题型</td><td colspan="3">单项操作</td><td>题分</td><td>100分</td></tr>
<tr><td>成绩</td><td></td><td>考评员</td><td></td><td>考评组长</td><td></td><td>日期</td><td></td></tr>
</table>

续表

试题正文	导线在针式绝缘子上的绑扎
需要说明的问题和要求	（1）按规定要求进行着装。 （2）此操作由一人在地面完成，绑扎时可有一人辅助。 （3）节约时间不加分，超时停止作业，未完成项目不得分。 （4）各项得分均扣完为止

序号	项目名称	质量要求	满分	扣分标准	扣分原因	得分
1	着装	正确佩戴安全帽，穿工作服，穿绝缘鞋	10	没穿工作服（工作鞋）、没戴安全帽，每项扣2分； 帽扣带不系紧，衣、袖扣没扣，鞋带不系，每项扣1分		
2	材料、工具准备	正确选用材料，正确选用工器具，规格数量满足工作要求	10	每缺少一项或规格不符合要求或数量每缺少一件，扣1分		
3	缠绕铝包带	铝包带的缠绕应与导线外层线股绞制方向一致，缠绕应紧密，缠绕长度应超出与绝缘子接触部分20～30mm	30	铝包带缠绕方向不同扣5分； 铝包带缠绕不紧密（间隙超过2mm）扣5分； 若不足20mm扣5分；若超出接触部分40mm，扣5分； 铝包带尾头应压在绝缘子上，若不在扣5分； 剩余铝包带长度超过200mm扣5分		
4	绝缘子绑扎	按照工艺要求进行导线在针式绝缘子上的顶扎施工	30	绑扎完后，绝缘子两侧每侧6圈，每少一圈扣2分； 绝缘子顶部应至少有一个“十”字交叉，每一交叉应在瓶颈上缠半圈，若没有或不全则扣5分； 扎线起头应在导线下方，若不在导线下方扣1分； 缠绕过程中，扎线进入导线缠绕时，都应从下方进入，若不是，则每处扣1分； 扎线不应出现死弯，若出现则每处扣1分； 扎线不应出现损伤，每出现一处扣1分； 尾头在拧紧过程中扎线绞断扣2分； 小辫拧2～3转并顺线路方向压在瓶颈上，若不符合要求则扣1分； 绑扎后沿顺线路方向拉，若出现滑动则扣5分； 剩余扎线长度超过300mm扣2分		
5	安全文明生产	在施工过程中应注意施工安全	10	操作中不允许将工具、材料随意乱放（应放在钳套或工具包中），每出现一次扣2分； 工具、材料（线头）每掉落地面一次扣3分； 未全程戴手套扣2分； 发生意外伤害扣2分		
6	现场清理	工作完毕后工器具、废料应清理干净	10	若未清理干净，则每处扣5分		
合计			100			

Jc0003441014 模拟列出变压器正常运行巡视检查的要求及检查项目内容。（100分）

考核知识点： 线路设备巡视

难易度： 易

技能等级评价专业技能考核操作工作任务书

一、任务名称

模拟列出变压器正常运行巡视检查的要求及检查项目内容。

二、适用工种

农网配电营业工（台区经理）中级工。

三、具体任务

将变压器正常运行巡视检查的要求及检查项目内容进行模拟列出。

四、工作规范及要求

（1）单人操作。

（2）考核时注意人身和设备安全。

（3）工作结束后恢复原始状态。

五、考核及时间要求

（1）本考核操作时间为 60 分钟，时间到停止考评。

（2）按照技能操作记录单的操作要求进行操作。

技能等级评价专业技能考核操作评分标准

工种	农网配电营业工（台区经理）				评价等级	中级工
项目模块	工具和设备—设备运维			编号	Jc0003441014	
单位		准考证号			姓名	
考试时限	60 分钟	题型	单项操作		题分	100 分
成绩		考评员		考评组长	日期	
试题正文	模拟列出变压器正常运行巡视检查的要求及检查项目内容					
需要说明的问题和要求	（1）单人操作。 （2）考核时注意人身和设备安全。 （3）工作结束后恢复原始状态。 （4）各项得分均扣完为止					

序号	项目名称	质量要求	满分	扣分标准	扣分原因	得分
1	巡视人员要求	巡视人员应有电力工作经验，应熟悉设备运行情况、相关技术参数和周围自然情况及风土人情，在巡视中能通过看、听、摸、嗅、测的方法对设备进行检查。巡视人员应能对发现的缺陷进行准确分类	5	缺该项扣 5 分； 内容不准确扣 2 分		
2	接受巡视任务	巡视人员认真听取设备管理人员安排的巡视任务的性质、巡视的重点和对象以及交代的安全注意事项	5	缺该项扣 5 分； 任务巡视重点交代不清扣 2 分		
3	巡视准备	准备好巡视工器具和必备用品： （1）准备检查测量仪器、望远镜等工器具。 （2）应带好巡视手册和记录笔。 （3）根据实际需要，携带必要的食品及饮用水等	5	缺该项扣 5 分； 缺一小项扣 2 分		
4	巡视检查项目及内容					
4.1	套管检查	检查套管是否清洁，有无裂纹、损伤、放电痕迹	5	缺该项扣 5 分； 内容不准确扣 1 分		

续表

序号	项目名称	质量要求	满分	扣分标准	扣分原因	得分
4.2	声响油位检查	检查油温、油色、油面是否正常；有无异常的振动、声响和放电声	5	缺该项扣 5 分； 内容不准确扣 1 分		
4.3	检查接地装置	（1）检查外壳有无脱漆、锈蚀；焊口有无裂纹、渗油。 （2）检查接地装置是否良好，有无锈蚀、断裂	10	缺该项扣 10 分； 内容不准确扣 2 分		
4.4	呼吸器检查	检查呼吸器中是否正常，有无堵塞现象	5	缺该项扣 5 分； 内容不准确扣 1 分		
4.5	分接开关检查	检查分接开关指示位置是否正确，换接是否良好	10	缺该项扣 10 分； 内容不准确扣 2 分		
4.6	外壳检查	（1）检查各部螺栓是否完整、有无松动。 （2）检查铭牌及其他标志是否完好。 （3）检查各个电气连接点有无锈蚀、过热和烧损现象。 （4）检查各部密封垫有无老化、开裂、缝隙，有无渗漏油现象	10	缺该项扣 10 分； 内容不准确扣 2 分		
4.7	熔断器检查	检查一、二次熔断器是否齐备，熔丝大小是否合适	10	缺该项扣 10 分； 内容不准确扣 2 分		
4.8	外部环境检查	（1）检查变压器台架高度是否符合规定，有无锈蚀、倾斜、下沉；木构件有无腐朽；砖、石结构台架有无裂缝和倒塌的可能；地面安装的变压器、围栏是否完好。 （2）检查二次引线是否松弛，绝缘是否良好，相间或对构件的距离是否符合规定，对工作人员上下电杆有无触电危险。 （3）检查变压器台上的其他设备（如表箱、开关等）是否完好。 （4）检查台架周围有无杂草丛生、杂物堆积，有无生长较高的农作物、树、竹、藤蔓类植物接近带电体	10	缺该项扣 10 分； 缺一小项扣 2 分； 每小项内容不准确扣 1 分		
5	巡视总结	巡视结束后，对巡视中发现的异常情况，上报相关设备管理人员，由设备管理人员填写缺陷记录，编排检修计划，传递给检修班组消缺	10	缺该项扣 10 分； 内容不准确扣 5 分		
6	巡视检查注意事项	（1）巡视时，必须严格遵守《国家电网公司电力安全工作规程（配电部分）》关于设备巡视的有关规定，确保巡视人员安全。 （2）巡视时如果发现危及安全的紧急情况，应立即采取防止行人触电的安全措施，并报告相关部门及领导组织处理。 （3）单人巡视时，禁止攀登电杆及铁塔。 （4）故障巡视应始终认为线路带电，即使明知线路已停电，也应认为线路随时有恢复送电的可能	10	缺该项扣 10 分； 每小项内容不准确扣 2 分		
合计			100			

Jc0003442015　低压配电盘安装。（100 分）

考核知识点：配电盘安装

难易度：中

技能等级评价专业技能考核操作工作任务书

一、任务名称

低压配电盘安装。

二、适用工种

农网配电营业工（台区经理）中级工。

三、具体任务

进行低压配电盘的安装操作。

四、工作规范及要求

（1）单人操作。

（2）考核时注意人身和设备安全。

（3）工作结束后恢复原始状态。

五、考核及时间要求

（1）本考核操作时间为60分钟，时间到停止考评。

（2）按照技能操作记录单的操作要求进行操作。

技能等级评价专业技能考核操作评分标准

工种	农网配电营业工（台区经理）					评价等级	中级工
项目模块	工具和设备—设备运维				编号	Jc0003442015	
单位			准考证号			姓名	
考试时限	60分钟	题型	单项操作			题分	100分
成绩		考评员		考评组长		日期	
试题正文	低压配电盘安装						
需要说明的问题和要求	（1）严格执行有关规程、规范。 （2）操作前先检查设备、工具、材料是否完全、齐全，如有异议提出更换。 （3）独立操作，独立完成。 （4）安全操作，文明施工。 （5）操作时间：包括选择导线和元器件，安装各元器件，进行线路电气连接，用万用表检查各回路通、断情况所用的时间。 （6）各项得分均扣完为止						

序号	项目名称	质量要求	满分	扣分标准	扣分原因	得分
1	着装	正确佩戴安全帽，穿工作服，穿绝缘鞋，戴手套	5	未按要求着装，每处扣1分； 着装不规范，每处扣1分		
2	工器具及材料选择	（1）工具选择正确，元器件选择正确。 （2）导线选择正确，包括导线截面、颜色	10	工具、元件选择不正确，每处扣2分； 导线截面选择不当扣2分； 颜色选择不当，每处扣5分		
3	元器件固定	（1）安装前检查元器件性能。 （2）元器件固定牢固。 （3）元器件位置布置合理	15	未对元器件进行检查，每个扣1分； 整体位置布置不合理扣2分； 安装不牢固、不整齐、不垂直，每项扣2分		
4	接线及工艺	（1）按照设计要求进行接线。 （2）导线连接必须紧固。 （3）接头连接方法正确	20	导线与电气元件连接松动，每处扣3分； 剥切导线时，损伤线芯，每处扣3分； 压接端子压接不紧固，每项扣3分； 接线错误扣10分		
5	线路敷设工艺	（1）导线应满足横平竖直的要求。 （2）导线固定牢固，距离合适。 （3）线束距离面板距离合适。 （4）回路跨越必须合理正确	20	尼龙扎带绑扎不均匀、不牢固、方向不一致，每处扣1分； 绑扎距离不符合要求，每项扣1分； 线束距板面距离不符合要求扣3分； 导线敷设凌乱扣5分		

续表

序号	项目名称	质量要求	满分	扣分标准	扣分原因	得分
6	通电检查	（1）通电检查时不应出现短路或断线故障。 （2）空气断路器合、分闸顺序合理。 （3）指示灯指示正确。 （4）元件动作应可靠	20	出现短路或断线故障，每处扣5分； 断路器合、分闸顺序不规范、不正确，每项扣3分； 动作不可靠或不动作扣5分		
7	整理现场	试验结束后应清理现场，将工器具摆放整齐	10	不清理工位或工具、材料摆放不整齐，每项扣1分； 工具不全扣4分； 浪费导线扣3分； 造成人身安全事故总成绩为零分		
合计			100			

Jc0003442016　10kV 配电线路直线杆组装。（100 分）

考核知识点： 线路架设

难易度： 中

技能等级评价专业技能考核操作工作任务书

一、任务名称

10kV 配电线路直线杆组装。

二、适用工种

农网配电营业工（台区经理）中级工。

三、具体任务

进行 10kV 配电线路直线杆的组装操作。

四、工作规范及要求

（1）单人操作。

（2）考核时注意人身和设备安全。

（3）工作结束后恢复原始状态。

五、考核及时间要求

（1）本考核操作时间为 30 分钟，时间到停止考评。

（2）按照技能操作记录单的操作要求进行操作。

技能等级评价专业技能考核操作评分标准

工种	农网配电营业工（台区经理）					评价等级	中级工
项目模块	工具和设备—设备运维				编号	Jc0003442016	
单位			准考证号			姓名	
考试时限	30 分钟		题型	单项操作		题分	100 分
成绩		考评员		考评组长		日期	
试题正文	10kV 配电线路直线杆组装						
需要说明的问题和要求	（1）天气条件良好。 （2）一人登杆操作，指定一人监护。 （3）可在地面将 U 形抱箍带在横担上，横担的捆绑自己完成，不能采用从杆顶套装的方法，顶担支架可由监护人员辅助捆绑。 （4）节约时间不加分，超时停止作业，未完成项目不得分。 （5）各项得分均扣完为止						

续表

序号	项目名称	质量要求	满分	扣分标准	扣分原因	得分
1	着装	正确佩戴安全帽，穿工作服，穿绝缘鞋	5	没穿工作服（工作鞋）、没戴安全帽每项扣2分； 帽扣带不系紧，衣、袖扣没扣，鞋带不系，每项扣1分		
2	材料、工具准备	正确选用材料，正确选用工器具，规格数量满足工作要求	10	每缺少一项或规格不符合要求或数量每缺少一件扣1分		
3	登杆前检查及准备	登杆前检查基础、杆身是否牢固，质量是否符合要求；检查登杆工具和安全带并做冲击试验	10	登杆前检查每缺少一项扣2分； 脚扣和安全带少检查一项扣2分； 未做冲击试验，每个扣2分		
4	上、下电杆	登杆动作应熟练、规范，登杆过程中应全程使用安全带	10	发生脚扣磕碰，每次扣1分； 发生脚扣打滑，每次扣1分； 脚扣脱落坠地，每次（只）扣3分； 未全程使用安全带扣1分； 身体失控，顺杆滑下，每次扣10分 说明：作业完毕下杆，以双脚着地停止计时		
5	杆上站位	站位姿势正确，受力脚在下方；安全带不得低挂高用	5	杆上站位不正确，每次扣1分； 脚扣交叉搭挂在一起，发生一次扣1分； 安全带不得低挂高用，否则每次扣1分		
6	传递横担	横担必须用传递绳传递，传递横担前应将传递绳捆牢	10	传递绳未捆牢前就开始传递扣5分； 传递时传递侧脚应位于下方，腿应站直，否则每次扣1分； 传递过程中碰撞电杆，每次扣1分； 传递过程中碰撞脚扣，每次扣2分		
7	安装横担	横担应安装于受电侧，距杆顶600mm处，横担安装必须牢固、正直；U形抱箍螺杆露出螺纹长度均匀	15	横担装于送电侧扣15分； 横担安装高度不合适扣2分； 横担安装不平整扣2分； 安装不牢固扣2分； U形抱箍螺杆两端露出螺纹长度明显不同扣1分； 横担上平面装反扣8分		
8	吊上杆顶支架并安装	顶担支架必须用传递绳传递，传递前应将传递绳捆牢	10	传递绳未捆牢前就开始传递扣5分； 传递姿势不正确，每次扣1分； 传递过程中碰撞，每次扣1分； 杆顶支架安装不牢固扣5分		
9	安装针式绝缘子	针式绝缘子与横担垂直，且螺栓紧固	10	针式绝缘子安装不垂直，每只扣3分； 针式绝缘子安装不牢固，每只扣2分		
10	安全文明生产	在施工过程中不能失去安全带保护，必须全程戴手套，不能出现高空落物，工具材料不能随意乱放	10	工器具、材料放置不当，每件次扣1分； 发生高空落物，每件次扣5分； 在施工中不允许用金属物敲击，否则扣5分		
11	现场清理	工作完毕后工器具应放回指定位置	5	若未放回原处，则每件扣1分		
合计			100			

Jc0003442017　10kV配电线路双横担耐张杆组装。（100分）

考核知识点：线路架设

难易度：中

技能等级评价专业技能考核操作工作任务书

一、任务名称

10kV 配电线路双横担耐张杆组装。

二、适用工种

农网配电营业工（台区经理）中级工。

三、具体任务

进行 10kV 配电线路双横担耐张杆的组装操作。

四、工作规范及要求

（1）单人操作。

（2）考核时注意人身和设备安全。

（3）工作结束后恢复原始状态。

五、考核及时间要求

（1）本考核操作时间为 60 分钟，时间到停止考评。

（2）按照技能操作记录单的操作要求进行操作。

技能等级评价专业技能考核操作评分标准

工种	农网配电营业工（台区经理）				评价等级	中级工
项目模块	工具和设备—设备运维			编号	Jc0003442017	
单位		准考证号			姓名	
考试时限	60 分钟	题型	单项操作		题分	100 分
成绩		考评员		考评组长	日期	
试题正文	10kV 配电线路双横担耐张杆组装					
需要说明的问题和要求	（1）现场条件：天气条件良好，地面拉线棒已安装好。 （2）一人完成，一人辅助可兼做监护，但不得提醒。 （3）不能采用从杆顶套装的方法。 （4）节约时间不加分，超时停止作业，未完成项目不得分。 （5）各项得分均扣完为止					

序号	项目名称	质量要求	满分	扣分标准	扣分原因	得分
1	着装	正确佩戴安全帽，穿工作服，穿绝缘鞋	5	没穿工作服（工作鞋）、没戴安全帽，每项扣 2 分； 帽扣带不系紧，衣、袖扣没扣，鞋带不系，每项扣 1 分		
2	材料、工具准备	正确选用材料、正确选用工器具，规格数量满足工作要求	5	每缺少一项或规格不符合要求或数量每缺少一件扣 1 分		
3	登杆前检查及准备	登杆前检查基础、杆身是否牢固，质量是否符合要求；检查登杆工具和安全带并做冲击试验	10	登杆前检查每缺少一项扣 2 分； 脚扣和安全带少检查一项扣 2 分； 未做冲击试验，每个扣 2 分		
4	地面制作拉线					
4.1	截取钢绞线	计算拉线长度，截取所需钢绞线长度	2	截取钢绞线未绑扎，每处扣 1 分； 截取长度不合适扣 2 分		

续表

序号	项目名称	质量要求	满分	扣分标准	扣分原因	得分
4.2	制作上把	按工艺要求制作拉线上把	10	回头长度（300mm）不合适扣 1 分； 绑扎不牢固扣 2 分； 扎线镀锌层破坏扣 1 分； 用金属敲击金具，每次扣 1 分		
4.3	制作下把	按工艺要求制作拉线下把	10	回头长度不合适（500～600mm）扣 1 分； 线夹凸头应在尾线侧，否则扣 5 分； 绑扎不牢固扣 2 分； 破坏镀锌层扣 1 分； 用金属敲击金具，每次扣 1 分		
5	安装横担和抱箍					
5.1	登杆画印	作业人员登杆，站稳后，用钢卷尺由杆顶向下量取横担及拉线抱箍的安装位置，并用记号笔在杆身上进行标记	10	登杆工作不熟练扣 5 分； 未全程使用安全带扣 3 分； 画印不准确扣 2 分		
5.2	传递横担	横担必须用传递绳传递，传递横担前应将传递绳捆牢	5	传递绳未捆绑前就开始传递扣 5 分； 传递过程中发生碰撞，每次扣 1 分； 横担、抱箍捆绑方法不正确，每次扣 2 分		
5.3	安装横担	横担安装必须牢固、平整；端部上下和左右斜扭不得大于 20mm。穿心螺栓应由送电侧穿入	15	横担安装位置不在所画印上扣 4 分； 横担安装不平整扣 2 分； 安装不牢固扣 2 分； 双横担安装不平行扣 2 分； 穿心螺栓方向错误，每处扣 1 分； 垫片每少一个扣 1 分		
5.4	安装抱箍	将抱箍传递上杆进行安装，安装位置必须正确	5	抱箍安装位置不正确扣 3 分； 安装不牢固扣 2 分		
6	固定拉线上把	利用传递绳将上把传递上杆进行固定	3	固定不牢固扣 3 分		
7	下杆调整拉线	作业人员下杆进行拉线调整	5	UT 形线夹螺纹露出长度不合适扣 2 分； 拉线过紧或过松扣 3 分		
8	安全文明生产	在施工过程中不能失去安全带保护，必须全程戴手套，不能出现高空落物，工具材料不能随意乱放	10	工器具、材料放置不当，每件次扣 1 分； 发生高空落物，每件次扣 5 分； 在施工中不允许用金属物敲击横担、金具，否则扣 5 分		
9	现场清理	工作完毕后工器具应放回指定位置	5	若未放回原处，则每件扣 1 分		
合计			100			

Jc0003441018　更换 10kV 直线杆单相针式绝缘子。（100 分）

考核知识点：线路运维

难易度：易

技能等级评价专业技能考核操作工作任务书

一、任务名称

更换 10kV 直线杆单相针式绝缘子。

二、适用工种

农网配电营业工（台区经理）中级工。

三、具体任务

将 10kV 直线杆单相针式绝缘子进行更换。

四、工作规范及要求

（1）单人操作。

（2）考核时注意人身和设备安全。

（3）工作结束后恢复原始状态。

五、考核及时间要求

（1）本考核操作时间为 20 分钟，时间到停止考评。

（2）按照技能操作记录单的操作要求进行操作。

技能等级评价专业技能考核操作评分标准

<table>
<tr><td>工种</td><td colspan="5">农网配电营业工（台区经理）</td><td>评价等级</td><td>中级工</td></tr>
<tr><td>项目模块</td><td colspan="4">工具和设备—设备运维</td><td>编号</td><td colspan="2">Jc0003441018</td></tr>
<tr><td>单位</td><td colspan="2"></td><td>准考证号</td><td colspan="2"></td><td>姓名</td><td></td></tr>
<tr><td>考试时限</td><td colspan="2">20 分钟</td><td>题型</td><td colspan="2">单项操作</td><td>题分</td><td>100 分</td></tr>
<tr><td>成绩</td><td></td><td>考评员</td><td></td><td>考评组长</td><td></td><td>日期</td><td></td></tr>
<tr><td>试题正文</td><td colspan="7">更换 10kV 直线杆单相针式绝缘子</td></tr>
<tr><td>需要说明的问题和要求</td><td colspan="7">（1）按规定要求进行着装。
（2）此操作由一人完成。
（3）节约时间不加分，超时停止作业，未完成项目不得分。
（4）各项得分均扣完为止</td></tr>
</table>

序号	项目名称	质量要求	满分	扣分标准	扣分原因	得分
1	着装	正确佩戴安全帽，穿工作服，穿绝缘鞋	10	没穿工作服（工作鞋）、没戴安全帽，每项扣 2 分； 帽扣带不系紧，衣、袖扣没扣，鞋带不系，每项扣 1 分		
2	材料、工具准备	正确选用材料，正确选用工器具，规格数量满足工作要求	10	每缺少一项或规格不符合要求或数量每缺少一件，扣 1 分		
3	工作过程					
3.1	登杆工具的检查	登杆前对登杆工具、安全带进行外观检查和冲击实验	10	未进行外观检查扣 5 分； 未进行冲击试验扣 5 分		
3.2	登杆作业	登杆前核对线路名称、杆号；检查杆身、杆根，登杆动作规范、熟练	15	登杆前检查，每缺少一项扣 2 分； 发生脚扣打滑，每次扣 1 分； 脚扣脱落坠地，每次扣 3 分； 未全程使用安全带扣 5 分		
3.3	松开旧绝缘子上的导线	解扎线时应戴手套，解下的扎线不能随手乱放或抛掷地面	5	未戴手套扣 2 分； 扎线乱放或抛落地面扣 3 分		
3.4	拆下旧绝缘子，将新绝缘子吊上	吊起、放下的工具材料不准碰杆	10	发生碰撞，每次扣 2 分； 工作位置不正确扣 2 分		
3.5	固定新绝缘子	新绝缘子固定牢固，与横担应垂直、无歪斜现象	10	安装不牢固扣 5 分； 安装不正扣 5 分		

续表

序号	项目名称	质量要求	满分	扣分标准	扣分原因	得分
3.6	绑扎导线	导线在绝缘子上的绑扎必须使用铝包带，绑扎必须牢固	15	未使用铝包带扣5分； 铝包带缠绕不合理，每处扣2分； 绑扎不牢固扣5分		
4	安全生产	不发生意外伤害，不发生高空落物	10	发生意外伤害扣5分； 发生高空落物，每次扣5分		
5	现场清理	工作完毕后工器具、废料应清理干净	5	杆上有遗留物扣3分； 废料随意丢弃扣1分； 工具摆放混乱扣1分		
合计			100			

Jc0003442019　10kV 架空配电线路正常巡视工作。（100 分）

考核知识点： 线路巡视

难易度： 中

技能等级评价专业技能考核操作工作任务书

一、任务名称

10kV 架空配电线路正常巡视工作。

二、适用工种

农网配电营业工（台区经理）中级工。

三、具体任务

进行 10kV 架空配电线路正常巡视工作。

四、工作规范及要求

（1）单人操作。

（2）考核时注意人身和设备安全。

（3）工作结束后恢复原始状态。

五、考核及时间要求

（1）本考核操作时间为 60 分钟，时间到停止考评。

（2）按照技能操作记录单的操作要求进行操作。

技能等级评价专业技能考核操作评分标准

工种	农网配电营业工（台区经理）					评价等级	中级工
项目模块	工具和设备—设备运维				编号	Jc0003442019	
单位			准考证号			姓名	
考试时限	60 分钟		题型	单项操作		题分	100 分
成绩		考评员		考评组长		日期	
试题正文	10kV 架空配电线路正常巡视工作						
需要说明的问题和要求	（1）给定条件：对 10kV 架空配电线路进行全面的巡视检查。 （2）模拟操作采用书面形式答题。 （3）思路清晰，条理清楚。 （4）各项得分均扣完为止						

续表

序号	项目名称	质量要求	满分	扣分标准	扣分原因	得分
1	接受工作任务	巡线人员要认真听取巡线负责人交代的任务，明确工作内容、工作地段和注意事项	5	任务不清、注意事项不清扣5分		
2	工器具准备	望远镜、测量仪器、记录表、笔、个人防护用具等	5	工器具准备不充分，每缺少一个扣1分		
3	巡视内容及标准					
3.1	杆塔巡视	（1）检查杆塔是否倾斜。混凝土杆倾斜度（包括挠度），转角杆、直线杆不应大于15/1000，转角杆不应向内角倾斜，终端杆不应向导线侧倾斜，向拉线侧倾斜应小于200mm。混凝土杆不宜有纵向裂纹，横向裂纹不宜超过1/3周长，且裂纹宽度不宜大于0.5mm。 （2）检查混凝土杆有无酥松、钢筋外露，焊接处有无开裂、锈蚀。 （3）检查基础有无损坏，土壤有无挖掘或沉陷，有无冻鼓现象。 （4）检查杆塔位置是否合适，有无被撞、被淹的可能。 （5）检查各部件螺栓是否松动，焊接处是否开焊或焊接不完整、锈蚀。 （6）检查杆号牌或警示牌是否齐全、明显。 （7）检查杆塔周围有无杂草及攀附物，有无鸟巢等	20	每缺少一项扣2分； 标准不清，每项扣2分		
3.2	导线巡视	（1）检查各相导线弧度是否平衡。标准：三相导线弛度应力求一致，弛度误差应在设计值的－5%～＋10%之内；一般档距导线弛度相差不应超过50mm。 （2）检查导线有无断股、锈蚀、烧伤等，接头有无过热、氧化现象。 （3）检查跳线或引线有无断股、锈蚀、过热、氧化现象，固定是否规范。 （4）检查绑线有无松动、断开现象。 （5）检查绝缘导线外皮是否鼓包变形、受损、龟裂。 （6）检查导线邻近、平行、交叉跨越距离是否符合规程规定。 （7）检查导线上是否有杂物悬挂	15	每缺少一项扣2分； 标准不清，每项扣2分		
3.3	横担	（1）检查横担有无锈蚀、歪斜、变形。 （2）标准：锈蚀表面积不宜超过1/2；横担上下倾斜、左右偏歪不应大于横担长度的2%	5	每缺少一项扣2分		
3.4	绝缘子及金具	（1）检查金具是否锈蚀、变形，固定是否可靠。 （2）检查开口销有无锈蚀、断裂、脱落，垫片是否齐全，螺栓是否坚固。 （3）检查绝缘子有无污秽、损伤、裂纹或闪络现象。 （4）检查绝缘子有无歪斜现象，铁脚有无锈蚀、松动、变形	5	每缺少一项扣2分		
3.5	拉线巡视	（1）检查拉线有无松弛、破股、锈蚀现象。 （2）检查拉线金具是否齐全，有无锈蚀、变形，连接是否可靠。 （3）检查水平拉线对地距离是否符合规程规定，有无妨碍交通或易被车撞等危险。 （4）检查拉线有无护套。 （5）拉线棒及拉线盘埋深是否足够，有无上拔，基础是否缺土	10	每缺少一项扣2分		

续表

序号	项目名称	质量要求	满分	扣分标准	扣分原因	得分
3.6	沿线情况巡视	（1）检查防护区内有无堆放的柴草、木材、易燃易爆物及其他杂物。 （2）检查防护区内有无危及线路安全运行的天线、井架、脚手架、机械施工设备等。 （3）检查防护区内有无土建施工、开渠挖沟、植树造林、种植农作物、堆放建筑材料等危害线路的运行。 （4）检查防护区内有无爆破、土石开方损伤导线的可能。 （5）检查线路附近的树木、建筑物与导线的间隔距离是否符合规程规定。 （6）检查邻近的电力、通信、索道、管道及电缆架设是否影响线路安全运行。 （7）检查河流、沟渠边线的杆塔有无被水冲刷、倾倒的危险。 （8）检查沿线是否有污染源。 （9）检查线路巡视和检修通道是否畅通	20	每缺少一项扣 2 分		
4	巡视注意事项	（1）单人巡线时，禁止攀登电杆和铁塔。 （2）巡线时走线路外侧，大风巡线应沿线路上风侧前进。 （3）雨、雪天气下不应安排正常巡视。 （4）巡线人员发现导线断落地面或悬吊空中，应设法防止行人靠近断线地点 8m 以内，以免跨步电压伤人。 （5）个人防护用品应齐全	10	每缺少一项扣 2 分		
5	填写缺陷记录	详细填写巡视中所发现的缺陷	5	未填写巡视记录扣 5 分		
合计			100			

Jc0005461020 简述新户分配抄表段的业务流程。(100 分)

考核知识点： 抄表管理

难易度： 易

技能等级评价专业技能考核操作工作任务书

一、任务名称

简述新户分配抄表段的业务流程。

二、适用工种

农网配电营业工（台区经理）中级工。

三、具体任务

完成新户分配抄表段的业务流程。

四、工作规范及要求

按照营销业务应用系统新户分配抄表段流程完成作业。

五、考核及时间要求

答题时间 20 分钟，要求操作步骤正确，文字描述清晰。

技能等级评价专业技能考核操作评分标准

<table>
<tr><td>工种</td><td colspan="5">农网配电营业工（台区经理）</td><td colspan="2">评价等级</td><td colspan="2">中级工</td></tr>
<tr><td>项目模块</td><td colspan="5">营销服务—抄表与计量</td><td>编号</td><td colspan="3">Jc0005461020</td></tr>
<tr><td>单位</td><td colspan="3"></td><td>准考证号</td><td colspan="2"></td><td>姓名</td><td colspan="2"></td></tr>
<tr><td>考试时限</td><td colspan="2">20 分钟</td><td>题型</td><td colspan="3">综合操作题</td><td>题分</td><td colspan="2">100 分</td></tr>
<tr><td>成绩</td><td></td><td>考评员</td><td></td><td>考评组长</td><td colspan="2"></td><td>日期</td><td colspan="2"></td></tr>
<tr><td>试题正文</td><td colspan="9">简述新户分配抄表段的业务流程</td></tr>
<tr><td>需要说明的问题和要求</td><td colspan="9">（1）要求单人完成。
（2）步骤规范、流程完整、准确、清晰。
（3）各项得分均扣完为止</td></tr>
<tr><td>序号</td><td>项目名称</td><td colspan="2">质量要求</td><td>满分</td><td colspan="3">扣分标准</td><td>扣分原因</td><td>得分</td></tr>
<tr><td>1</td><td>熟练营销业务应用系统相关界面</td><td colspan="2">各环节工作内容完整</td><td>60</td><td colspan="3">每个环节工作内容不完整扣 20 分</td><td></td><td></td></tr>
<tr><td>2</td><td>完成抄表段分配</td><td colspan="2">流程完整、准确</td><td>40</td><td colspan="3">每个流程步骤错误扣 10 分</td><td></td><td></td></tr>
<tr><td colspan="2">合计</td><td colspan="2"></td><td>100</td><td colspan="3"></td><td></td><td></td></tr>
</table>

Jc0005461021 查询光伏客户日发电量及月末冻结表码。（100 分）

考核知识点：用电信息采集

难易度：易

技能等级评价专业技能考核操作工作任务书

一、任务名称

查询光伏客户日发电量及月末冻结表码。

二、适用工种

农网配电营业工（台区经理）中级工。

三、具体任务

在用电信息采集系统中查询某一低压发电客户某月 1～10 日每日发电量及当月月末冻结表码，填写在答题纸上。

四、工作规范及要求

填写查询客户编号、户名及对应的需要查询内容。

五、考核及时间要求

本考核要求完成时间为 10 分钟，时间到应立即停止操作。

技能等级评价专业技能考核操作评分标准

<table>
<tr><td>工种</td><td colspan="5">农网配电营业工（台区经理）</td><td>评价等级</td><td>中级工</td></tr>
<tr><td>项目模块</td><td colspan="4">营销服务—抄表与计量</td><td>编号</td><td colspan="2">Jc0005461021</td></tr>
<tr><td>单位</td><td colspan="2"></td><td>准考证号</td><td colspan="2"></td><td>姓名</td><td></td></tr>
<tr><td>考试时限</td><td colspan="2">10 分钟</td><td>题型</td><td colspan="2">单项操作题</td><td>题分</td><td>100 分</td></tr>
<tr><td>成绩</td><td></td><td>考评员</td><td></td><td>考评组长</td><td></td><td>日期</td><td></td></tr>
<tr><td>试题正文</td><td colspan="7">查询光伏客户日发电量及月末冻结表码</td></tr>
<tr><td>需要说明的问题和要求</td><td colspan="7">（1）要求单人完成。
（2）填写查询客户编号、户名及对应的需要查询内容。
（3）各项得分均扣完为止</td></tr>
</table>

续表

序号	项目名称	质量要求	满分	扣分标准	扣分原因	得分
1	户号、户名	填写正确	10	错误一项扣5分		
2	1～10日每日总用电量	填写正确	80	错误一项扣8分		
3	日期、月末冻结表码	填写正确	10	错误一项扣5分		
合计			100			

Jc0005441022　光伏客户档案信息及结算电量电费信息查询。（100分）

考核知识点： 系统应用

难易度： 易

技能等级评价专业技能考核操作工作任务书

一、任务名称

光伏客户档案信息及结算电量电费信息查询。

二、适用工种

农网配电营业工（台区经理）中级工。

三、具体任务

请使用自己的工号在营销系统查询某一光伏客户并网电压、发电量消纳方式、发电客户类型、发电关口表号、该客户某月结算发电量、补助金额，填写在答题纸上。

四、工作规范及要求

填写查询客户编号、户名及对应的需要查询内容。

五、考核及时间要求

本考核要求完成时间为20分钟，时间到应立即停止操作。

技能等级评价专业技能考核操作评分标准

工种	农网配电营业工（台区经理）					评价等级	中级工
项目模块	营销服务—抄表与计量				编号	Jc0005441022	
单位			准考证号			姓名	
考试时限	20分钟	题型				题分	100分
成绩		考评员		考评组长		日期	
试题正文	光伏客户档案信息及结算电量电费信息查询						
需要说明的问题和要求	（1）要求单人完成。 （2）填写查询发电客户编号、户名及对应的需要查询内容。 （3）各项得分均扣完为止						

序号	项目名称	质量要求	满分	扣分标准	扣分原因	得分
1	户号、户名	填写正确	20	错误一项扣10分		
2	客户并网电压、发电方式、发电量消纳方式、发电客户类型、发电关口表号	填写正确	50	错误一项扣10分		
3	电费年月、结算发电量、补助金额	填写正确	30	错误一项扣10分		
合计			100			

第三部分 高级工

第五章　农网配电营业工（台区经理）高级工技能笔答

Jb0001332001　抄读电能表需注意的问题有哪些？（5分）

考核知识点：电能表的现场抄录

难易度：中

标准答案：

（1）核对表号后按电能表有效位数，全部抄录电能表标示度数，靠前位数是零时，以“0”填充，不得空缺。

（2）抄录分时电能表时，应正确抄录各时段标示度数，并保证各时段电能表示数之和与总数相等。

（3）对远程抄表和集中抄表系统，要有专人负责系统的维护管理，定期对抄表中发现的电能表故障、抄表差错等问题按规定处理，对数据进行完整备份（含新增和异动数据）。

（4）按照抄表日程的安排，完成日常远抄（集抄）及抄回数据的转录工作（将抄回的数据转录到营销系统）。

（5）定期进行远抄数据现场校核工作，校核周期最长不得超过六个月。

Jb0001332002　什么是零电量户，产生零电量客户的原因主要有哪几种？（5分）

考核知识点：抄表异常分析与处理

难易度：中

标准答案：

零电量户一般是指在某个抄表周期内抄见电量为零的客户。

（1）由于客户原因连续几个月不用电，如居民住宅长期不居住、企业政策性关停、季节性用电客户等，同时客户也未到供电公司办理中止供电手续，造成抄表员仍然按正常抄表计划抄表形成的零电量客户。

（2）抄表员漏抄，主要是指新装或变更用电后的电力客户，由于抄表信息未及时更新或抄表员的疏忽大意漏抄所致。

（3）贸易结算用电能表故障，停走或损坏，无法正常记录电量。

Jb0001332003　抄表时发现计量装置故障应如何处理？（5分）

考核知识点：现场、系统单一抄表异常的分析和处理

难易度：中

标准答案：

抄表员在抄表时发现计量装置故障时，首先，在现场分析、了解情况，设法取得故障发生的时间和原因，如客户的值班记录、客户上次抄表后至今的生产情况、客户有无私自增容的情况。其次，将计量装置的故障情况及相关数据记下来，如电能表当时的示数、负荷情况、客户生产班次及休息情况等。回公司后将客户计量装置故障情况及现场所做的记录上报并配合处理。

Jb0002332004 费控管理的策略有哪些？（5分）

考核知识点：电费催缴与催缴方式推广

难易度：中

标准答案：

根据用电客户的客户分类、用电量情况、策略应用时间、信用等级等，制定费控业务的各项标准策略。

（1）费控策略标准管理：根据客户分类，分析客户用电量情况，制定各分类和用电区间对应的预警金额、透支金额等，同时管理费控参数的代码标准。

（2）指令延期下发策略管理：管理节假日、夜间等特殊时段，该时段内不向用电信息采集系统下发预警请求、停电请求，保障客户正常用电。

（3）信用门限标准管理：制定各类客户信用等级对应的透支金额标准，并对制定的透支金额进行审批。

Jb0002332005 简述居民远程费控购电客户的催费流程及停电、复电流程。（5分）

考核知识点：电费催缴与催缴方式推广

难易度：中

标准答案：

（1）催费流程：当客户剩余电费金额小于预警阈值后，会根据客户在签订协议时选择的预警告知方式通知客户，请客户确保告知渠道的畅通。

（2）停电、复电流程：当客户剩余电费金额小于或等于停电阈值后，应采用与客户约定的方式（例如短信、微信等），向客户发送停电公告。客户仍欠费的，经核对无误后，停电审批通过，实施停电；客户缴费后，24h内完成复电。

Jb0002332006 费控电能表的工作原理是什么？（5分）

考核知识点：电费催缴与催缴方式推广

难易度：中

标准答案：

远程费控电能表，本地主要实现计量功能，没有本地计费功能，电能表只是一个计量器具和控制的执行机构；计费功能主要由远程的主站/售电系统完成，电能表接收远程售电系统下发的拉闸、允许合闸、ESAM数据回抄指令，数据交互过程需通过严格的密码验证及安全认证，遵行DL/T 645—2007《多功能电能表通信协议》电能表通信规约及其备案文件。当客户欠费时由远程主站/售电系统发送拉闸命令，使客户断电，当客户充值后，远程主站/售电系统再发送允许合闸命令，允许客户合闸。

Jb0002332007 什么是电费测算？（5分）

考核知识点：电费催缴与催缴方式推广

难易度：中

标准答案：

电费测算是根据用电客户的抄表数据、用电客户档案信息以及执行的电价标准进行用电客户各类型电量、电费的计算。电量计算是对抄见电量、变压器损耗电量、线路损耗电量、扣减电量（主分表、转供、定比定量）、退补电量各种类型电量进行计算，得出测算电量；再通过测算电量和相应的电价，计算出各种电费。测算电费计算包括目录电度电费、基本电费、功率因数调整电费、代征电费等各电费类型的计算。计算完毕后，根据设置的审核规则自动审核测算的电量电费信息，对通过审核的客户进行基准比较。

Jb0002332008　电子支付的定义是什么？（5分）

考核知识点： 电费催缴与催缴方式推广

难易度： 中

标准答案：

所谓电子支付，是指从事电子商务交易的当事人，包括消费者、厂商和金融机构，通过信息网络，使用安全的信息传输手段，采用数字化方式进行的货币支付或资金流转。与传统的支付方式相比，电子支付具有以下特征：电子支付是采用先进的技术通过数字流转来完成信息传输的，其各种支付方式都是采用数字化的方式进行款项支付的；而传统的支付方式则是通过现金的流转、票据的转让及银行的汇兑等物理实体流转来完成款项支付的。

Jb0002332009　电费催缴通知书、停电通知书应包括哪些内容？（5分）

考核知识点： 电费催收工作内容及要点

难易度： 中

标准答案：

电费催费通知书内容应包括催缴电费年月、欠费金额及违约金、缴费时限、缴费方式及地点等。停电通知书内容应包括催缴电费次数、欠费金额及违约金、停电原因等。

Jb0003332010　画出三相四线电能表的原理接线图和表尾接线图。（5分）

考核知识点： 电能计量装置安装、检查与更换

难易度： 中

标准答案：

直接接入式三相四线有功电能表接线原理、表尾接线图如图 Jb0003332010－1、图 Jb0003332010－2 所示。

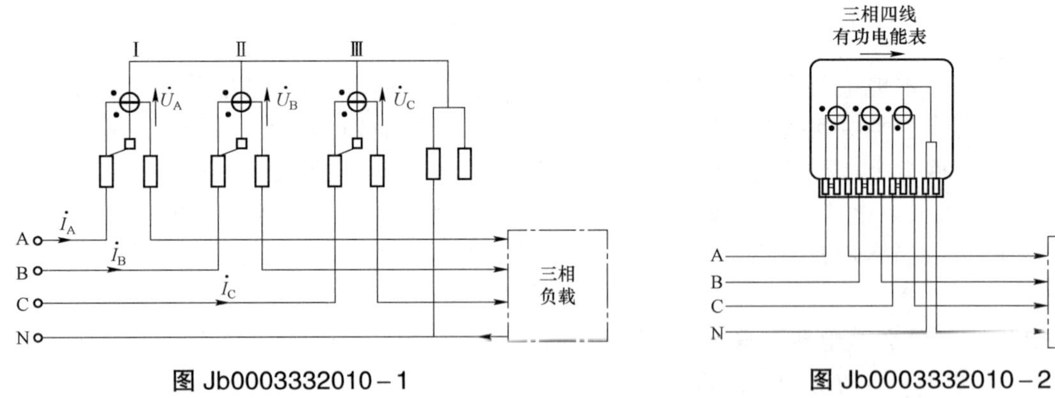

图 Jb0003332010－1　　图 Jb0003332010－2

Jb0003332011　单相电能计量装置安装的结束工作主要有哪些？（5分）

考核知识点： 电能计量装置安装、检查与更换

难易度： 中

标准答案：

（1）接线整理。对整个计量箱工艺接线进行最后检查，确认接线正确，然后修剪尼龙扎带，在距离根部 2mm 处用斜口钳剪去扎带尾部的多余长度。

（2）停电接线检查。用万用表对接线进行一次全面检查，确认接线正确。
（3）通电检查。对电能表通电，并用万用表检查各回路的通断情况，听电能表声音是否正常。
（4）电能表接线盒封印。用封印钳将电能表接线盒封印。
（5）计量箱封印。拧紧计量箱外壳螺钉，用封印钳将电能表计量箱封印。
（6）工器具整理。逐件清点、整理工器具，分别放回工具包和工具箱中。
（7）材料整理。逐件清点、整理剩余材料及附件，整理并带走。
（8）现场清理。清理计量柜及操作现场，在整个工作过程中做到文明施工、安全操作。
（9）抄录电能表示数、铭牌等相关数据，填写装表接电工作票的各项内容，且要求客户签字认可。

Jb0003332012　直接接入式三相四线电能计量装置安装时对中性线有何特别规定？（5 分）

考核知识点：电能计量装置安装、检查与更换

难易度：中

标准答案：

三相四线电能表中性线的接法与单相电能表不同，其总中性线直接由电源接至负载，电能表的中性线用 2.5mm^2 及以上的铜芯绝缘线“T”接到总中性线上，中性线实际上是不剪断的，而是中间剥去绝缘层后整根接入的。这样作为的目的是：若中性线剪断接入时，如在电能表表尾接触不良，则容易造成中性线断开，会使负载的中性点与电源的中性点不重合，负载上出现电压不平衡，有的过电压、有的欠电压，因此设备不能正常工作，承受过电压的设备甚至还会被烧毁。而“T”形接法时，总中性线是在没有断口的情况下直接接到客户设备上，不会发生上述情况。同时注意，“T”接处应恢复绝缘并且铅封于表箱内，以防接口处被窃电及产生不安全因素。

Jb0003332013　画出经 TA 接入式三相四线带接线盒电能计量装置的原理接线图。（5 分）

考核知识点：电能计量装置安装、检查与更换

难易度：中

标准答案：

经 TA 接入式三相四线带接线盒电能计量装置的原理接线图如图 Jb0003332013 所示。

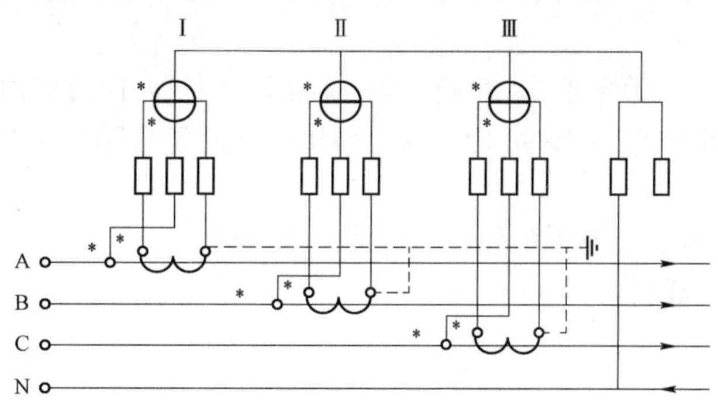

图 Jb0003332013

Jb0003332014　经 TA 接入式三相四线电能计量装置安装时应注意哪些事项？（5 分）

考核知识点：电能计量装置安装、检查与更换

难易度：中

标准答案：

（1）要进行接线端子编号的再次核对，并对各接线端子螺钉进行一次检查紧固。

（2）送电后检查电能表运行是否正常，检查电流互感器运行声音、温升是否正常等。

（3）接线完成后应对电能表、联合接线盒、电流互感器等处加封印。

（4）电流互感器的极性一定要核对，一次应保证电流从 P1 流入，从 P2 流出；二次应保证电流从 S2 流入，从 S1 流出。

Jb0003332015　装表接电工作结束后竣工检查的现场核查的主要内容包括哪些？（5 分）

考核知识点：电能计量装置安装、检查与更换

难易度：中

标准答案：

装表接电工作结束后竣工检查的现场核查的主要内容包括：计量器具型号、规格、计量法定标志、出厂编号等应与计量检定证书和技术资料的内容相符；产品外观质量应无明显瑕疵和受损；安装工艺质量应符合有关标准要求，检查电能表、互感器安装是否牢固，位置是否适当，外壳是否根据要求正确接地或接零等；电能表、互感器及其二次回路接线情况应和竣工图一致。检查电能表，互感器一、二次接线及专用接线盒，接线是否正确，接线盒内连接片位置是否正确，连接是否可靠，有无碰线的可能，安全距离是否足够，各触点是否坚固牢靠等；检查进户装置是否按设计要求安装，进户熔断器熔体选用是否符合要求；检查有无工具等物件遗留在设备上；按工单要求抄录电能表、互感器的铭牌参数数据，记录电能表起止码及进户装置材料等，并告知客户核对。

Jb0003332016　与电能计量装置停电安装相比，带电换表应特别注意哪些安全问题？（5 分）

考核知识点：电能计量装置安装、检查与更换

难易度：中

标准答案：

（1）应先根据要求开具合适的工作票，使用个人安全防护用品，并履行工作许可制度，然后开始换表。

（2）原来一次线采用的是铝线或铝排的应尽量换成铜线或铜排。

（3）换表时应做好电压线和电流进出线记号，防止恢复时插错接线盒孔（特别有些老表电压孔位置不同），造成错接线。

（4）电能表接线盒、联合接线盒、计量柜（箱）门都应加封。计量柜内应有启封记录卡，并应有拆封原因、日期、拆封人姓名的记录，并应贴好倍率纸和启封警告贴纸。

Jb0003332017　画出电流互感器的原理接线图。（5 分）

考核知识点：互感器接线原理

难易度：中

标准答案：

电流互感器的原理接线图如图 Jb0003332017 所示。

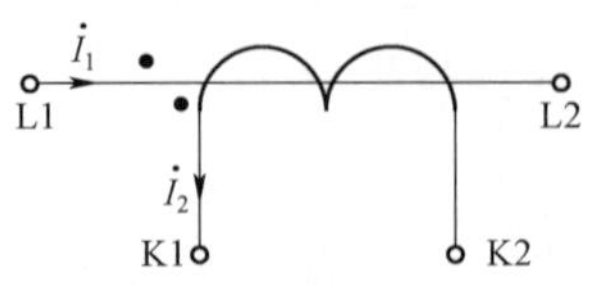

图 Jb0003332017

Jb0003332018　电能计量装置分为哪几类？如何分类？（5分）

考核知识点：电能计量装置的分类

难易度：中

标准答案：

运行中的电能计量装置按计量对象重要程度和管理需要分为五类（Ⅰ、Ⅱ、Ⅲ、Ⅳ、Ⅴ）。分类细则及要求如下：

（1）Ⅰ类电能计量装置。220kV及以上贸易结算用电能计量装置，500kV及以上考核用电能计量装置，计量单机容量300MW及以上发电机发电量的电能计量装置。

（2）Ⅱ类电能计量装置。110（66）～220kV贸易结算用电能计量装置，220～500kV考核用电能计量装置，计量单机容量100～300MW发电机发电量的电能计量装置。

（3）Ⅲ类电能计量装置。10～110kV贸易结算用电能计量装置，10～220kV考核用电能计量装置，计量100MW以下发电机发电量、发电企业厂（站）用电量的电能计量装置。

（4）Ⅳ类电能计量装置。380～10kV电能计量装置。

（5）Ⅴ类电能计量装置。220V单相电能计量装置。

Jb0003332019　根据计量装置技术管理规程，电能表的准确度等级如何选择？（5分）

考核知识点：电能计量装置的准确度等级

难易度：中

标准答案：

根据DL/T 448—2016《电能计量装置技术管理规程》，配置电能表的准确度等级。

（1）对于Ⅰ类计量装置，配置电能表的准确度等级不低于：有功0.2S级；无功2.0级。

（2）对于Ⅱ、Ⅲ类计量装置，配置电能表的准确度等级不低于：有功0.5S级；无功2.0级。

（3）对于Ⅳ类计量装置，配置电能表的准确度等级不低于：有功1.0级；无功2.0级。

（4）对于Ⅴ类计量装置，配置电能表的准确度等级不低于：有功2.0级。

Jb0003332020　根据计量装置技术管理规程，电力互感器的准确度等级如何选择？（5分）

考核知识点：电能计量装置的准确度等级

难易度：中

标准答案：

根据DL/T 448—2016《电能计量装置技术管理规程》，配置电力互感器的准确度等级。

（1）对于Ⅰ、Ⅱ类计量装置，配置电力互感器的准确度等级不低于：TA为0.2S级；TV为0.2级。

（2）对于Ⅲ、Ⅳ类计量装置，配置电力互感器的准确度等级不低于：TA为0.5S级；TV为0.5级。

（3）对于Ⅴ类计量装置，配置电力互感器的准确度等级不低于：TA为0.5S级。

Jb0003332021　哪些客户应采用低压三相供电？（5分）

考核知识点：电能计量方式

难易度：中

标准答案：

（1）客户用电设备容量在100kW及以下或需用变压器容量在50kVA及以下者，一般采用低压三相四线供电，其计量方式采用低供低计。

（2）当客户用电在负荷密度较高的地区，且客户用电容量在100kW以上或需用变压器容量在50kVA以上者，经过技术经济比较，采用低压供电的技术经济性明显优于高压供电时，可采用低压三相四线制供电，其计量方式采用低供低计。

（3）若仅有低压三相设备的客户，应以低压三相四线供电并采用三相四线电能表；若既有三相设备又有单相设备的客户，应以低压三相四线供电并采用三相四线电能表。

Jb0003332022　哪些客户应采用高压供电？（5 分）

考核知识点： 电能计量方式

难易度： 中

标准答案：

客户用电设备容量在 100kW 以上或需用变压器容量在 50kVA 以上者，宜采用高压供电。高压供电原则上应在高压侧计量，10～35kV 供电客户应采用三相三线电能计量装置，10kV 电压互感器宜采用 Vv 方式接线，35kV 电压互感器宜采用 Yyn 方式接线；110kV 及以上供电客户应采用高压三相四线电能计量装置，电压互感器宜采用 YNyn 方式接线。如果在低压侧计量时，那么采用低压三相四线电能计量装置，但其变压器的铁损、铜损应由客户承担。

Jb0003332023　某工厂的总负荷为 182.5kW，综合功率因数是 0.89，应装多大容量的电能表？如何配置电流互感器？（需要系数取 0.8）（5 分）

考核知识点： 电能计量装置的配置

难易度： 中

标准答案：

解： 计算负荷

$$P_C = K_d \times \sum P = 0.8 \times 182.5 = 146 \text{（kW）}$$

$$I_C = \frac{P_C}{\sqrt{3}U\cos\varphi} = \frac{146 \times 10^3}{1.732 \times 380 \times 0.89} = 249 \text{（A）}$$

根据一次额定电流不大于正常负荷电流/60%的要求，故 I_n 可取 300A、250A。

答： 选配带三台 300A/5A 的 TA，3×1.5（6）A、3×220V/380V 的三相四线电能表。

当然，也可选择三台 250A/5A 的 TA。选配三台 300A/5A 的 TA 时，同时能满足所有生产设备同时开工的情况。

小提示：在估算计算负荷时，应考虑能正确反映实际情况的需要系数。

Jb0003332024　简述集中器和采集器的概念。（5 分）

考核知识点： 用电信息采集装置运行维护

难易度： 中

标准答案：

集中器和采集器统称采集终端或集抄终端。

（1）集中器。收集各采集终端或电能表的数据，并进行处理储存，同时能和主站或手持设备进行数据交换的设备，简称为集中器。集中器为集抄系统的核心设备。安装在公用变压器计量箱内或公用变压器箱体内，具备下行通信信道电力线载波方式，上行通道信道支持 GPRS 无线公网，同时具备交采功能，采集公用变压器计量考核点电量信息。

（2）采集器。用于采集多个电能表电能信息，并可与集中器交换数据的设备，简称为采集器。采集器依据功能可分为基本型采集器和简易型采集器。基本型采集器抄收和暂存电能表数据，并根据集中器的命令将储存的数据上传给集中器。简易型采集器直接转发低压集中器与电能表间的命令和数据。

下行通信信道支持RS485方式满足采集12只电能表负载能力，上行通信信道支持电力线载波通信方式。

Jb0004332025 采集器的安装要求有哪些？（5分）

考核知识点：用电信息采集装置运行维护

难易度：中

标准答案：

（1）施工现场严格遵守各项规章制度，注意安全，做好安全保障，保持断电操作。

（2）保证现场施工质量，如电源线、RS485线正确可靠连接（转接口四根连接线的颜色要对应，否则易造成设备损坏）。

（3）做好施工记录（采集器地址、对应表地址、安装位置），并签字确认。

（4）为减少后期维护，施工时做好调试确认工作，使用掌机读取采集器内数据，核对搜到的表地址是否与采集器连接的表计铭牌上地址一致。

Jb0004332026 集中器现场安装注意事项有哪些？（5分）

考核知识点：用电信息采集装置运行维护

难易度：中

标准答案：

（1）RS485总线要采用手拉手结构将各个节点串接起来，从总线到每个节点的引出线长度应尽量短，较长的连接线采用屏蔽双绞线并有效接地，避免电源线和RS485总线捆在一起走线。每个Ⅱ型集中器可安装两条总线，最多可接64块电能表，所接电能表应尽量均匀分布在两条总线上。避免两台及以上的Ⅱ型集中器安装在同一条RS485总线的回路中。

（2）Ⅰ型集中器也可通过RS485总线连接若干电能表，但每台Ⅰ型集中器最多只能挂接512只电能表。采集器的电源线应接在电能表的电源侧，每个采集器最多可同时接6只电能表。采集器安装时应距离电能表6cm以上。

（3）不同载波方案的设备，因调制方式和中心频率不同，无法互联互通。避免与Ⅰ型集中器不同载波方案的采集器混装在同一台区。

（4）避免三相四线电能表，特别是Ⅰ型集中器的电源中性线不接或虚接。

Jb0004332027 采集器的安装有哪些技术要求？（5分）

考核知识点：用电信息采集装置运行维护

难易度：中

标准答案：

（1）采集器的主接线需要使用至少2.5mm的硬芯铜线，由于采集器的上行使用的是电力线载波通信，下行使用的是RS485通信，所以对于采集器的安装，主要的接线是主接线和RS485接线，RS485建议使用专用的信号线，建议使用黄绿两色线，以黄色连接RS485A口，绿色连接RS485B口，以免出现接线错误造成的通信失败。

（2）RS485接线应采用手牵手方式接线。星形连接和树形连接很容易造成信号反射，影响数据通信的稳定性和可靠性。总线上的每个连接点上的两根电缆应使用冷压头压接，不允许超过2根电缆接入同一节点以免形成星形连接。RS485连接完成后请使用万用表的通表测试采集器到每块电能表的连接是否安全、可靠，确保RS485的A口与B口没有短路。

（3）使用线缆布线前，使用万用表监测线缆是否存在断点，检测两芯电缆是否短路。用万用表电阻挡分别检测线缆两端的两芯，检测线缆是否存在内部短路的问题；在一端短接电缆两芯，用万用表电阻挡连接电缆另一端检测两芯电缆是否存在断点。

（4）请务必确保各采集设备接线的稳固与正确，并保持布线工艺的美观。

Jb0004332028 采集失败常见故障分为哪几种？（5分）

考核知识点：用电信息采集装置运行维护

难易度：中

标准答案：

（1）整个台区完全采集不到数据。

（2）中器可以采集台区部分数据，部分采集失败。

（3）集中器有时可以采集数据，有时不能采集数据。

（4）个别电能表信息无法采集。

（5）GPRS 通信常见故障。

Jb0004332029 当个别电能表信息无法采集时，如何进行处理？（5分）

考核知识点：用电信息采集装置运行维护

难易度：中

标准答案：

（1）核对电能表档案，核对其归属的采集器档案。

（2）用抄控器来确认电能表的通信是否工作正常。

（3）观察电能表是否接入用电。

（4）集中器尚处于路由学习期间，尚未能与该电能表建立相关路径。

Jb0004332030 现场采集终端左上角显示“G”“C”“M”“N”等字母或字母后面出现“↑”“↓”符号分别代表什么含义？（5分）

考核知识点：用电信息采集基础知识

难易度：中

标准答案：

（1）字母“G”代表 GPRS 通信方式。

（2）字母“C”代表 CDMA 通信方式。

（3）字母“M”代表 SMS（短信）通信方式。

（4）字母“N”代表以太网通信方式。

（5）字母后面的“↑”代表终端以客户端建立到主站的 TCP 连接（主动上报）。

（6）字母后面的“↓”代表终端以服务端模式响应主站发起的 TCP 连接。

Jb0005332031 窃电案例分析计算：2008年9月某日，一社会群众举报沿街某客户窃电。用电稽查人员现场核实，该户在电能表前接线，用于生活用电设备，共计2kW（使用时间无法查明）。作为用电稽查人员该如何处理？（居民生活电价0.54元/kWh）（5分）

考核知识点：违约用电、窃电的查处

难易度：中

标准答案：

（1）分析：按照《电力供应与使用条例》规定，对照客户上述用电现场检查情况，该户现场行为符合《电力供应与使用条例》第三十一条第一款“绕越供电企业的用电计量装置用电”的内容。根据

《供电营业规则》有关规定，应承担相应的违约用电和窃电责任。应作如下处理：

《供电营业规则》第一百零二条规定：供电企业对查获的窃电者，应予制止，并可当场中止供电。窃电者应按所窃电量补交电费，并承担补交电费三倍的违约使用电费。拒绝承担窃电责任的，供电企业应报请电力管理部门依法处理。窃电数额较大或情节严重的，供电企业应提请司法机关依法追究刑事责任。

《供电营业规则》第一百零三条规定：在供电企业供电设施上，擅自接线用电的，所窃电量按私接设备额定容量（kVA 视同 kW）实际使用时间计算确定。窃电时间无法查明时，窃电日数至少以一百八十天计算，每日窃电时间：电力客户按 12h 计算；照明客户按 6h 计算。

（2）计算：窃电补交电费和违约使用电费计算如下：

$$补交电费=2\times180\times6\times0.54=1166.40（元）$$

$$违约使用电费=1166.4\times3=3499.20（元）$$

$$以上金额合计=1166.40+3499.20=4665.60（元）$$

如该户拒绝承担窃电责任，供电企业应报请电力管理部门依法处理，或直至提请司法机关依法追究刑事责任。

Jb0005332032　在电价低的供电线路上，擅自接用电价高的用电设备或私自更改用电类别的违约用电行为，应如何处理？（5 分）

考核知识点：违约用电、窃电的查处

难易度：中

标准答案：

在电价低的供电线路上，擅自接用电价高的用电设备或私自改用电类别的，应按实际使用日期补交差额电费，并承担二倍差额的违约使用电量。使用起讫日期难以确定的，使用时间按三个月计算。

Jb0005332033　私自超过合同约定的容量用电的，应如何处理？（5 分）

考核知识点：违约用电、窃电的查处

难易度：中

标准答案：

私自超过合同约定的容量用电的，除应拆除私增容设备外，属两部制电价的客户，应补交私增设备容量使用月数的基本电费，并承担三倍私增容量基本电费的违约使用电费；其他客户应承担私增容量每 kW（kVA）50 元的违约使用电费。如客户要求继续使用者，按新装增容办理手续。

Jb0005332034　擅自超过计划分配的用电指标的，应如何处理？（5 分）

考核知识点：违约用电、窃电的查处

难易度：中

标准答案：

擅自超过计划分配的用电指标的，应承担高峰超用电力每次每千瓦 1 元和超用电量与现行电价电费五倍的违约使用电费。

Jb0005332035　擅自使用已在供电企业办理暂停手续的电力设备或启用供电企业封存的电力设备的，应如何处理？（5 分）

考核知识点：违约用电、窃电的查处

难易度：中

标准答案：

擅自使用已在供电企业办理暂停手续的电力设备或启用供电企业封存的电力设备的，应停用违约使用的设备。属于两部制电价的客户，应补交擅自使用或启用封存设备容量和使用日数的基本电费，并承担二倍补交基本电费的违约使用电费；其他客户应承担擅自使用或启用封存设备容量每次每 kW（kVA）30 元的违约使用电费。启用属于私增容被封存的设备的，违约使用者还应承担本条第 2 项规定的违约责任。

Jb0005332036　未经供电企业同意，擅自引入（供出）电源或将备用电源和其他电源私自并网的，应如何处理？（5 分）

考核知识点：违约用电、窃电的查处

难易度：中

标准答案：

未经供电企业同意，擅自引入（供出）电源或将备用电源和其他电源私自并网的，除当即拆除接线外，应承担其引入（供出）或并网电源容量每 kW（kVA）500 元的违约使用电费。

Jb0005332037　供电职工、用电检查人员违反《供电职工服务守则》的如何处理？（5 分）

考核知识点：违约用电、窃电的查处

难易度：中

标准答案：

供电职工在查处窃电、违约用电过程中，应遵守《供电职工服务守则》，供电职工利用职务之便，内外勾结窃电，或由于工作严重不负责任，在管辖范围内发现多次窃电案件或重大窃电案件时，用电检查应通知其所在单位负责人视其情况及时进行批评、帮助、教育，直至扣发责任者奖金或者给予行政处分、待岗、开除等提议。对构成犯罪的交由司法机关依法惩处。

Jb0005332038　对用电量大而且有窃电嫌疑客户的防窃电措施有哪些？（5 分）

考核知识点：违约用电、窃电的查处

难易度：中

标准答案：

应在表箱中加装电能计量装置异常运行测录仪。这种测录仪可以利用移动通信网络直接报警计量回路的各种故障（如失压、欠压、电流开路和短路、相序错误、接线错误等），又能随时和定时采集客户用电负荷情况，对客户的用电情况进行实时监测和科学管理。

Jb0005332039　写出三相三线二表法测量有功功率的公式。（5 分）

考核知识点：违约用电、窃电的查处

难易度：中

标准答案：

三相三线二表法有功功率为

$$P = U_{ab}I_a\cos(30^\circ + \varphi_a) + U_{cb}I_c\cos(30^\circ - \varphi_c)$$

Jb0005332040　常见的窃电方式有哪些？（5 分）

考核知识点：违约用电、窃电的查处

难易度：中

标准答案：

（1）改变电流的窃电。

（2）改变电压的窃电。

（3）改变电能表的结构和接线方式的窃电。

Jb0005332041　用电检查人员现场执行检查任务时，应注意什么？（5 分）

考核知识点：违约用电、窃电的查处

难易度：中

标准答案：

用电检查人员在执行检查任务时，现场用电检查人员不得少于两人，现场检查确认有窃电行为的，检查人员必须当场调查、取证，并下达《违约用电、窃电通知书》一式两份，由客户代表签收，一份送达客户，另一份作为处理依据存档备查。

Jb0005332042　检查人员现场发现窃电行为应怎么做？（5 分）

考核知识点：违约用电、窃电的查处

难易度：中

标准答案：

检查人员发现窃电行为应保护现场，及时采取拍照、摄像、录音等手段收集证据，收缴与窃电有关的物证（对不易移动的物证应进行拍照）并及时登记备案。对于窃电工具、窃电痕迹、计量表计等需要鉴定的，检查人员应予以封存。鉴定单位或机关进行鉴定后出具的书面鉴定结论应及时登记备案。

Jb0005332043　写出三相四线制三表法测量有功功率的公式。（5 分）

考核知识点：违约用电、窃电的查处

难易度：中

标准答案：

三相四线制三表法有功功率测量为三个单相功率之和。其表达式为

$$P=U_{\mathrm{A}}I_{\mathrm{A}}\cos\varphi_{\mathrm{A}}+U_{\mathrm{B}}I_{\mathrm{B}}\cos\varphi_{\mathrm{B}}+U_{\mathrm{C}}I_{\mathrm{C}}\cos\varphi_{\mathrm{C}}$$

Jb0005332044　某水泥厂 10kV 供电，合同约定容量为 1000kVA。供电企业 2019 年 5 月份抄表时发现该客户在计量装置后私自接入一台容量为 100kW 的高压电动机。至发现之日止，客户已经使用 3 个月，供电企业应如何处理？［基本电价 20 元/（kVA·月）］（5 分）

考核知识点：窃电及违约用电的规定及处罚依据

难易度：中

标准答案：

根据《供电营业规则》，该客户属于私自增容违约用电行为，应做如下处理：

补收基本电费：$100\times20\times3=6000$（元）

违约使用电费：$6000\times3=18\,000$（元）

拆除私接高压电动机，若客户要求继续使用，则按新装增容办理。

Jb0006331045　工具、机具、材料、备品配件、试验仪器和仪表的准备有哪些？（5 分）

考核知识点：低压设备检修前的准备

难易度：易

标准答案：

（1）工具、机具应使用专用工具，保证齐全、好用。

（2）材料、备品备件应选用合格产品，保证数量充足。

（3）各种试验仪器和仪表应选用合适型号，并在使用前进行测量试验，保证各种试验仪器和仪表合格、好用。

Jb0006332046　低压设备检查标准有哪些？（5分）

考核知识点：低压设备检修前的检查

难易度：中

标准答案：

（1）各种设备外壳无破损、无裂纹。

（2）各种仪表表面无破损，指针指示正确、无摆动。

（3）各种设备触头的接触平面应平整；开合顺序、动静触头分合闸距离应符合设计要求或产品技术文件的规定。

（4）各种设备触头闭合、断开过程中可动部分与其他位置不应有卡阻现象。

（5）各种开关设备应进行操作试验，保证其正常工作。

（6）断路器受潮的灭弧室安装前应烘干。

（7）禁止使用淘汰型产品。

Jb0006332047　低压设备接地故障的判断、故障的处理步骤及要求有哪些？（5分）

考核知识点：低压接地故障判断、处理

难易度：中

标准答案：

（1）低压设备接地故障的判断。使用500V绝缘电阻表判断低压设备接地故障现象。

（2）低压设备接地故障的处理步骤及要求：

1）断开低压设备电源。

2）任意测量设备不同相对地绝缘电阻值，分别做好记录并比较。

3）所测得设备某相对地绝缘电阻值很小或为零，说明该设备该相存在接地现象。

4）测量时应使用缩小范围法，先测量主干路，再测量不同分支路。

5）每次测量后，应立即对设备放电。

Jb0006332048　低压设备短路故障的判断、故障的处理步骤及要求有哪些？（5分）

考核知识点：低压短路故障判断、处理

难易度：中

标准答案：

（1）低压设备短路故障的判断。使用万用表判断低压设备短路故障现象。

（2）低压设备短路故障的处理步骤及要求：

1）断开低压设备电源。

2）测量设备相间电阻值，分别做好记录并比较。

3）所测得设备某相电阻值很小或为零，说明该设备该相存在短路现象。

4）测量时应使用缩小范围法，先测量主干路设备，再测量不同分支路设备。

Jb0006332049 设备巡视检查项目有哪些？（5分）

考核知识点：低压设备检修的步骤

难易度：中

标准答案：

（1）配电变压器的巡视检查。

（2）跌落式熔断器的巡视检查。

（3）柱上开关的巡视检查。

（4）电容器的巡视检查。

（5）避雷器的巡视检查。

（6）接地装置的巡视检查。

Jb0006332050 配电设备巡视的危险点有哪些？（5分）

考核知识点：配电设备巡视的危险点分析

难易度：中

标准答案：

配电设备巡视的危险点见表Jb0006332050。

表 Jb0006332050

序号	危险点	控制措施
1	狗、蛇咬伤	巡线时应持（棍）棒，防止被狗及其他动物伤害
2	摔伤	应穿工作鞋，路面湿滑、过沟崖和翻墙时防止摔伤
3	车辆伤人	应乘坐安全的交通工具，穿行公路时应注意交通安全
4	误触断落带电导线	夜间巡视应沿线路外侧进行，大风天气应沿线路上风侧进行
5	迷失方向	偏僻山区和夜间巡视应由两人进行，并熟悉现场设备状况及周边环境
6	冻伤及中暑	暑天、大雪天必要时由两人进行巡视

Jb0006332051 跌落式熔断器的巡视内容有哪些？（5分）

考核知识点：跌落式熔断器的运行维护

难易度：中

标准答案：

（1）瓷件有无裂纹、闪络、破损及脏污。

（2）熔丝管有无起层、炭化、弯曲、变形。

（3）触头间接触是否良好，有无过热、烧损、熔化现象。

（4）各部件的组装是否良好，有无松动、脱落。

（5）引线触点连接是否良好，与各部件间距是否合适。

（6）安装是否牢固，相间距离、倾斜角是否符合规定。

（7）操动机构是否灵活，有无锈蚀现象。

Jb0006332052 跌落式熔断器的缺陷有哪些，应该怎么处理？（5分）

考核知识点：跌落式熔断器的运行维护

难易度：中

标准答案：

检查发现以下缺陷时，应及时处理：

（1）熔断器的消弧管内径扩大或受潮膨胀而失效。

（2）触头接触不良，有麻点、过热、烧损现象。

（3）触头弹簧片的弹力不足，有退火、断裂等情况。

（4）机构操作不灵活。

（5）熔断器熔丝管易跌落，上下触头不在一条直线上。

（6）熔丝容量不合适。

（7）相间距离不足 0.5m，跌落熔断器安装倾斜角超出 150°～300° 范围。

Jb0006332053　跌落式熔断器应该怎样运行维护？（5 分）

考核知识点：跌落式熔断器的运行维护

难易度：中

标准答案：

（1）熔断器具额定电流与熔体及负荷电流值是否匹配合适，若配合不当则必须进行调整。

（2）熔断器的操作须仔细认真，特别是合闸操作，用力应适当，并使动、静触头接触良好。

（3）熔管内必须使用标准熔体，禁止用铜丝、铝丝代替熔体，更不准用铜丝、铝丝等将触头绑扎住使用。

（4）对新安装或更换的熔断器，必须满足规程质量要求，熔管安装角度在 15°～30° 范围内。

（5）熔体熔断后应更换新的同规格熔体，不可将熔断后的熔体连接起来再装入熔管继续使用。

（6）对熔断器进行巡视时，如发现放电声，要尽早安排处理。

（7）配电变压器容量如发生变化，需重新核对熔体的匹配性。

Jb0006332054　变压器分接开关操作注意事项有哪些？（5 分）

考核知识点：变压器分接开关的运行维护

难易度：中

标准答案：

（1）无励磁调压变压器在变换分接时，应做多次转动，以便消除触头上的氧化膜和油污。在确认变换分接正确并锁紧后，测量绕组的直流电阻。分接变换情况应做记录。

（2）变压器有载分接开关的操作，应遵守如下规定：

1）应逐级调压，同时监视分接位置及电压、电流的变化。

2）有载调压变压器并联运行时，其调压操作应轮流逐级或同步进行。

3）有载调压变压器与无励磁调压变压器并联运行时，其分接电压应尽量靠近无励磁调压变压器的分接位置。

Jb0006332055　避雷器安装前的检查项目内容有哪些？（5 分）

考核知识点：避雷器的安装运维。

难易度：中

标准答案：

（1）避雷器额定电压与线路电压是否相同。

（2）瓷件表面是否有裂纹、破损和闪络痕迹及掉釉现象。如有破损，其破损面应在 0.5cm^2 以下，在不超过 3 处时可继续使用。

（3）将避雷器向不同方向轻轻摇动，内部应无松动的响声。

（4）检查瓷套与法兰连接处的胶合和密封情况是否良好。

Jb0006332056　简述 10kV 开关站一般检查项目及标准。（5 分）

考核知识点：开关站运行维护

难易度：中

标准答案：

（1）设备表面应清洁，无裂纹及缺损，无放电现象和放电痕迹，无异声、异味，设备运行正常。

（2）各电气连接部分无松动发热。

（3）各连接螺栓无松动、脱落现象。

（4）电气设备的相色应醒目。

（5）防护装置完好，带电显示装置配置齐全，功能完善。

（6）照明电源及开关操作电源供电正常。

（7）表计指示正常，信号灯显示正确，设备无超限额值。

Jb0006332057　配电线路巡视的周期是怎样规定的？（5 分）

考核知识点：配电线路巡视

难易度：中

标准答案：

（1）定期巡视。市区中压线路每月一次，郊区及农村中压线路每季至少一次，低压线路每季至少一次。

（2）特殊巡视。根据本单位情况制订，一般在大风、冰雹、大雪等自然天气变化较大的情况下进行。

（3）夜间巡视。一般安排在每年高峰负荷时进行，1～10kV 每年至少一次，对于新线路投运初期应进行一次。

（4）故障巡视。在发生跳闸或接地故障后，按调度或主管生产领导指令进行。

（5）监察性巡视。根据本单位情况制订，对重要线路和事故多发线路，每年至少一次。

Jb0006332058　配电线路巡视的种类都有哪些？（5 分）

考核知识点：配电线路巡视

难易度：中

标准答案：

巡视的种类一般有定期巡视、特殊巡视、夜间巡视、故障巡视、监察性巡视。

（1）定期巡视。定期巡视也叫正常巡视，由专职巡线员按规定的巡视周期巡视线路，主要是检查线路各元件运行情况，有无异常损坏现象，掌握线路及沿线的情况，并向群众做好防护宣传工作。

（2）特殊巡视。特殊巡视主要是在节日、天气突变（如导线覆冰，大雾、大风、大雪、暴风雨等特殊天气情况以及河水泛滥、山洪暴发、地震、森林起火等自然灾害）、线路过负荷以及特殊情况发生时进行。特殊巡视不一定要对全线路进行检查，只是对特殊线路的特殊地段进行检查，以便发现异常现象采取相应措施。

（3）夜间巡视。夜间巡视是利用夜间对电火花观察特别敏感的特点，有针对性地检查导线触点及各部件节点有无发热、绝缘子因污秽或裂纹而放电的现象。

（4）故障巡视。故障巡视主要是为了查明线路故障原因，找出故障点，便于及时处理并恢复送电。

（5）监察性巡视。监察性巡视由各单位负责人及技术员进行，目的是除了解线路和沿线情况，还可以对专职巡视员的工作进行检查和督导。监察性巡视可全线检查，也可对部分线路抽查。

Jb0006332059　配电线路巡视的流程有哪些？（5 分）

考核知识点：配电线路巡视

难易度：中

标准答案：

（1）核对巡视线路的技术资料，做到心中有数。

（2）根据巡视线路的自然状况，准备巡视所需的工器具。

（3）召开班前会，交代巡视范围、巡视内容，落实责任分工。

（4）做好危险点分析，采取周密的安全控制措施。

（5）学习标准化作业指导卡后，到巡视地段后核对线路名称和巡视范围，进行巡视。

Jb0006332060　配电线路杆塔巡视的要求有哪些？（5 分）

考核知识点：配电线路巡视

难易度：中

标准答案：

（1）杆塔是否倾斜，根部是否有腐蚀，基础是否缺土，有无冻鼓现象，杆塔有无被车撞、被水淹的可能性。

（2）混凝土杆是否有裂纹、水泥脱落及钢筋外露等情况，铁塔构件是否弯曲、变形、锈蚀、丢失。

（3）各部件螺栓是否松动，焊接处是否开焊或焊接不完整、锈蚀。

（4）杆号牌或警示牌是否齐全、明显。

（5）杆塔周围有无杂草及攀附物，有无鸟巢等。

Jb0006332061　配电线路导线巡视的要求有哪些？（5 分）

考核知识点：配电线路巡视

难易度：中

标准答案：

（1）各相导线弧垂是否平衡，有无过松或过紧，对地距离是否符合规程规定。

（2）导线有无断股、锈蚀、烧伤等，接头有无过热、氧化现象。

（3）跳线或引线有无断股、锈蚀、过热、氧化现象，固定是否规范。

（4）绑线有无松动、断开现象。

（5）绝缘导线外皮是否鼓包变形、受损、龟裂。

（6）导线邻近、平行、交叉跨越距离是否符合规程规定。

（7）导线上是否有杂物悬挂。

Jb0006332062　配电线路拉线巡视的要求有哪些？（5 分）

考核知识点：配电线路巡视

难易度：中

标准答案：

（1）拉线有无松弛、破股、锈蚀现象。

（2）拉线金具是否齐全，有无锈蚀、变形，连接是否可靠。

（3）水平拉线对地距离是否符合规程规定，有无妨碍交通或易被车撞等危险。

（4）拉线有无护套。

（5）拉线棒及拉线盘埋深是否符合规程规定，有无上拔，基础是否缺土。

（6）拉线是否严重锈蚀；对埋设于水田等易受腐蚀地段的拉棒应进行开挖检查；拉线、拉棒等拉线组件的强度是否满足要求。

Jb0006332063 配电线路金具及绝缘子巡视的要求有哪些？（5分）

考核知识点：配电线路巡视

难易度：中

标准答案：

（1）金具是否锈蚀、变形，固定是否可靠。

（2）开口销有无锈蚀、断裂、脱落，垫片是否齐全，螺栓是否坚固。

（3）绝缘子有无污秽、损伤、裂纹或闪络现象。

（4）绝缘子有无歪斜现象，铁脚有无锈蚀、松动、变形。

Jb0006332064 配电线路标识巡视的要求有哪些？（5分）

考核知识点：配电线路巡视

难易度：中

标准答案：

（1）杆塔编号悬挂或刷写是否规范，是否符合规程规定。

（2）警示标识是否齐全、规范，是否符合规程规定。

（3）设备标识、调度编号是否齐全、规范，是否符合规程规定，是否与图纸、系统相符。

（4）标识固定是否可靠。

Jb0006332065 配电线路对树的安全距离是多少？（5分）

考核知识点：配电线路巡视

难易度：中

标准答案：

（1）配电线路通过林区（树木）的安全距离。1～10kV配电线路通过林区应砍伐出通道，通道净宽度为导线边线向外侧水平延伸5m，当采取绝缘导线时不应小于1m。

（2）配电线路通过公园、绿化区和防护林带，导线与树木的净空距离在最大风偏情况下不应小于3m。

（3）配电线路通过果林、经济作物及城市灌木林，不应砍伐通道，但导线与树梢的距离不应小于1.5m。

Jb0006332066 配电线路故障分为哪些类型？（5分）

考核知识点：配电线路故障分类

难易度：中

标准答案：

配电线路故障分为短路和断路两种。

（1）短路。短路分为接地和相间短路。接地又分为永久性接地和瞬间接地，主要是由倒断杆、触点过热、绝缘子击穿、雷击、树碰线或外力破坏等因素导致的。相间短路又分为两相短路和三相短路，主要是由上述原因引起，但没有接地，致使两相或三相导线连接造成的。

（2）断路。由于倒断杆、触点过热、雷击或外力破坏等因素使导线断开，但未形成短路，影响正常供电。

Jb0006332067　电力电缆线路巡视的周期是怎样规定的？（5分）

考核知识点：电力电缆线路巡视的周期

难易度：中

标准答案：

（1）一般电缆线路每 3 个月至少巡视一次。根据季节和城市基建工程的特点应相应增加巡视的次数。

（2）竖井内的电缆每半年至少巡视一次。

（3）电缆终端每 3 个月至少巡视一次。

（4）特殊情况下，如暴雨、发洪水等，应进行专门的巡视。

（5）对于已暴露在外的电缆，应及时处理，并加强巡视。

（6）水底电缆线路，根据情况决定巡视周期，如敷设在河床上的可每半年一次，在潜水条件许可时应派潜水员检查，当潜水条件不允许时可采用测量河床变化情况的方法代替。

Jb0006332068　测量电力电缆绝缘电阻的步骤及注意事项有哪些？（5分）

考核知识点：电力电缆绝缘电阻测量的步骤及注意事项

难易度：中

标准答案：

（1）试验前电缆要充分放电并接地，方法是将电缆导体及电缆金属护套接地。

（2）根据被试电缆的额定电压选择适当的绝缘电阻表，并做空载和短路试验，检查仪表是否完好。

（3）若使用手摇式绝缘电阻表，应将绝缘电阻表放置在平稳的地方，将电缆终端套管表面擦净。绝缘电阻表有三个接线端子：接地端子 E、屏蔽端子 G、线路端子 L。为了减小表面泄漏，可这样接线：用电缆另一导体作为屏蔽回路，将该导体两端用金属软线连接到被测试的套管或绝缘上并缠绕几圈，再引接到绝缘电阻表的屏蔽端子上。

（4）应注意：线路端子上引出的软线处于高压状态，不可拖放在地上，应悬空。摇测方法是“先摇后搭，先撤后停”。

（5）手摇式绝缘电阻表，到达额定转速后，再搭接到被测导体上。一般在测量绝缘电阻的同时测定吸收比，故应读取 15s 和 60s 时的绝缘电阻值。

（6）每次测完绝缘电阻后都要将电缆放电、接地。电缆线路越长、绝缘状况越好，则接地时间越长，一般不少于 1min。

Jb0006332069　钢筋混凝土电杆安装前应进行哪些外观检查？（5分）

考核知识点：配电线路知识

难易度：中

标准答案：

（1）表面光洁平整，壁厚均匀，无露筋、跑浆等现象。

（2）放置地平面检查时，应无纵向裂缝，横向裂缝的宽度不应超过 0.1mm。

（3）杆身弯曲不应超过杆长的 1/1000。

Jb0006332070　配电线路设备发生哪些情况时必须迅速查明原因并及时处理？（5分）

考核知识点：配电线路基本知识

难易度：中

标准答案：

（1）断路器跳闸（不论重合是否成功）或熔断器跌落（熔丝熔断）。

（2）发生永久性接地或频发性接地。

（3）变压器一次或二次熔丝熔断。

（4）线路倒杆、断线，发生火灾、触电伤亡等意外事件。

（5）客户报告无电或电压异常。

Jb0006332071　低压配电设备操作要求有哪些？（5 分）

考核知识点：低压配电设备操作要求

难易度：中

标准答案：

（1）在低压用电设备（如充电桩、路灯、客户终端设备等）上工作，应采用工作票或派工单、任务单、工作记录、口头、电话命令等形式，口头或电话命令应留有记录。

（2）在低压用电设备上工作，需高压线路、设备配合停电时，应填用相应的工作票。

（3）在低压用电设备上停电工作前，应断开电源、取下熔丝，加锁或悬挂标示牌，确保不误合。

（4）在低压用电设备上停电工作前，应验明确无电压，方可工作。

（5）操作人员接触低压金属配电箱（表箱）前应先验电。

（6）有总断路器（开关）和分路断路器（开关）的回路停电，应先断开分路断路器（开关），后断开总断路器（开关），送电操作顺序与此相反。

（7）有刀开关和熔断器的回路停电，应先拉开刀开关，后取下熔断器，送电操作顺序与此相反。

（8）有断路器（开关）和插拔式熔断器的回路停电，应先断开断路器（开关），并在负荷侧逐相验明确无电压后，方可取下熔断器。

Jb0006332072　低压配电设备带电操作要求有哪些？（5 分）

考核知识点：低压配电设备带电操作要求

难易度：中

标准答案：

（1）低压配电设备带电工作时，应采取遮蔽有电部分等防止相间或接地短路的有效措施；若无法采取遮蔽措施，则将影响作业的有电设备停电。

（2）使用有绝缘柄的工具，其外裸的导电部位应采取绝缘措施，防止操作时相间或相对地短路。低压电气设备带电工作应戴手套、护目镜，并保持对地绝缘。禁止使用锉刀、金属尺和带有金属物的毛刷、毛掸等工具。

（3）在带电的低压配电装置上工作时，要保证人体和大地之间、人体与周围接地金属之间、人体与其他导体之间有良好的绝缘或相应的安全距离。应采取防止相间短路和单相接地的隔离措施。

Jb0006332073　箱式变电站的送电操作流程与注意事项有哪些？（5 分）

考核知识点：箱式变电站的送电操作流程以及注意事项

难易度：中

标准答案：

（1）先检查各个室，高、低压所有开关必须是断开状态。

（2）分开接地开关。

（3）把线路上 10kV 高压送到箱式变电站高压柜上。

（4）拔出操作手柄插入负荷开关分闸孔，向合闸方向旋转操作手柄，使负荷开关合上闸，合闸指示灯亮，带电指示器亮，这时变压器已经带电，关上箱式变电站高压室门。

（5）到低压进线柜前，按动合闸按钮，这时合闸指示灯亮，低压进线柜合上闸，低压室全部带电。

（6）到低压电容柜前，把转换开关转到自动投切位置，使电容柜自动补偿投切。

（7）合上出线柜各分支断路器，箱式变电站正常运行。

Jb0006332074　装设接地线的要求有哪些？（5 分）

考核知识点：装设接地线

难易度：中

标准答案：

（1）工作地点在验明确实无电后，对于可能送电或反送电至工作地点的停电设备上或停电设备可能产生感应电压的各个方面均应装设接地线。

（2）装设接地线应注意与周围的安全距离。

（3）装设接地线必须由两人进行，先接接地端，后接导体端，拆接地线时与此顺序相反。

（4）接地线应采用多股软裸铜线，其截面积应符合短路电流的要求，但不得小于 $25mm^2$；不得用单根铜（铁）丝缠绕，并应压接牢固。

Jb0006332075　接地体埋设的注意事项有哪些？（5 分）

考核知识点：接地装置

难易度：中

标准答案：

（1）在挖水平接地槽过程中，如遇大块石等障碍物可绕道避开，必须符合下列两条规定：

1）接地装置为环形者，改变后仍保持环形。

2）接地装置为放射性者，改变后仍保持放射性。

（2）铁带敷设之前应予以矫正，在直线段上不应有明显的弯曲，而且要立着敷设。

（3）在山区及土壤电阻率大的地区，尽量少用管型接地装置，而采用表面埋入式的接地装置。

（4）接地装置的连接应可靠。连接前，应清除连接部位的铁锈及其附着物。

（5）接地沟的回填宜选取无石块及其他杂物的泥土，并应夯实。在回填后的沟面应设有防沉层，其高度宜为 100～300mm。

Jb0006332076　接地引下线的基本安装要求有哪些？（5 分）

考核知识点：接地装置

难易度：中

标准答案：

（1）接地引下线的规格、与接地体的连接方式应符合设计规定。

（2）接地引下线与接地体的连接，应便于解开测量接地电阻。

（3）杆塔的接地引下线应紧靠杆身，每隔一定距离与杆身固定一次。

（4）电气设备的接地引下线必须使用有效的金属连接（不允许以设备的外壳、电杆的构件等代替）。

Jb0006332077　接地装置采用水平敷设的接地体，应符合哪些规定？（5分）

考核知识点：接地装置

难易度：中

标准答案：

（1）接地体应平直，埋深在0.7m及以下。

（2）地沟底面应平整，尽量减少石块或其他影响接地体与土壤紧密接触的杂物。

（3）倾斜地形沿地形等高线敷设。

Jb0006332078　装、拆拉线工作的主要安全措施是什么？（5分）

考核知识点：装、拆拉线工作的安全措施

难易度：中

标准答案：

（1）有防触电、防高处坠落、防倒断杆、防误登电杆、防高空坠物等安全措施。

（2）杆上有人时，禁止装、拆拉线。

（3）老旧线路拆除拉线时，必要时增加临时拉线等安全措施，防止倒断杆。

（4）转角杆、耐张杆、终端杆及跨越高速公路、铁路、河流等线路电杆的拉线装、拆工作，应增设临时拉线，防止倒断杆。

（5）对于水田、圩区、山区（大档距）电杆拉线装、拆工作，必须综合考虑地形地貌、受力平衡。

Jb0006332079　安装、更换JP柜、配电屏（以下简称屏柜）工作的主要安全措施是什么？（5分）

考核知识点：安装、更换屏柜安全措施

难易度：中

标准答案：

（1）有防触电、防高处坠落、防倒断杆、防误登电杆、防高处坠物等安全措施。

（2）拆除前，首先应断开连接至屏柜的所有电气接线，应有明显断开点，经验明确无电压后可靠接地并悬挂标示牌。

（3）屏柜金属外壳应接地良好。

（4）搬运屏柜时应统一指挥、步调一致，起立、就位过程中，应做好防止侧滑、挤压、砸碰等措施。

（5）完工后应认真检查、清理作业现场，检查接线情况，接引、恢复送电工作应严格按照操作流程进行，严禁擅自盲目送电。

Jb0006332080　当发现有人触电后，怎样让触电者脱离电源？（5分）

考核知识点：安全防护知识

难易度：中

标准答案：

（1）首先要使触电者迅速脱离电源，越快越好，因为电流作用的时间越长，伤害越重。

（2）脱离电源，就是要把触电者接触的那一部分带电设备的断路器、隔离开关或其他断路设备断开。

（3）或者设法将触电者与带电设备脱离开。

（4）在脱离电源过程中救护人员也要注意保护自身的安全。

Jb0006332081　按照电力客户性质和营销业务需要，将电力客户划分为哪几种类型？（5分）

考核知识点：电力客户用电信息采集系统

难易度：中

标准答案：

电力客户分为大型专用变压器客户（A类）、中小型专用变压器客户（B类）、三相一般工商业客户（C类）、单相一般工商业客户（D类）、居民客户（E类）、公用配电变压器考核计量点（F类）。

Jb0006332082　对终端（集中器）无法上线，主要排查影响通信的各类问题，可以从采集主站侧排查的问题包括哪些？（5分）

考核知识点：终端（集中器）

难易度：中

标准答案：

运营商未正确配置通信卡参数、终端（集中器）档案未正确建档、主站IP地址设置错误、SIM卡的运行状态。

Jb0006332083　供电企业保护电力设施的职责有哪些？（5分）

考核知识点：电力设施保护

难易度：中

标准答案：

（1）监督、检查相关法律法规的贯彻执行。

（2）开展保护电力设施的宣传教育工作。

（3）会同有关部门及沿电力线路各单位，建立群众护线组织并健全责任制。

（4）会同当地公安部门，负责所辖地区电力设施的安全保卫工作。

Jb0006332084　危害电力线路设施的行为有哪些？（5分）

考核知识点：电力设施保护

难易度：中

标准答案：

（1）向电力线路设施射击。

（2）向导线抛掷物体。

（3）在架空电力线路导线两侧各300m的区域内放风筝。

（4）擅自在导线上接用电气设备。

（5）擅自攀登杆塔或在杆塔上架设电力线、通信线、广播线，安装广播喇叭。

（6）利用杆塔、拉线作起重牵引地锚。

（7）在杆塔、拉线上拴牲畜、悬挂物体、攀附农作物。

（8）在杆塔、拉线基础的规定范围内取土、打桩、钻探、开挖或倾倒酸、碱、盐及其他有害化学物品。

（9）在杆塔内（不含杆塔与杆塔之间）或杆塔与拉线之间修筑道路。

（10）拆卸杆塔或拉线上的器材，移动、损坏永久性标志或标志牌。

Jb0006332085　哪些破坏电力设施行为应给予惩罚？（5分）

考核知识点：电力设施保护

难易度：中

标准答案：

对危害发电设施、变电设施和电力线路设施的，由电力管理部门责令改正，并赔偿损失，恢复原状，拒不改正的，处 10 000 元以下的罚款。违反规定，在依法划定的电力设施保护区内进行烧窑、烧荒、抛锚、拖锚、炸鱼、挖沙作业，危及电力设施安全的，由电力管理部门责令停止作业、恢复原状并赔偿损失，构成犯罪的，由司法机关依法追究刑事责任。

Jb0006332086　简述降低线损的运维措施，至少列举 5 条。（5 分）

考核知识点：降低线损的运维措施

难易度：中

标准答案：

（1）确定最经济的电网接线方式。

（2）提高电力网的运行电压，特别是配电变压器低压出口电压。

（3）合理安排配电网运行方式，确保电网可靠经济运行。

（4）合理分配用电负荷，提高配电变压器负荷率。

（5）治理三相不平衡。

（6）对配电网合理配置电力电容器，降低无功功率的影响。

（7）科学安排设备运维检修工作。

Jb0006332087　简述降低线损的管理措施。（5 分）

考核知识点：降低线损的运维措施

难易度：中

标准答案：

（1）建立健全组织、指标管理体系。建立健全供电所线损管理的组织、指标管理体系是统筹协调全所电力网管理工作，实行分线路、分台区进行考核的基础。要积极落实按线按台区承包管理办法，对各岗位人员应当明确职责、明确指标、明确任务，将各项指标落实到位，考核到位，只有通过层层落实责任制，严格考核兑现，才能使供电所的管理有章可循。

（2）开展好线损分析工作。电力网中电能的损失与线路的结构、负载和管理有关。通过开展线损分析，可以找出影响损失的主要因素，从中找出相应的改进措施以确保取得最佳的降耗目标和经济效益。

Jb0006332088　线损总表异常核查中主要核查内容有哪些？（5 分）

考核知识点：线损核查

难易度：中

标准答案：

（1）现场台区总表倍率与系统档案中倍率不符。

（2）现场互感器损坏，导致所采数据不准确。

（3）户变关系错误，台区档案中含有非本台区的客户。

（4）所采集总表数据与现场不一致。

（5）所采集分表数据与现场不一致。

Jb0006332089　窃电基本类型大体可分为几种？（5 分）

考核知识点：窃电方式

难易度：中

标准答案：

窃电分为欠压窃电、欠流窃电、移相窃电、扩差窃电、无表窃电。

Jb0006332090　用电信息采集系统存在哪些问题可导致在用台区无法自动建模？（5分）

考核知识点：用电采集系统

难易度：中

标准答案：

用电信息采集系统存在台区状态不为运行、台区为属性错误、为专用变压器台区、台区无台区总表或台区下没有一个低压客户可导致在用台区无法自动建模。

Jb0006332091　现场日常工作时发现窃电、违约用电应如何处理？（5分）

考核知识点：窃电相关规定

难易度：中

标准答案：

（1）现场日常工作时，发现窃电现象时，抄表员现场不得自行处理，应不惊动客户，保护好现场，及时与公司用电检查人员或班组联系，待公司有关人员到达现场取证后，方可离开。

（2）现场日常工作时，发现封印脱落、表位移动、高价低接、用电性质变化等违约用电现象时，做好相应的记录。现场作业不得自行处理和惊动电力客户，应及时与用电检查人员联系，待公司有关人员到达现场配合检查取证后方可离开，如仍有抄表工作未完成应先完成抄表工作。

Jb0006332092　简述线损分析工作的主要内容。（5分）

考核知识点：线损的定义、组成等基本内容

难易度：中

标准答案：

指标完成情况、10kV高压线损分析（含变损）、分台区低压线损分析、降低线损所做的主要工作及存在问题、下一步的降损计划。

Jb0006332093　简述线损分析的方法。（5分）

考核知识点：线损的定义、组成等基本内容

难易度：中

标准答案：

（1）应坚持分压、分线、分台区、分责任人进行统计分析。

（2）针对线损偏高或偏低的线路、台区，要排查原因、找准症结、区别轻重缓急，采取对策、分步实施，努力将偏高的线损降下来。

（3）将实际线损与理论线损进行比较，两者偏差的大小，可以看出管理上的差距，分析可能存在的问题，然后采取相应措施。

（4）与历史同期数据进行比较，看其一致性，若变化较大，应找出其影响因素，并进行定量分析。

Jb0006332094　用电信息采集系统自动建模流出计量点需具备哪些条件？（5分）

考核知识点：电力客户用电信息采集系统

难易度：中

标准答案：

（1）计量点分类为台区关口，性质为考核。

（2）计量点状态不为撤销。

（3）计量点存在采集关系。

（4）计量点级数为 1。

（5）计量点所属台区为公用变压器。

Jb0006332095　电动汽车充换电设施根据充电服务需求和服务对象的不同，可划为哪几类？（5分）

考核知识点：电动汽车充换电设施

难易度：中

标准答案：

电动汽车充换电设施根据充电服务需求和服务对象的不同，可划为城际公共充换电设施、城市公共充换电设施、专用充电站、私人充电桩。

Jb0006332096　太阳能光伏发电的优势有哪些？（5分）

考核知识点：光伏发电优势

难易度：中

标准答案：

（1）太阳能资源丰富且免费。

（2）没有会磨损、毁坏或需替换的活动部件。

（3）保持系统运转仅需很少的维护。

（4）系统为组件，可在任何地方快速安装。

（5）无噪声、无有害排放和污染气体。

Jb0006332097　电动汽车的动力电池一般有哪几种？（5分）

考核知识点：动力电池

难易度：中

标准答案：

纯电动车所需的动力电池、超级电容器、铅酸电池、以磷酸铁锂为正极的锂离子电池、以钛酸锂为负极的锂离子电池。

Jb0006332098　电动汽车有哪几种充电方式？（5分）

考核知识点：充电方式

难易度：中

标准答案：

常规充电方式、快速充电方式、无线充电方式、更换电池充电方式、移动式充电方式。

Jb0006332099　接入高压配电网的分布式电源，并网点应安装的开断设备应具备哪些特点？（5分）

考核知识点：分布式电源

难易度：中

标准答案：

接入高压配电网的分布式电源，并网点应安装的开断设备应具备：易操作、可闭锁、具有明显的断开点、可断开故障电流、电网侧应能接地。

Jb0006332100　在有分布式电源接入电网的高压配电线路、设备上停电工作，应做哪些安全措施？（5分）

考核知识点： 分布式电源

难易度： 中

标准答案：

断开分布式电源并网点的断路器（开关）、断开分布式电源并网点的隔离开关（刀闸）或熔断器、客户侧接地。

Jb0006332101《电网分布式发电项目接入配电网技术规定》中分布式发电项目具体指哪些资源综合利用发电？（5分）

考核知识点： 分布式电源

难易度： 中

标准答案：

《电网分布式发电项目接入配电网技术规定》中分布式发电项目具体指太阳能、风能、天然气、生物质能、地热能、海洋能等资源综合利用发电。

Jb0006332102　低压客户电动汽车充电设施用电申请需要提供的资料有哪些？（5分）

考核知识点： 分布式电源

难易度： 中

标准答案：

用电申请表、客户有效身份证明、固定车位产权证明或产权单位许可证明、街道办事处或物业出具同意使用充换电设施及外线接入施工的证明材料、充电桩技术参数材料。

Jb0006332103　高压客户电动汽车充电设施用电申请需要提供的资料有哪些？（5分）

考核知识点： 电动汽车充电设施

难易度： 中

标准答案：

用电申请表、客户有效身份证明、固定车位产权证明或产权单位许可证明、充电桩技术参数材料，高压客户充换电设施外线接入部分所涉及的政策处理、市政规费、青苗赔偿。

Jb0006332104　光伏并网系统主要由哪几部分组成？（5分）

考核知识点： 光伏并网系统

难易度： 中

标准答案：

光伏并网系统主要由光伏阵列、光伏控制器、并网逆变器、公共电网、监控系统组成。

Jb0006332105　太阳能光伏发电并网时对电网的影响有哪些？（5分）

考核知识点： 太阳能光伏发电

难易度：中

标准答案：

对电网规划产生影响，不同的并网方式影响各不相同，对电能质量产生影响，对继电保护的影响。

Jb0003332106 燃料电池汽车的优点有哪些？（5分）

考核知识点：燃料电池汽车

难易度：中

标准答案：

（1）零排放或接近零排放。

（2）减少了机油泄漏带来的水污染。

（3）提高了发动机燃烧效率。

（4）运行平稳、无噪声。

Jb0006332107 分布式电源分为哪几种类型？（5分）

考核知识点：电力客户用电信息采集系统

难易度：中

标准答案：

分布式电源分为以下两种类型（不含小水电）：

（1）第一类：10kV 及以下电压等级接入，且单个并网点总装机容量不超过 6000kW 的分布式电源。

（2）第二类：35kV 电压等级接入，年自发自用电量大于 50%的分布式电源；或 10kV 电压等级接入且单个并网点总装机容量超过 6000kW，年自发自用电量大于 50%的分布式电源。

Jb0006332108 分布式电源发电量如何结算？（5分）

考核知识点：分布式电源

难易度：中

标准答案：

分布式电源发电量可以全部自用、全部上网、自发自用余电上网，由客户自行选择，客户不足电量由电网提供；上、下网电量分开结算，各级供电公司均应按国家规定的电价标准全额保障性收购上网电量，为享受国家补贴的分布式电源提供补贴、计量和结算服务。

Jb0006332109 什么是充换电设施？对接入电网的充换电设施的无功补偿有何要求？（5分）

考核知识点：分布式电源

难易度：中

标准答案：

（1）充换电设施是与电动汽车发生电能交换的相关设施的总称，一般包括充电站、充换电站、电池配送中心、集中或分散布置的充电桩等。

（2）充换电设施接入电网，无功补偿装置应按照“同步设计、同步施工、同步投运、同步达标”的原则规划和设计。充电设施接入 10kV 电网的功率因数不应低于 0.95，不能满足要求的应安装就地无功补偿装置。非车载充电机功率因数不应低于 0.90，不能满足要求的应安装就地无功补偿装置。

Jb0006332110　某独立电网，其火电厂某月发电量为 10 万 kWh，厂用电电量为 4%。独立电厂内另有一座上网水电站，购电关口表当月电量为 1.5 万 kWh；另外，该电网按约定向另一供电区输出电量 3.7 万 kWh。该电网当月售电量为 6.9 万 kWh，问独立电网当月线损率为多少？（5 分）

考核知识点：线损计算

难易度：中

标准答案：

解：

（1）供电量＝发电量＋购电关口表计电量－厂用电量－输出电量＝10＋1.5－10×4%－3.7＝7.4（万kWh）

（2）线损率＝$\frac{供电量-售电量}{供电量}\times 100\%$＝（7.4－6.9）/7.4×100%＝6.76%

答：独立电网当月线损率为 6.76%。

第六章　农网配电营业工（台区经理）高级工技能操作

Jc0001342001　液压法接续导线。（100 分）

考核知识点：导线连接

难易度：中

技能等级评价专业技能考核操作工作任务书

一、任务名称

液压法接续导线。

二、适用工种

农网配电营业工（台区经理）高级工。

三、具体任务

（1）准备必要的工具及安全工器具。

（2）工作任务：液压法接续导线。

四、工作规范及要求

（1）两人操作。

（2）考核时注意人身和设备安全。

（3）工作结束后恢复原始状态。

五、考核及时间要求

（1）本考核操作时间为 15 分钟，时间到停止考评。

（2）按照技能操作记录单的操作要求进行操作。

技能等级评价专业技能考核操作评分标准

<table>
<tr><td>工种</td><td colspan="6">农网配电营业工（台区经理）</td><td>评价等级</td><td>高级工</td></tr>
<tr><td>项目模块</td><td colspan="5">工具和设备—设备运维</td><td>编号</td><td colspan="2">Jc0001342001</td></tr>
<tr><td>单位</td><td colspan="3"></td><td>准考证号</td><td colspan="2"></td><td>姓名</td><td></td></tr>
<tr><td>考试时限</td><td colspan="2">15 分钟</td><td>题型</td><td colspan="3">单项操作</td><td>题分</td><td>100 分</td></tr>
<tr><td>成绩</td><td></td><td>考评员</td><td></td><td>考评组长</td><td colspan="2"></td><td>日期</td><td></td></tr>
<tr><td>试题正文</td><td colspan="8">液压法接续导线</td></tr>
<tr><td>需要说明的问题和要求</td><td colspan="8">（1）给定条件：现场对指定型号钢芯铝绞线进行液压法连接。
（2）考场设在室内外均可，工作环境条件满足要求。
（3）正确选择合格的工具、材料。
（4）导线连接前的作业准备。
（5）导线压接程序正确、规范。
（6）压接质量符合技术要求。
（7）各项得分均扣完为止</td></tr>
</table>

续表

序号	项目名称	质量要求	满分	扣分标准	扣分原因	得分
1	工作前准备					
1.1	着装	戴安全帽，着全棉长袖工作服，戴棉质线手套，穿绝缘鞋	5	未按要求着装，每处扣2分； 着装不规范，每处扣2分； 工作过程中全程戴手套，每摘一次扣1分		
1.2	工器具材料选择	选择并做检查，型号匹配	5	选择的工具、材料与项目不符各扣1分； 漏选，每项扣2分； 未进行外观检查扣2分		
2	工作过程					
2.1	导线锯拆	根据所选钢接续管分别先后进行铝股台阶和外层铝股的切割，切割时应注意避免伤及内导线芯线，内层铝股台阶线、钢管端口线和铝管端口线划印及扎线方法正确，锯割铝股线方法及长度符合要求	15	量取尺压误差超±2mm扣2分； 未在导线、钢绞线加绑线，每处扣2分； 未划印，每处扣1分； 锯割导线操作方法不正确扣2分； 锯割后导线尺寸不对扣2分		
2.2	导线氧化膜处理	用清洁剂清除表面油垢，涂电力复合脂后用钢丝刷沿铝绞线轴线方向擦刷，长度达到要求	10	未用平锉和砂纸打磨锯口毛刺扣2分； 锯口打磨不光滑扣2分； 未用清洁剂清除表面油垢扣1分； 导线擦洗不干净扣1分； 清洗的长度不够扣1分； 未清除表面氧化膜扣1分； 接头处清洗后未涂电力复合脂扣2分		
2.3	钢接续管套入	进行液压法压接前应将割线后的线头进行试穿管；钢绞线端头向内1/2钢接续管长处画印，套入钢接续管顺序、方向、位置正确	5	未对照压接管表面标识的记号进行印记核对扣1分； 穿管顺序不正确扣1分； 穿管方向不对扣1分； 未试穿管扣2分		
2.4	钢接续管压接	压接钢模选择正确；压接顺序正确，钢芯铝绞线压接时，应先压内层钢管，再压外层铝管	15	压接钢模选择不对扣4分； 安装压接钢模顺序不对扣4分； 压接顺序错误扣15分； 压接不做停留，每次扣4分； 压接尺寸错，每项扣3分		
2.5	铝接续管压接	铝接续管套在钢接续管上的位置应两侧相等，铝接续管压接自重叠部分两端各留出10mm处分别向两端进行，压完一端再压另一端；压接时，相邻两模间应重叠5～8mm，压接钢模闭合时应留有间隙	15	压接顺序错误扣15分； 压接不做停留，或停留时间少于30s，每次扣2分； 压接尺寸错，每项扣3分； 未重叠，每处扣1分； 压接钢模闭合未留间隙扣3分		
2.6	压接质量	接续管压后的压痕应为六角形，六角形对边尺寸为接续管外径D的0.866倍，最大允许误差$S=0.866\times0.993D+0.2$（mm）；三个对边只允许有一个达到最大值；压接后接续管弯曲不应大于管长的2%，否则应修整；压接或校直后的接线管不应有裂纹，应锉掉飞边、毛刺；接续管两端导线不应有抽筋、灯笼等现象；压接后接续管两端出口处涂刷电力复合脂；压接出现锌皮脱落时应涂防锈漆或富锌漆进行防腐补强处理；工作结束，接续管上用工号钢模打印操作工号	20	超过对边范围，每处扣1分； 接续管弯曲大于管长的2%扣2分； 明显弯曲不校直的扣2分； 毛刺、飞边不做处理扣2分； 接续管有裂纹扣2分； 接续管校直后有裂纹扣2分； 导线有灯笼或抽筋扣2分； 压接出现锌皮脱落时未做处理扣3分； 接续管未打印工号扣2分		
2.7	端部涂刷	检查合格后，在压管两端涂以红丹粉油，以防水分的侵入	5	压管两端未涂红丹粉油，每处扣3分		
3	文明生产	文明工作，确保工作环境整洁，工作完成回收工器具，恢复现场	5	未收拾工作场地扣5分； 收拾场地不充分扣2分		
合计			100			

Jc0001342002 钳压法接续导线。(100 分)

考核知识点： 导线连接

难易度： 中

技能等级评价专业技能考核操作工作任务书

一、任务名称

钳压法接续导线。

二、适用工种

农网配电营业工（台区经理）高级工。

三、具体任务

（1）准备必要的工具及安全工器具。

（2）工作任务：钳压法接续导线。

四、工作规范及要求

（1）两人操作。

（2）考核时注意人身和设备安全。

（3）工作结束后恢复原始状态。

五、考核及时间要求

（1）本考核操作时间为 15 分钟，时间到停止考评。

（2）按照技能操作记录单的操作要求进行操作。

技能等级评价专业技能考核操作评分标准

工种	农网配电营业工（台区经理）					评价等级	高级工
项目模块	工具和设备—设备运维				编号	Jc0001342002	
单位			准考证号			姓名	
考试时限	15 分钟		题型	单项操作		题分	100 分
成绩		考评员		考评组长		日期	
试题正文	钳压法接续导线						
需要说明的问题和要求	（1）给定条件：现场对指定型号导线进行钳压法连接。 （2）工作环境条件满足要求。 （3）正确选择合格的工具、材料。 （4）导线连接前的作业准备。 （5）导线压接程序正确、规范。 （6）压接质量符合技术要求。 （7）各项得分均扣完为止						

序号	项目名称	质量要求	满分	扣分标准	扣分原因	得分
1	工作前准备					
1.1	着装	戴安全帽，着全棉长袖工作服，戴棉质线手套，穿绝缘鞋	5	未按要求着装，每处扣 2 分； 着装不规范，每处扣 2 分； 工作过程中全程戴手套，每摘一次扣 1 分		
1.2	工器具材料选择	选择并做检查，型号匹配	5	选择的工具、材料与项目不符各扣 1 分； 漏选，每项扣 2 分； 未进行外观检查扣 2 分		

续表

序号	项目名称	质量要求	满分	扣分标准	扣分原因	得分
2	工作过程					
2.1	导线剪断及连接部分表面除污	压接前应按导线连接质量的要求进行线头的裁剪，并绑扎好，表面进行除污	10	未在切口两侧导线加绑线扣 2 分； 表面未做处理扣 2 分； 导线擦洗不干净扣 2 分； 清洗的长度不够扣 2 分； 接头处清洗后未涂导电脂扣 2 分		
2.2	接续管外观检查及内部处理	外观符合规范要求，内部清刷方法处理正确，涂电力复合脂	10	接续管内部未进行清洗扣 5 分； 未涂电力复合脂扣 5 分		
2.3	导线端绑扎及穿管	绑扎符合工艺要求，穿管后露出管外部分不得小于 20mm	5	穿管后露出管外长度小于 20mm 扣 5 分		
2.4	钢模选择、安装	规格符合接续导线的型号	5	钢模选择不对扣 3 分； 安装钢模顺序不对扣 2 分		
2.5	导线压接	压接保证压坑的位置正确，根据已划好的压口位置，按照压接顺序一个压口一个压口地压，每压完一个坑口，保持压力 30s 左右的时间，再压第二个口，注意压坑的深度	30	压接前没划位置扣 5 分； 压接不做停留，每次扣 2 分； 压接顺序错误扣 15 分； 压接尺寸错一项扣 3 分； 压坑不够扣 5 分		
2.6	压接质量	（1）导线露出长度不大于 20mm；压接后接续管弯曲不应大于管长的 2%，否则应修整；压接或校直后的接线管不应有裂纹，应锉掉飞边、毛刺。 （2）接续管两端导线不应有抽筋、灯笼等现象。 （3）压接后接续管两端出口处、合缝处及外露部分涂刷电力复合脂；工作结束，接续管上使用钢模打印工号	20	导线露出长度每少 1mm 扣 2 分； 接续管弯曲大于管长的 2%扣 2 分； 明显弯曲不校直的扣 2 分； 毛刺、飞边不做处理扣 2 分； 导线有抽筋扣 2 分； 导线有灯笼扣 2 分； 接续管有裂纹扣 2 分； 接续管校直后有裂纹扣 2 分； 压接管出口处、合缝处及外露部分未涂刷电力复合脂各扣 2 分； 接续管未打印工号扣 2 分		
2.7	端部涂刷	检查合格后，在压管两端涂以红丹粉油，以防水分的侵入	5	压管两端未涂红丹粉油，每处扣 3 分		
3	文明生产	文明工作，确保工作环境整洁，工作完成回收工器具，恢复现场	5	未收拾工作场地扣 5 分； 收拾场地不充分扣 2 分		
合计			100			

Jc0002342003　绝缘电阻表的使用。（100 分）

考核知识点： 仪器仪表的使用

难易度： 中

技能等级评价专业技能考核操作工作任务书

一、任务名称

绝缘电阻表的使用。

二、适用工种

农网配电营业工（台区经理）高级工。

三、具体任务

（1）准备必要的工具及安全工器具。

（2）工作任务：绝缘电阻表的使用。

四、工作规范及要求

（1）单人操作。

（2）考核时注意人身和设备安全。

（3）工作结束后恢复原始状态。

五、考核及时间要求

（1）本考核操作时间为 20 分钟，时间到停止考评。

（2）按照技能操作记录单的操作要求进行操作。

技能等级评价专业技能考核操作评分标准

工种	农网配电营业工（台区经理）				评价等级	高级工
项目模块	工具和设备—工器具使用			编号	Jc0002342003	
单位		准考证号			姓名	
考试时限	20 分钟	题型	单项操作		题分	100 分
成绩		考评员		考评组长	日期	
试题正文	绝缘电阻表的使用					
需要说明的问题和要求	（1）给定条件：对现场给定被测电气设备进行绝缘电阻测量（测试环境湿度小于 80%）。 （2）正确选择绝缘电阻表。 （3）正确检查绝缘电阻表。 （4）检查被测设备。 （5）正确进行绝缘电阻测量工作。 （6）正确记录测量结果。 （7）各项得分均扣完为止					

序号	项目名称	质量要求	满分	扣分标准	扣分原因	得分
1	着装	戴安全帽，着全棉长袖工作服，戴棉质线手套，穿绝缘鞋	5	未按要求着装，每处扣 2 分； 着装不规范，每处扣 2 分		
2	绝缘电阻表的选择	测量额定电压在 500V 以下的设备时，宜选用 500～1000V 的绝缘电阻表；测量额定电压在 500V 以上的设备时，应选用 1000～2500V 的绝缘电阻表	10	绝缘电阻表电压选择错误扣 10 分		
3	检查绝缘电阻表	使用仪表要进行外观检查并做开路短路试验。试验方法：将绝缘电阻表在绝缘垫上放置水平，先使“L”“E”接线端开路，摇动手柄使转速至 120r/min 后，指针应指在“∞”位置上。然后再将“L”“E”两端子短路，轻摇发电机，指针应指在“0”位置上	10	未进行外观检查扣 2 分； 未进行开路试验扣 2 分； 未进行短路试验扣 2 分； 短路试验方法不正确扣 2 分； 开路试验方法不正确扣 2 分		
4	被测设备检查	检查设备是否处在停电状态，对具有电容的高压设备确认停电后，必须对设备充分放电后方可进行测量	5	未检查设备停电状态扣 3 分； 未对设备放电扣 2 分		
5	绝缘电阻表接线	绝缘电阻表的测试引线应选用绝缘良好的多股软线；“L”“E”两端子引线应独立并分开；“E”接线端可靠接地，“L”接线端与被测设备相连	10	绝缘电阻表引线选择错误扣 3 分； “L”“E”两端子引线缠绕扣 3 分； “L”“E”两端子接错扣 4 分		
6	绝缘电阻测试	（1）在摇测绝缘时，应使绝缘电阻表保持额定转速，一般为 120～150r/min；测试过程中摇柄转速应保持匀速，避免忽快忽慢；测试开始时先将“E”端子引线及被测设备外壳与地相连接，待转动摇柄至额定转速后，再将“L”端子引线与被测设备的测试极相碰接。 （2）待指针稳定后（一般为 1min），读取并记录电阻值；测试结束后，应先将“L”端子引线与被测设备的测试极断开，再停止摇柄转动	40	没有达到额定转速扣 10 分； 摇柄转速不均匀扣 5 分； 测试时先接线后升压扣 5 分； 未待指针稳定即读数扣 5 分； 测试结束先停止摇动（停止升压）再断开“L”端子扣 5 分； 发现指针指零仍进行遥测扣 5 分； 未申请监护人监护扣 5 分		

续表

序号	项目名称	质量要求	满分	扣分标准	扣分原因	得分
7	拆除接线	应对被试设备充分放电后方可拆除接线	5	操作顺序错误扣 5 分		
8	绝缘电阻记录	绝缘电阻表记录读数时，应同时记录当时的环境温度和湿度，便于比较不同时期的测量结果，分析测量误差的原因	10	未记录环境温度、湿度各扣 3 分； 未记录绝缘电阻值或记录错误扣 4 分； 未记录扣 10 分		
9	文明生产	文明工作，确保工作环境整洁，工作完成回收工器具，恢复现场	5	收拾场地不充分扣 2 分； 未收拾试验场地扣 5 分		
合计			100			

Jc0002342004　使用绝缘电阻表测量低压电容器绝缘电阻。（100 分）

考核知识点：仪器仪表的使用

难易度：中

技能等级评价专业技能考核操作工作任务书

一、任务名称

使用绝缘电阻表测量低压电容器绝缘电阻。

二、适用工种

农网配电营业工（台区经理）高级工。

三、具体任务

（1）准备必要的工具及安全工器具。

（2）工作任务：使用绝缘电阻表测量低压电容器绝缘电阻。

四、工作规范及要求

（1）单人操作。

（2）考核时注意人身和设备安全。

（3）工作结束后恢复原始状态。

五、考核及时间要求

（1）本考核操作时间为 20 分钟，时间到停止考评。

（2）按照技能操作记录单的操作要求进行操作。

技能等级评价专业技能考核操作评分标准

工种	农网配电营业工（台区经理）					评价等级	高级工
项目模块	工具和设备—工器具使用				编号	Jc0002342004	
单位			准考证号			姓名	
考试时限	20 分钟		题型	单项操作		题分	100 分
成绩		考评员		考评组长		日期	
试题正文	使用绝缘电阻表测量低压电容器绝缘电阻						
需要说明的问题和要求	（1）给定条件：对现场给定低压三相电容器进行绝缘电阻测量（测试环境湿度小于 80%）。 （2）正确选择绝缘电阻表。 （3）正确检查绝缘电阻表。 （4）检查待测电容器。 （5）正确进行绝缘电阻测量工作。 （6）正确记录测量结果。 （7）各项得分均扣完为止						

续表

序号	项目名称	质量要求	满分	扣分标准	扣分原因	得分
1	着装	戴安全帽，着全棉长袖工作服，戴棉质线手套，穿绝缘鞋	5	未按要求着装，每处扣2分； 着装不规范，每处扣2分		
2	绝缘电阻表的选择	测量低压电容器时，应选用500V的绝缘电阻表	10	绝缘电阻表电压选择错误扣5分； 没有选择出绝缘电阻表扣5分		
3	检查绝缘电阻表	使用仪表要进行外观检查并做开路短路试验。试验方法：将绝缘电阻表放在绝缘垫上放置水平，先使“L”“E”接线端开路，摇动手柄使转速升至120r/min后，指针应指在“∞”位置上。然后再将“L”“E”两端子短路，轻摇发电机，指针应指在“0”位置上	10	未进行外观检查扣2分； 未进行开路试验扣2分； 未进行短路试验扣2分； 短路试验方法不正确扣2分； 开路试验方法不正确扣2分		
4	电容器检查	在接触电容器的导电部分前，即使电容器已经自动放电，也必须用放电棒对电容器进行每相单独放电	5	未检查电容器停电状态扣3分； 未对电容器放电，每相扣2分		
5	绝缘电阻表接线	绝缘电阻表的测试引线应选用绝缘良好的多股软线；“L”“E”两端子引线应独立并分开；“E”接线端可靠接地，“L”接线端与电容器接线端子相连	10	绝缘电阻表引线选择错误扣3分； “L”“E”两端子引线缠绕扣3分； “L”“E”两端子接错扣4分		
6	绝缘电阻测试	（1）在遥测绝缘时，应使绝缘电阻表保持额定转速，一般为120～150r/min；测试过程中摇柄转速应保持匀速，避免忽快忽慢；测试开始时先将“E”端子引线与电容器组外壳与地相连接，待转动摇柄至额定转速后再将“L”端子引线与电容器组的测试极相碰接。 （2）待指针稳定后（一般为1min），读取并记录电阻值；测试结束后，应先将“L”端子引线与电容器的测试极断开，再停止摇柄转动	40	没有达到额定转速或过快扣10分； 摇柄转速不均匀扣5分； 测试时先接线后升压扣5分； 未待指针稳定即读数扣5分； 测试结束先停止摇动（停止升压）再断开“L”端子扣5分； 发现指针指零仍进行遥测扣5分； 未申请监护人监护扣5分		
7	拆除接线	每次应使用放电棒对电容器充分放电后方可拆除接线	5	放电棒使用方法错误扣2.5分； 未放电摘除或改变接线扣2.5分		
8	绝缘电阻记录	绝缘电阻表记录读数时，应同时记录当时的环境温度和湿度，便于比较不同时期的测量结果，分析测量误差的原因	10	未记录环境温度、湿度各扣3分； 未记录绝缘电阻值或记录错误扣4分		
9	文明生产	文明工作，确保工作环境整洁，工作完成回收工器具，恢复现场	5	收拾场地不充分扣2分； 未收拾试验场地扣5分		
合计			100			

Jc0002342005 使用绝缘电阻表测量绝缘子绝缘电阻。（100分）

考核知识点：仪器仪表的使用

难易度：中

技能等级评价专业技能考核操作工作任务书

一、任务名称

使用绝缘电阻表测量绝缘子绝缘电阻。

二、适用工种

农网配电营业工（台区经理）高级工。

三、具体任务

（1）准备必要的工具及安全工器具。

（2）工作任务：使用绝缘电阻表测量绝缘子绝缘电阻。

四、工作规范及要求

（1）单人操作。

（2）考核时注意人身和设备安全。

（3）工作结束后恢复原始状态。

五、考核及时间要求

（1）本考核操作时间为20分钟，时间到停止考评。

（2）按照技能操作记录单的操作要求进行操作。

技能等级评价专业技能考核操作评分标准

工种	农网配电营业工（台区经理）					评价等级	高级工
项目模块	工具和设备—工器具使用				编号		Jc0002342005
单位			准考证号			姓名	
考试时限	20分钟		题型	单项操作		题分	100分
成绩		考评员		考评组长		日期	
试题正文	使用绝缘电阻表测量绝缘子绝缘电阻						
需要说明的问题和要求	（1）给定条件：绝缘子外观检查及绝缘电阻测量（测试环境湿度小于80%）。 （2）正确选择绝缘电阻表。 （3）正确检查绝缘电阻表。 （4）正确检查绝缘子。 （5）正确进行绝缘电阻测量工作。 （6）各项得分均扣完为止						

序号	项目名称	质量要求	满分	扣分标准	扣分原因	得分
1	着装	戴安全帽，着全棉长袖工作服，戴棉质线手套，穿绝缘鞋	5	未按要求着装，每处扣2分； 着装不规范，每处扣2分		
2	绝缘电阻表的选择	测量绝缘子时，应选择选用2500V的绝缘电阻表	10	绝缘电阻表电压选择错误扣5分； 没有选择出绝缘电阻表扣5分		
3	检查绝缘电阻表	使用仪表要进行外观检查并做开路短路试验。试验方法：将绝缘电阻表放在绝缘垫上，先使“L”“E”接线端开路，将绝缘电阻表放置水平，摇动手柄至120r/min后，指针应指在“∞”位置上。然后再将“L”“E”两端子短路，轻摇发电机，指针应指在“0”位置上	10	未进行外观检查扣2分； 未进行开路试验扣2分； 未进行短路试验扣2分； 短路试验方法不正确扣2分； 开路试验方法不正确扣2分		
4	绝缘子检查	瓷绝缘子与铁部件结合紧密；铁部件镀锌良好，螺杆与螺母配合紧密；瓷绝缘子釉光滑，无裂纹、缺釉、斑点、烧痕和气泡等缺陷	10	未检查绝缘子与铁部件结合部位扣4分； 未检查绝缘子釉面扣4分； 检查不仔细扣2分		
5	绝缘电阻表接线	绝缘电阻表的测试引线应选用绝缘良好的多股软线；“L”“E”两端子引线应独立并分开；“E”接线端可靠接地，“L”接线端与被测线路相连	10	绝缘电阻表引线选择错误扣3分； “L”“E”两端子引线缠绕扣3分； “L”“E”两端子接错扣4分		
6	绝缘电阻测试	（1）在遥测绝缘时，应使绝缘电阻表保持额定转速，一般为120～150r/min；测试过程中摇柄转速应保持匀速，避免忽快忽慢；测试开始时先将“E”端子引线与绝缘子铁脚（地）相连接，待转动摇柄至额定转速后再将“L”端子引线与绝缘子绑线槽上的缠绕裸铝线相碰接；待指针稳定后，读取并记录电阻值。 （2）测试结束后，应先将“L”端子引线与绝缘子绑线槽缠绕裸铝线断开，再停止摇柄转动	40	没有达到额定转速扣10分； 摇柄转速不均匀扣5分； 测试时先接线后升压扣5分； 未待指针稳定即读数扣5分； 测试结束先停止摇动（停止升压）再断开“L”端子扣5分； 发现指针指零仍进行遥测扣5分； 未申请监护人监护扣5分		

续表

序号	项目名称	质量要求	满分	扣分标准	扣分原因	得分
7	绝缘电阻记录	绝缘电阻表记录读数时，应同时记录当时的环境温度和湿度，便于比较不同时期的测量结果，分析测量误差的原因	10	未记录环境温度、湿度各扣3分； 未记录绝缘电阻值或记录错误扣4分		
8	文明生产	文明工作，确保工作环境整洁，工作完成回收工器具，恢复现场	5	收拾场地不充分扣2分； 未收拾试验场地扣5分		
合计			100			

Jc0002342006 使用接地电阻测试仪测量接地电阻。(100分)

考核知识点： 仪器仪表使用

难易度： 中

技能等级评价专业技能考核操作工作任务书

一、任务名称

使用接地电阻测试仪测量接地电阻。

二、适用工种

农网配电营业工（台区经理）高级工。

三、具体任务

（1）准备必要的工具及安全工器具。

（2）工作任务：使用接地电阻测试仪测量接地电阻。

四、工作规范及要求

（1）单人操作。

（2）考核时注意人身和设备安全。

（3）工作结束后恢复原始状态

五、考核及时间要求

（1）本考核操作时间为20分钟，时间到停止考评。

（2）按照技能操作记录单的操作要求进行操作。

技能等级评价专业技能考核操作评分标准

<table>
<tr><td>工种</td><td colspan="5">农网配电营业工（台区经理）</td><td>评价等级</td><td>高级工</td></tr>
<tr><td>项目模块</td><td colspan="4">工具和设备—工器具使用</td><td>编号</td><td colspan="2">Jc0002342006</td></tr>
<tr><td>单位</td><td colspan="3"></td><td>准考证号</td><td></td><td>姓名</td><td></td></tr>
<tr><td>考试时限</td><td colspan="2">20分钟</td><td>题型</td><td colspan="2">单项操作</td><td>题分</td><td>100分</td></tr>
<tr><td>成绩</td><td></td><td>考评员</td><td></td><td>考评组长</td><td></td><td>日期</td><td></td></tr>
<tr><td>试题正文</td><td colspan="7">使用接地电阻测试仪测量接地电阻</td></tr>
<tr><td>需要说明的问题和要求</td><td colspan="7">（1）给定条件：使用接地电阻测试仪测量垂直接地装置的接地电阻（测试环境湿度小于80%）。
（2）考场设在室外，备有垂直接地装置，工作环境条件满足要求。
（3）正确选择接地电阻测试仪。
（4）正确检查接地电阻测试仪。
（5）正确检查接地装置。
（6）正确进行接地电阻测量工作。
（7）各项得分均扣完为止</td></tr>
</table>

续表

序号	项目名称	质量要求	满分	扣分标准	扣分原因	得分
1	着装	戴安全帽，着全棉长袖工作服，戴棉质线手套，穿绝缘鞋	5	未按要求着装，每处扣 2 分； 着装不规范，每处扣 2 分； 工作过程中全程戴手套，每摘一次扣 1 分		
2	接地电阻测试仪的选择	测量接地电阻时应选择合格的接地电阻测试仪	10	选择错误扣 5 分； 没有选择出接地电阻测试仪扣 5 分		
3	检查接地电阻测试仪	（1）使用仪表要进行外观检查。试验方法：将表的四个接线端子全部短接，表位放平放稳，倍率置于将要使用的一挡，调整刻度盘使“0”对准下面的基线，摇动摇把到 120r/min，检流计指针不动为良好。 （2）接地电阻测试仪不准开路摇动手柄，否则将损坏仪表	10	未检查接线端子是否齐全完好扣 2 分； 未检查表计是否完好扣 2 分； 未检查测量接地棒及引线是否完好扣 2 分； 未检查静态调零扣 2 分； 动态调零不规范扣 2 分		
4	接地装置的检查	了解接地形式及接地体长度；检查接地线是否折断、损伤或严重腐蚀、接地点土壤是否因外力影响而松动，接地体和重复接地线的连接处是否完好；测量前，应断开接地装置	5	未了解接地形式及接地体长度扣 1 分； 未检查接地线情况扣 1 分； 未断开接地装置与设备的连接扣 3 分		
5	接地电阻测试仪接线	接地电阻测试仪的测试引线应选用绝缘良好的多股软铜线；将 2 支测量接地棒分别插入离接地体 20m 与 40m 远的地下，注意，均应垂直插入地面以下 400mm 处；将被测接地极与端钮 E 相连，电位探测棒和电流探测棒分别与端钮 P、C 连接，电流极、电位极引线应保持 1m 以上的距离	15	接地电阻测试仪引线选择错误扣 1 分； 电流极、电位极相距（20mm）有误差扣 1 分； 布线方向不垂直扣 1 分； 接地棒打入土中的深度不够扣 2 分； 接地棒与土壤接触不好扣 3 分； 连接与接地棒接触应良好，否则扣 3 分； 电流极、电位极引线应保持 1m 以上的距离，否则扣 1 分； 测量引线缠绕扣 1 分； 测量引线接错扣 2 分		
6	接地电阻的测量	测量前仪表应水平放置，然后调零；根据被测接地体的电阻要求，调节好粗调旋钮；测量时，操作人员的手不得触及测量端子或测量线裸露部分；测量时，倍率开关放在最大倍率挡，慢慢摇动发电机手柄，同时调整“测量标度盘”，当指针接近中心红线时，再加快发电机的转速使其达到稳定值（120r/min），此时继续调整“测量标度盘”，直至检流计平衡，使指针稳定地指在红线位置；测试过程中摇柄转速应保持匀速，避免忽快忽慢；待指针稳定后，读取并记录电阻值；测完后，拆除接地电阻测试仪测量接线，恢复接地装置的接地线	40	测量仪表放置不平坦扣 1 分； 接地极清理不干净扣 1 分； 测量过程中未戴手套扣 2 分； 测量过程中，测量人员触及测量端子或测量线裸露部分扣 15 分； 没有达到额定转速扣 7 分； 摇柄转速不平稳扣 4 分； 调整倍率不合适扣 1 分； 未待指针稳定即读数扣 7 分； 未恢复接地装置接地线扣 2 分		
7	接地电阻记录	记录“测量标度盘”所指示的数值乘以“倍率标度盘”指示值，即为接地装置的接地电阻值；接地电阻测试仪记录读数时，应同时记录当时的环境温度和湿度，便于比较不同时期的测量结果，分析测量误差的原因	10	未记录环境温度、湿度各扣 2 分； 未记录接地电阻值或记录错误扣 3 分； 记录结果未乘以倍率扣 3 分； 未记录扣 10 分		
8	文明生产	文明工作，确保工作环境整洁，工作完成回收工器具，恢复现场	5	收拾场地不充分扣 2 分； 未收拾试验场地扣 5 分		
合计			100			

Jc0003342007　拉线上把制作。（100 分）

考核知识点： 拉线制作

难易度： 中

技能等级评价专业技能考核操作工作任务书

一、任务名称

拉线上把制作。

二、适用工种

农网配电营业工（台区经理）高级工。

三、具体任务

（1）准备必要的工具及安全工器具。

（2）工作任务：拉线上把制作。

四、工作规范及要求

（1）单人操作。

（2）考核时注意人身和设备安全。

（3）工作结束后恢复原始状态。

五、考核及时间要求

（1）本考核操作时间为30分钟，时间到停止考评。

（2）按照技能操作记录单的操作要求进行操作。

技能等级评价专业技能考核操作评分标准

<table>
<tr><td>工种</td><td colspan="5">农网配电营业工（台区经理）</td><td>评价等级</td><td>高级工</td></tr>
<tr><td>项目模块</td><td colspan="4">工具和设备—设备运维</td><td>编号</td><td colspan="2">Jc0003342007</td></tr>
<tr><td>单位</td><td colspan="3"></td><td>准考证号</td><td></td><td>姓名</td><td></td></tr>
<tr><td>考试时限</td><td colspan="2">30分钟</td><td>题型</td><td colspan="2">单项操作</td><td>题分</td><td>100分</td></tr>
<tr><td>成绩</td><td></td><td>考评员</td><td></td><td>考评组长</td><td></td><td>日期</td><td></td></tr>
<tr><td>试题正文</td><td colspan="7">拉线上把制作</td></tr>
<tr><td>需要说明的问题和要求</td><td colspan="7">（1）按规定要求进行着装。
（2）此操作由一人完成，绑扎时可有一人辅助。
（3）节约时间不加分，超时停止作业，未完成项目不得分。
（4）各项得分均扣完为止</td></tr>
</table>

序号	项目名称	质量要求	满分	扣分标准	扣分原因	得分
1	工具准备					
1.1	个人工具	钢丝钳、活动扳手等	4	漏一项扣2分		
1.2	专用工具	木棰、断线钳	4	漏一项扣2分		
2	器具准备					
2.1	扎钢绞线的铁丝	10～12号铁丝，18～20号铁丝	4	错漏一项扣2分		
2.2	钢绞线	GJ-35型	2	错漏一项扣2分		
2.3	楔形线夹	NX-1型（注意带螺栓、销钉）	4	漏螺栓、销钉各扣2分； 型号错扣3分		
3	扎铁丝以及剪断钢绞线					
3.1	用细铁丝在钢绞线剪断处两侧扎紧	切实扎紧，细铁丝不能拧断	4	视情况扣2～4分		
3.2	剪断钢绞线	操作正确，一次剪断	4	视情况扣2～4分		

续表

序号	项目名称	质量要求	满分	扣分标准	扣分原因	得分
3.3	将线夹套筒套入钢绞线	正确套入	4	套反一次扣2分，不正确扣4分		
3.4	量出弯曲部位	按尺寸要求	4	视情况扣2～4分		
3.5	弯曲钢绞线	脚踩住主线，一手拉住钢绞线头，另一手控制钢绞线弯曲部位	6	视情况扣2～6分		
3.6	放入楔子	方向正确并拉紧凑	4	视情况扣2～4分		
3.7	用木榧敲冲牢固	制作紧凑并无缝隙	5	每空1mm扣2分		
3.8	按要求绑扎钢线短头	每圈铁丝都扎紧	5	每一圈不紧扣1分		
		铁丝两端头绞紧	5	不正确扣5分		
		铁丝绞头弯进两钢线中间	5	视情况扣2～5分		
4	尾线位置和长度					
4.1	尾线位置	线夹的凸肚位置应在尾线侧	4	短头出线错误扣4分		
4.2	尾线长度	尾线露出长度为300～500mm	5	每长或短2mm扣1分		
4.3	结合部检查	钢绞线与楔子半圆弯曲结合处不得有死角和空隙	6	视情况扣2～6分		
4.4	绑线长度	短绑头绑扎尺寸为40～50mm	6	每少10mm扣2分		
5	现场操作					
5.1	操作动作	熟练连贯	6	视情况扣2～6分		
5.2	着装正确	工作服，工作胶鞋，安全帽	5	每漏一项扣2分		
5.3	清理工作现场	符合文明生产要求	4	视情况扣1～4分		
合计			100			

Jc0003342008　拉线下把制作。（100分）

考核知识点：拉线制作

难易度：中

技能等级评价专业技能考核操作工作任务书

一、任务名称

拉线下把制作。

二、适用工种

农网配电营业工（台区经理）高级工。

三、具体任务

（1）准备必要的工具及安全工器具。

（2）工作任务：拉线下把制作。

四、工作规范及要求

（1）单人操作。

（2）考核时注意人身和设备安全。

（3）工作结束后恢复原始状态。

五、考核及时间要求

（1）本考核操作时间为30分钟，时间到停止考评。

（2）按照技能操作记录单的操作要求进行操作。

技能等级评价专业技能考核操作评分标准

工种	农网配电营业工（台区经理）			评价等级	高级工
项目模块	工具和设备—设备运维		编号	Jc0003342008	
单位		准考证号		姓名	
考试时限	30分钟	题型	单项操作	题分	100分
成绩	考评员		考评组长		日期
试题正文	拉线下把制作				
需要说明的问题和要求	（1）按规定要求进行着装。 （2）此操作由一人完成，绑扎时可有一人辅助。 （3）节约时间不加分，超时停止作业，未完成项目不得分。 （4）各项得分均扣完为止				

序号	项目名称	质量要求	满分	扣分标准	扣分原因	得分
1	工具准备					
1.1	个人工具	钢丝钳一把、活动扳手一把	2	错漏一项扣1分		
1.2	专用工具	木榧、断线钳	2	错漏一项扣1分		
2	器具准备					
2.1	扎钢绞线的铁丝	10～12号铁丝，18～20号铁丝	2	错漏一项扣1分		
2.2	UT型线夹	UT－1型线夹（双螺母线带平垫圈）	4	螺帽垫圈每漏一件扣1分； 型号错扣3分		
3	扎铁丝以及剪断钢绞线					
3.1	量出钢绞线的长度并在剪断处画印	长度正确，画印准确	7	长度不正确酌情扣1～4分； 没有画印扣3分		
3.2	用细铁丝在钢绞线剪断处两侧扎紧	剪断处两侧扎紧铁丝不能断	3	细铁丝拧断一次扣2； 不紧扣1分		
3.3	剪断钢绞线	操作正确，一次剪断	3	视情况扣1～3分		
4	拉线制作					
4.1	线夹套筒套入钢绞线	线夹套筒套入正确	6	套反1次扣3分		
4.2	弯曲钢绞线	脚踩住主线，一手拉住钢绞线头，另一手控制钢绞线弯曲部位进行弯曲	4	视情况扣1～4分		
4.3	放入楔子	方向正确并拉紧凑	4	视情况扣1～4分		
4.4	用木榧敲打	牢固，无缝隙	4	视情况扣1～4分		
4.5	安装UT型线夹	用紧线器拉紧	4	安装不上扣4分，要求返工继续进行		
4.6	按要求调整拉线	按规范要求	4	视情况扣1～4分		
4.7	紧螺母	双螺母并紧	3	视情况扣1～3分		
5	绑扎					
5.1	绑扎方法	正确（先顺钢绞线平压一段扎丝，再缠绕压紧该端头）	4	视情况扣1～4分		
5.2	扎铁丝	每圈铁丝都扎紧	4	一圈不紧扣1分		
5.3	铁丝两端头处理	两端头绞紧	3	视情况扣1～3分		
5.4	铁丝绞头处理	弯进两钢绞线中间	4	弯进不好扣4分		
6	尾线位置和长度					
6.1	尾线位置	线夹的凸肚位置应在尾线侧	5	错误扣5分		

续表

序号	项目名称	质量要求	满分	扣分标准	扣分原因	得分
6.2	尾线长度	尾线露出长度为 300～500mm	4	每差±10mm 扣 1 分		
6.3	结合部检查	钢绞线与线夹的舌扳手半圆弯曲结合处不得有死角和空隙	4	每空 1mm 扣 2 分		
6.4	绑线长度	尾线与本线绑扎长度为 40～50mm	2	每少 5mm 扣 1 分		
6.5	出丝检查	UT 型线夹双母出丝不得大于丝纹总长的 1/2	4	出丝大于丝纹总长的 1/2 扣 4 分		
7	现场操作					
7.1	操作动作	熟练连贯	5	动作不熟练扣 1～4 分		
7.2	着装正确	工作服，工作胶鞋，安全帽	3	漏一项扣 2 分		
7.3	整理工具，清理工作现场	符合文明生产要求	3	视情况扣 1～3 分		
7.4	规定时间内完成	按要求完成	3	超过时间扣 3 分； 每延长 2min 扣 1 分		
合计			100			

Jc0003342009　带绝缘子拉线制作。（100 分）

考核知识点：拉线制作

难易度：中

技能等级评价专业技能考核操作工作任务书

一、任务名称

带绝缘子拉线制作。

二、适用工种

农网配电营业工（台区经理）高级工。

三、具体任务

（1）准备必要的工具及安全工器具。

（2）工作任务：带绝缘子拉线制作。

四、工作规范及要求

（1）单人操作。

（2）考核时注意人身和设备安全。

（3）工作结束后恢复原始状态。

五、考核及时间要求

（1）本考核操作时间为 30 分钟，时间到停止考评。

（2）按照技能操作记录单的操作要求进行操作。

技能等级评价专业技能考核操作评分标准

<table>
<tr><td>工种</td><td colspan="5">农网配电营业工（台区经理）</td><td>评价等级</td><td>高级工</td></tr>
<tr><td>项目模块</td><td colspan="4">工具和设备—设备运维</td><td>编号</td><td colspan="2">Jc0003342009</td></tr>
<tr><td>单位</td><td colspan="2"></td><td>准考证号</td><td colspan="2"></td><td>姓名</td><td></td></tr>
<tr><td>考试时限</td><td>30 分钟</td><td>题型</td><td colspan="3">单项操作</td><td>题分</td><td>100 分</td></tr>
<tr><td>成绩</td><td></td><td>考评员</td><td></td><td>考评组长</td><td></td><td>日期</td><td></td></tr>
<tr><td>试题正文</td><td colspan="7">带绝缘子拉线制作</td></tr>
</table>

续表

需要说明的问题和要求	（1）按规定要求进行着装。 （2）此操作由一人完成，绑扎时可有一人辅助。 （3）节约时间不加分，超时停止作业，未完成项目不得分。 （4）各项得分均扣完为止

序号	项目名称	质量要求	满分	扣分标准	扣分原因	得分
1	工作前准备					
1.1	着装及佩戴	按规定穿戴安全帽、工作服、绝缘鞋、手套进入现场	2	着装不合理或每漏一项扣1分； 操作过程中着装不规范，每次扣1分		
1.2	选择、检查、测试及准备工器具	按操作项目选择所需工具，拉线绝缘子测试合格（不低于500MΩ），擦拭干净，并报告检查测试合格	3	选择不正确、漏选或多选，每项扣0.5分； 未对所选工具进行检查，每项扣0.5分； 未做短路和开路试验扣0.5分； 测试方法不正确或读数不准扣0.5分； 未报告扣0.5分； 未擦拭扣0.5分		
1.3	选择材料及下料	按操作项目选择钢绞线、拉线金具、10号铁线、铝包带（细铁线）	5	选取时未检查或漏选、多选，每件扣1分； 钢绞线头绑扎位置不当或质量不高，每处扣1分； 断线造成线头散花或未绑扎，每处扣2分； 下料造成大捆散乱扣5分		
2	制作上、中把					
2.1	钢绞线剪断处绑扎及断线	钢绞线断头绑扎牢固，方法正确，绑扎长度为（100±20）mm，断后的线端无松股现象，上把钢绞线剪断后应满足拉线绝缘子距装于电杆固定点不小于2500mm	5	钢绞线在剪断前不作绑扎，每处扣1分； 绑扎处松动，每处扣1分； 线头松股，每处扣1分； 绑扎尺寸，每差±10mm扣1分； 钢绞线剪断后未满足拉线绝缘子距电杆的尺寸要求，每差±100mm扣1分		
2.2	弯曲钢绞线及放入楔形舌块并拉紧、敲冲紧固	线夹套入钢绞线方向正确，钢绞线尾线出线方向应在楔形线夹的凸肚处，尾线露出总长度为（400±50）mm，钢绞线与楔形舌块半圆弯曲结合处不得有死角和间隙，受力后无滑动现象	10	楔形线夹穿入尾线端方向错，每次扣2分； 尾线出线方向未在楔形线夹的凸肚处扣2分； 尾线露出长度每差±10mm扣1分； 钢绞线与舌块间隙每超2mm扣2分； 舌块端部弯曲的钢绞线散花松股扣2分； 受力后滑动扣2分		
2.3	尾线绑扎及楔形	采用10号镀锌铁线绑扎，从楔形线夹小口端向钢绞线端头方向200mm处开始绑扎，绑扎长度为50～100mm，镀锌铁线绑扎紧密无伤痕，端部绞合三个花的小辫后剪断余线弯进于钢绞线并列处，线夹凸肚方向应一致或朝上	15	绑扎位置距楔形线夹小口端每差±10mm扣1分； 绑扎长度每差5mm扣1分； 绑扎不紧扣2分； 绑扎缝隙过大，每处扣1分； 小辫不合格扣1分； 绑扎铁线和钢绞线损伤，每处扣5分； 线夹凸肚方向不一致或朝下，每处扣2分； 楔形线夹螺栓销钉未安装扣1分； 销钉开口未掰扣1分		

续表

序号	项目名称	质量要求	满分	扣分标准	扣分原因	得分
3	安装中把绝缘子	线尾露出绝缘子部分为（600±50）mm，在主线侧将3支钢线卡子穿入尾线，第2支卡子应反向穿入；在线尾5cm处开始安装钢线卡子，要求每支卡子间的距离为15cm，必须一正一反交替安装；尾线应在拉线绝缘子的上侧；拉线绝缘子的安装要求。当设置拉线绝缘子时，在断拉线情况下拉线绝缘子距地面处不应小于2.5m	15	线尾露出绝缘子部分每超过50mm扣1分； 钢线卡子位置不正确，每处扣2分； 卡子卡反扣3分； 绝缘子安装位置（以10m电杆为准，拉线角度为45°）对地静距离小于2.5m扣5分		
4	制作下把					
4.1	弯曲钢绞线及放入UT型线夹舌块并拉紧、敲冲紧固	UT型线夹套筒套入钢绞线方向正确，钢绞线尾线出线方向应在UT型线夹的凸肚处，尾线露出总长度为300～500mm，钢绞线与UT型线夹舌块半圆弯曲结合处不得有死角和间隙，受力后无滑动现象	10	UT型线夹穿入尾线端方向错，每次扣1分； 尾线出线方向未在UT型线夹的凸肚处扣5分； 尾线露出长度每差±10mm扣1分； 钢绞线与舌块间隙每超2mm扣1分； 舌块端部弯曲的钢绞线散花松股扣1分； 受力后有滑动扣1分		
4.2	安装U形螺栓，调整拉线	正确使用紧线器使拉线或徒手刚好绷紧并能把螺帽戴上几扣，UT型线夹在双母紧固后，应露出丝扣两扣以上，但不得大于丝杆总长的1/2	10	紧线器或手扳葫芦使用不正确扣2分； 拉线过松或过紧扣2分； UT型线夹螺帽紧后位置不当扣2分； 缺少垫片备帽和备帽不紧，每项扣1分； 拉线安装不上强行拉紧扣10分； 安装过程返工，每次扣3分		
4.3	尾线绑扎	采用10号镀锌铁线绑扎从UT型线夹上帽螺母向钢绞线端头方向200mm处开始绑扎，绑扎长度为50～100mm，端部绞合三个花的小辫后剪断余线弯进于钢绞线并列处，绑扎紧密无伤痕，UT型线夹凸肚应朝上	10	绑扎位置距UT型线夹上帽螺母每差±10mm扣2分； 绑扎长度每差5mm扣2分； 绑扎不紧扣2分； 绑扎缝隙过大，每处扣1分； 小辫不合格扣1分； 绑扎铁线和钢绞线损伤，每处扣1分； 线夹凸肚朝下扣1分		
5	安全文明生产	爱护工具、节约材料，按要求进行拆装，操作现场清理干净彻底	10	严重违章操作、人身伤害、工器具的损坏、野蛮拆装，每次扣2～6分； 工作结束后未清理现场扣1分； 清理不彻底扣1分； 未将废旧的原材料放在指定的位置扣1分		
6	时间	按时完成并且安装工艺符合要求	5	提前完成每1min加分加1分，最高加5分； 超过或延时每1min扣1分，返工一项扣2分		
合计			100			

Jc0003342010　拉线制作与安装。（100分）

考核知识点：拉线制作

难易度：中

技能等级评价专业技能考核操作工作任务书

一、任务名称

拉线制作与安装。

二、适用工种

农网配电营业工（台区经理）高级工。

三、具体任务

（1）准备必要的工具及安全工器具。

（2）工作任务：拉线制作与安装。

四、工作规范及要求

（1）单人操作。

（2）考核时注意人身和设备安全。

（3）工作结束后恢复原始状态。

五、考核及时间要求

（1）本考核操作时间为45分钟，时间到停止考评。

（2）按照技能操作记录单的操作要求进行操作。

技能等级评价专业技能考核操作评分标准

工种	农网配电营业工（台区经理）					评价等级	高级工
项目模块	工具和设备—设备运维				编号	Jc0003342010	
单位			准考证号			姓名	
考试时限	45分钟		题型		单项操作	题分	100分
成绩		考评员		考评组长		日期	
试题正文	拉线制作与安装						
需要说明的问题和要求	（1）按规定要求进行着装。 （2）此操作由一人完成，绑扎时可有一人辅助。 （3）节约时间不加分，超时停止作业，未完成项目不得分。 （4）各项得分均扣完为止						

序号	项目名称	质量要求	满分	扣分标准	扣分原因	得分
1	工作前准备					
1.1	着装及佩戴	按规定穿戴安全帽、工作服、绝缘鞋、手套进入现场	2	着装不合理或每漏一项扣1分； 操作过程中着装不规范，每次扣1分		
1.2	选择、检查、测试及准备工器具	按操作项目选择所需工具，拉线绝缘子测试合格（不低于500MΩ），擦拭干净，并报告检查测试合格	3	选择不正确、漏选或多选，每项扣0.5分； 未对所选工具进行检查，每项扣0.5分； 未做短路和开路试验扣0.5分； 测试方法不正确或读数不准扣0.5分； 未报告扣0.5分； 未擦拭扣0.5分		
1.3	选择材料及下料	按操作项目选择钢绞线、拉线金具、10号铁线、铝包带（细铁线）	5	选取时未检查或漏选、多选，每件扣1分； 钢绞线头绑扎位置不当或质量不高，每处扣1分； 断线造成线头散花或未绑扎，每处扣2分； 下料造成大捆散乱扣5分		

续表

序号	项目名称	质量要求	满分	扣分标准	扣分原因	得分
2	制作上把					
2.1	钢绞线剪断处绑扎及断线	钢绞线断头绑扎牢固，方法正确，绑扎长度为（100±20）mm，断后的线端无松股现象，上把钢绞线剪断后应满足拉线绝缘子距装于电杆固定点不小于2500mm	5	钢绞线在剪断前不作绑扎，每处扣2分； 绑扎处松动，每处扣1分； 线头松股，每处扣1分； 绑扎尺寸，每差±10mm扣1分； 钢绞线剪断后未满足拉线绝缘子距电杆的尺寸要求，每差±100mm扣1分		
2.2	弯曲钢绞线及放入楔形舌块并拉紧、敲冲紧固	线夹套入钢绞线方向正确，钢绞线尾线出线方向应在楔形线夹的凸肚处，尾线露出总长度为（400±50）mm，钢绞线与楔形舌块半圆弯曲结合处不得有死角和间隙，受力后无滑动现象	10	楔形线夹穿入尾线端方向错，每次扣2分； 尾线出线方向未在楔形线夹的凸肚处扣2分； 尾线露出长度每超±10mm扣1分； 钢绞线与舌块间隙每超2mm扣1分； 舌块端部弯曲的钢绞线散花松股扣2分； 受力后滑动扣2分		
2.3	尾线绑扎及楔形	采用10号镀锌铁线绑扎，从楔形线夹小口端向钢绞线端头方向200mm处开始绑扎，绑扎长度为50～100mm，镀锌铁线绑扎紧密无伤痕，端部绞合三个花的小辫后剪断余线弯进于钢绞线并列处	10	绑扎位置距楔形线夹小口端每超±10mm扣1分； 绑扎长度每差5mm扣1分； 绑扎不紧扣1分； 绑扎缝隙过大，每处扣1分； 小辫不合格扣1分； 绑扎铁线和钢绞线损伤，每处扣2分； 线夹凸肚方向不一致或朝下，每处扣1分； 楔形线夹螺栓销钉未安装扣1分； 销钉开口未掰扣1分		
3	安装拉线	检查登高工具、杆根基础、杆身有无裂纹，登杆及下杆动作熟练，安装过程中动作规范，传递工具、材料时不碰触杆身，拉线抱箍安装位置距上方横担中心线不大于100mm、螺栓方向（面向受电侧横线路时，从左穿入；顺线路时，从送电侧穿向受电侧）正确	20	安全带、脚扣未做试验，每件扣2分； 登杆前未对杆根、杆身进行检查和报告，每项扣1分； 杆上坠落工具或材料，每件扣2分； 传递过程中碰触杆身，每次扣1分； 工作中用扳手、钳子代替手锤使用，每次扣2分； 脚扣脱落、踏板挂钩反扣5分； 抱箍安装位置偏差过大扣2分； 安装不紧扣2分； 方向歪斜扣1分； 螺栓方向错扣1分		
4	制作下把					
4.1	弯曲钢绞线及放入UT型线夹舌块并拉紧、敲冲紧固	UT型线夹套筒套入钢绞线方向正确，钢绞线尾线出线方向应在UT型线夹的凸肚处，尾线露出总长度为300～500mm，钢绞线与UT型线夹舌块半圆弯曲结合处不得有死角和间隙，受力后无滑动现象	10	UT型线夹穿入尾线端方向错每次扣1分； 尾线出线方向未在UT型线夹的凸肚处扣5分； 尾线露出长度每超±10mm扣1分； 钢绞线与舌块间隙每超2mm扣1分； 舌块端部弯曲的钢绞线散花松股扣1分； 受力后有滑动扣1分		
4.2	安装U形螺栓，调整拉线	正确使用紧线器使拉线或徒手刚好绷紧并能把螺帽戴上几扣，UT型线夹在双母紧固后，应露出丝扣两扣以上，但不得大于丝杆总长的1/2	10	紧线器或手扳葫芦使用不正确扣2分； 拉线过松或过紧扣2分； UT型线夹螺帽紧后位置不当扣2分； 缺少垫片备帽和备帽不紧，每项扣1分； 拉线安装不上强行拉紧扣10分； 安装过程返工，每次扣3分		

续表

序号	项目名称	质量要求	满分	扣分标准	扣分原因	得分
4.3	尾线绑扎	采用10号镀锌铁线绑扎，从UT型线夹上帽螺母向钢绞线端头方向200mm处开始绑扎，绑扎长度为50～100mm，端部绞合三个花的小辫后剪断余线弯进于钢绞线并列处，绑扎紧密无伤痕，UT型线夹凸肚应朝上	10	绑扎位置距UT型线夹上帽螺母每超±10mm扣2分； 绑扎长度每差5mm扣1分； 绑扎不紧扣2分； 绑扎缝隙过大，每处扣1分； 小辫不合格扣1分； 绑扎铁线和钢绞线损伤，每处扣1分； 线夹凸肚朝下扣2分		
5	安全文明生产	爱护工具、节约材料，按要求进行拆装，操作现场清理干净彻底	10	严重违章操作、人身伤害、工器具的损坏、野蛮拆装，每次扣2～6分； 工作结束后未清理现场扣1分； 清理不彻底扣1分； 未将废旧的原材料放在指定的位置扣1分		
6	时间	按时完成并且安装工艺符合要求	5	提前完成每1min加分加1分，最高加5分； 超过或延时每1min扣1分，返工一项扣2分		
合计			100			

Jc0003342011　10kV 配电线路直行耐张材料和施工工具的选择。（100 分）

考核知识点：导线架设

难易度：中

技能等级评价专业技能考核操作工作任务书

一、任务名称

10kV 配电线路直行耐张材料和施工工具的选择。

二、适用工种

农网配电营业工（台区经理）高级工。

三、具体任务

（1）准备必要的工具及安全工器具。

（2）工作任务：10kV 配电线路直行耐张材料和施工工具的选择。

四、工作规范及要求

（1）单人操作。

（2）考核时注意人身和设备安全。

（3）工作结束后恢复原始状态。

五、考核及时间要求

（1）本考核操作时间为 15 分钟，时间到停止考评。

（2）按照技能操作记录单的操作要求进行操作。

技能等级评价专业技能考核操作评分标准

工种	农网配电营业工（台区经理）					评价等级	高级工
项目模块	工具和设备—设备运维				编号	Jc0003342011	
单位			准考证号			姓名	
考试时限	15 分钟		题型	单项操作		题分	100 分
成绩		考评员		考评组长		日期	
试题正文	10kV 配电线路直行耐张材料和施工工具的选择						
需要说明的问题和要求	（1）单人操作。 （2）考核时注意人身和设备安全。 （3）工作结束后恢复原始状态。 （4）各项得分均扣完为止						

序号	项目名称	质量要求	满分	扣分标准	扣分原因	得分
1	现场分析	根据要求说出各部分材料和型号等材料依据	15	叙述不清，每项扣 3 分		
2	工具选择	选取合适的工具	15	缺该项内容扣 15 分； 内容不全，每项扣 3 分； 选取不合适扣 2 分		
3	材料选择	选取合适的材料	30	内容不全，每项扣 5 分		
		各部分材料作用	30	叙述错误，每项扣 5 分； 表述不清扣 3 分		
4	清理现场	工作结束后清理考试现场	5	缺该项内容扣 5 分； 未清理干净扣 2 分		
5	考试时间	到时结束工作	5	超时结束工作扣 5 分		
合计			100			

Jc0003342012　低压架空配电线路终端杆材料和施工工具的选择。（100 分）

考核知识点：线路架设

难易度：中

技能等级评价专业技能考核操作工作任务书

一、任务名称

低压架空配电线路终端杆材料和施工工具的选择。

二、适用工种

农网配电营业工（台区经理）高级工。

三、具体任务

（1）准备必要的工具及安全工器具。

（2）工作任务：低压架空配电线路终端杆材料和施工工具的选择。

四、工作规范及要求

（1）单人操作。

（2）考核时注意人身和设备安全。

（3）工作结束后恢复原始状态。

五、考核及时间要求

（1）本考核操作时间为 15 分钟，时间到停止考评。

（2）按照技能操作记录单的操作要求进行操作。

技能等级评价专业技能考核操作评分标准

工种	农网配电营业工（台区经理）					评价等级	高级工
项目模块	工具和设备—设备运维				编号	Jc0003342012	
单位			准考证号			姓名	
考试时限	15分钟		题型	单项操作		题分	100分
成绩		考评员		考评组长		日期	
试题正文	低压架空配电线路终端杆材料和施工工具的选择						
需要说明的问题和要求	（1）单人操作。 （2）考核时注意人身和设备安全。 （3）工作结束后恢复原始状态。 （4）各项得分均扣完为止						

序号	项目名称	质量要求	满分	扣分标准	扣分原因	得分
1	现场分析	根据要求说出各部分材料和型号等材料依据	15	叙述不清，每项扣3分		
2	工具选择	选取合适的工具	15	缺该项内容扣15分； 内容不全，每项扣3分； 选取不合适扣2分		
3	材料选择	选取合适的材料	30	内容不全，每项扣5分		
		各部分材料作用	30	叙述错误，每项扣5分； 表述不清扣3分		
4	清理现场	工作结束后清理考试现场	5	缺该项内容扣5分； 未清理干净扣2分		
5	考试时间	到时结束工作	5	超时结束工作扣5分		
合计			100			

Jc0003342013　现场安装低压隔离开关。（100分）

考核知识点：开关安装

难易度：中

技能等级评价专业技能考核操作工作任务书

一、任务名称

现场安装低压隔离开关。

二、适用工种

农网配电营业工（台区经理）高级工。

三、具体任务

（1）准备必要的工具及安全工器具。

（2）工作任务：现场安装低压隔离开关。

四、工作规范及要求

（1）单人操作。

（2）考核时注意人身和设备安全。

（3）工作结束后恢复原始状态。

五、考核及时间要求

（1）本考核操作时间为45分钟，时间到停止考评。

（2）按照技能操作记录单的操作要求进行操作。

技能等级评价专业技能考核操作评分标准

工种	农网配电营业工（台区经理）			评价等级	高级工
项目模块	工具和设备—设备运维		编号		Jc0003342013
单位		准考证号		姓名	
考试时限	45 分钟	题型	单项操作	题分	100 分
成绩		考评员		考评组长		日期	
试题正文	现场安装低压隔离开关				
需要说明的问题和要求	（1）给定条件：在 1.5m 的设备台架上现场安装低压隔离开关。 （2）低压隔离开关经运输到达现场，试验环境条件满足要求。 （3）正确核对低压隔离开关元器件型号。 （4）选择正确安装方法。 （5）各项得分均扣完为止				

序号	项目名称	质量要求	满分	扣分标准	扣分原因	得分
1	着装	正确规范佩戴安全帽，着棉质长袖工装，穿胶鞋，棉质手套	6	未按要求着装，每处扣 2 分； 着装不规范，每处扣 2 分		
2	检查低压隔离开关					
2.1	核对隔离开关型号	核对隔离开关元件型号	6	未发现型号错误扣 3 分； 未核对扣 6 分		
2.2	外观检查	检查外观无变形、脱漆、锈蚀等现象	6	外观损伤未发现扣 3 分； 未检查扣 6 分		
2.3	瓷件检查	瓷件良好，无裂纹、破损及变形现象	6	未发现瓷件损伤扣 3 分； 未检查扣 6 分		
2.4	操动机构检查	操动机构操作及分、合闸指示正确可靠	8	未发现操动机构问题扣 4 分； 未检查扣 8 分		
2.5	触头检查	可动触头与固定触头的接触应良好	8	未发现触头接触不好问题扣 4 分； 未检查扣 8 分		
3	传递低压隔离开关至工位	用绳索传递工具、材料时，绑扎牢固	8	未用绳索扣 4 分； 绑扎不牢固扣 4 分； 未传递扣 8 分		
4	安装并固定隔离开关					
4.1	垂直安装	隔离开关一般应垂直安装	6	未垂直安装扣 3 分； 未安装扣 6 分		
4.2	安装操动机构	调节操作杆长度，使操作到位且灵活	6	安装不当扣 3 分； 未安装扣 6 分		
5	连接进、出引线					
5.1	拉开隔离开关	核拉隔离开关时，当动触头快要离开静触头时，应快速断开，然后操作至终点	6	方法不当扣 3 分； 未拉开扣 6 分		
5.2	连接低压隔离开关的进/出引线	接线应排列整齐、清晰、美观，进出线不得接错	8	接线不美观扣 4 分； 接错线扣 4 分； 未接线扣 8 分		
6	自验	装配结构外观目测、调校、接线符合设计要求	6	不规范扣 3 分； 未自验扣 6 分		
7	关合隔离开关	合闸时要保证三相同步，各相触头接触良好	8	操动机构螺栓松动、脱落扣 4 分； 操作不灵活扣 4 分； 未自验扣 8 分		
8	作业人员撤离工位	作业人员安全撤离工位	6	出现不安全现象扣 6 分		
9	清理现场	回收、清点工器具和材料，清理现场	6	收拾场地不充分扣 3 分； 未收拾场地扣 6 分		
合计			100			

Jc0003342014　现场安装低压刀开关。（100 分）

考核知识点：开关安装

难易度：中

技能等级评价专业技能考核操作工作任务书

一、任务名称

现场安装低压刀开关。

二、适用工种

农网配电营业工（台区经理）高级工。

三、具体任务

（1）准备必要的工具及安全工器具。

（2）工作任务：现场安装低压刀开关。

四、工作规范及要求

（1）单人操作。

（2）考核时注意人身和设备安全。

（3）工作结束后恢复原始状态。

五、考核及时间要求

（1）本考核操作时间为 15 分钟，时间到停止考评。

（2）按照技能操作记录单的操作要求进行操作。

技能等级评价专业技能考核操作评分标准

工种	农网配电营业工（台区经理）				评价等级	高级工
项目模块	工具和设备—设备运维			编号	Jc0003342014	
单位		准考证号			姓名	
考试时限	15 分钟	题型	单项操作		题分	100 分
成绩		考评员		考评组长	日期	
试题正文	现场安装低压刀开关					
需要说明的问题和要求	（1）给定条件：在 1.5m 的设备台架上现场安装低压刀开关。 （2）低压刀开关经运输到达现场，试验环境条件满足要求。 （3）正确核对低压刀开关元器件型号。 （4）选择正确安装方法。 （5）各项得分均扣完为止					

序号	项目名称	质量要求	满分	扣分标准	扣分原因	得分
1	着装	正确规范佩戴安全帽，着棉质长袖工装，穿胶鞋，棉质手套	6	未按要求着装，每处扣 2 分； 着装不规范，每处扣 2 分		
2	检查低压刀开关					
2.1	核对刀开关型号	核对刀开关元件型号	6	未发现型号错误扣 3 分； 未核对扣 6 分		
2.2	外观检查	检查外观无变形、脱漆、锈蚀等现象	6	外观损伤未发现扣 3 分； 未检查扣 6 分		
2.3	瓷件检查	瓷件良好，无裂纹、破损及变形现象	6	未发现瓷件损伤扣 3 分； 未检查扣 6 分		

续表

序号	项目名称	质量要求	满分	扣分标准	扣分原因	得分
2.4	操动机构检查	操动机构操作及分、合闸指示正确可靠	8	未发现操动机构问题扣3分； 未检查扣6分		
2.5	触头检查	可动触头与固定触头的接触应良好	8	未发现触头接触不好问题扣4分； 未检查扣8分		
3	传递低压刀开关至工位	用绳索传递工具、材料时，绑扎牢固	8	未用绳索扣4分； 绑扎不牢固扣4分； 未传递扣8分		
4	安装并固定刀开关					
4.1	垂直安装	刀开关一般应垂直安装	6	未垂直安装扣3分； 未安装扣6分		
4.2	安装操动机构	调节操作杆长度，使操作到位且灵活	6	安装不当扣3分； 未安装扣6分		
5	连接进、出引线					
5.1	拉开刀开关	核拉刀开关时，当动触头快要离开静触头时，应快速断开，然后操作至终点	6	方法不当扣3分； 未拉开扣6分		
5.2	连接低压刀开关的进/出引线	接线应排列整齐、清晰、美观，进出线不得接错	8	接线不美观扣4分； 接错线扣4分； 未接线扣8分		
6	自验	装配结构外观目测、调校、接线符合设计要求	6	不规范扣3分； 未自验扣6分		
7	关合刀开关	合闸时要保证三相同步，各相触头接触良好	8	操动机构螺栓松动、脱落扣4分； 操作不灵活扣4分； 未自验扣8分		
8	作业人员撤离工位	作业人员安全撤离工位	6	出现不安全现象扣6分		
9	清理现场	回收、清点工器具和材料，清理现场	6	收拾场地不充分扣3分； 未收拾场地扣6分		
合计			100			

Jc0003342015　现场安装低压交流接触器。（100分）

考核知识点：交流接触器

难易度：中

技能等级评价专业技能考核操作工作任务书

一、任务名称

现场安装低压交流接触器。

二、适用工种

农网配电营业工（台区经理）高级工。

三、具体任务

（1）准备必要的工具及安全工器具。

（2）工作任务：现场安装低压交流接触器。

四、工作规范及要求

（1）单人操作。

（2）考核时注意人身和设备安全。

（3）工作结束后恢复原始状态。

五、考核及时间要求

（1）本考核操作时间为 40 分钟，时间到停止考评。

（2）按照技能操作记录单的操作要求进行操作。

技能等级评价专业技能考核操作评分标准

工种	农网配电营业工（台区经理）					评价等级	高级工
项目模块	工具和设备—设备运维				编号	Jc0003342015	
单位			准考证号			姓名	
考试时限	40 分钟		题型	单项操作		题分	100 分
成绩		考评员		考评组长		日期	
试题正文	现场安装低压交流接触器						
需要说明的问题和要求	（1）给定条件：在 1.5m 的设备台架上现场安装低压交流接触器。 （2）低压交流接触器经运输到达现场，试验环境条件满足要求。 （3）正确核对低压交流接触器元器件型号。 （4）选择正确安装方法。 （5）各项得分均扣完为止						

序号	项目名称	质量要求	满分	扣分标准	扣分原因	得分
1	着装	正确规范佩戴安全帽，着棉质长袖工装，穿胶鞋，棉质手套	6	未按要求着装，每处扣 2 分； 着装不规范，每处扣 2 分		
2	检查低压交流接触器					
2.1	核对交流接触器型号	核对交流接触器元件型号	6	未发现型号错误扣 3 分； 未核对扣 6 分		
2.2	外观检查	衔铁表面应无锈斑、油垢；接触面应平整、清洁；可动部分应灵活、无卡阻；灭孤罩之间应有间隙；灭弧线圈绕向应正确	12	一项检查未发现问题扣 3 分； 未检查扣 12 分		
2.3	触点检查	触点的接触应紧密，固定主触点的触点杆应固定可靠	6	未发现问题扣 3 分； 未检查扣 6 分		
2.4	核对规格	电磁启动器热元件的规格应与电动机的保护特性相匹配	6	未发现不匹配问题扣 3 分； 未检查扣 6 分		
3	传递低压交流接触器至工位	用绳索传递工具、材料时，绑扎牢固	12	未用绳索扣 3 分； 绑扎不牢固扣 3 分； 未传递扣 12 分		
4	安装并固定低压交流接触器	一般应安装在垂直面上，其倾斜角度不超过 5°，否则会影响接触器的动作特性	12	未垂直安装扣 6 分； 倾斜角度超过 5° 扣 6 分； 未安装扣 12 分		
5	开断交流接触器	开断交流接触器时，当动触头快要离开静触头时，应快速断开，然后操作至终点	6	方法不当扣 3 分； 未拉开扣 6 分		
6	连接交流接触器的上下引线	接线应排列整齐、清晰、美观，进出线不得接错	12	接线不美观扣 6 分； 接错线扣 6 分； 未接线扣 12 分		
7	自验	装配结构外观目测、调校、接线符合设计要求	6	不规范扣 3 分； 未自验扣 6 分		
8	作业人员撤离工位	作业人员安全撤离工位	6	出现不安全现象扣 6 分		
9	清理现场	回收、清点工器具和材料，清理现场	10	收拾场地不充分扣 5 分； 未收拾场地扣 10 分		
合计			100			

Jc0003342016　现场安装低压断路器。（100 分）

考核知识点：设备安装

难易度：中

技能等级评价专业技能考核操作工作任务书

一、任务名称

现场安装低压断路器。

二、适用工种

农网配电营业工（台区经理）高级工。

三、具体任务

（1）准备必要的工具及安全工器具。

（2）工作任务：现场安装低压断路器。

四、工作规范及要求

（1）单人操作。

（2）考核时注意人身和设备安全。

（3）工作结束后恢复原始状态。

五、考核及时间要求

（1）本考核操作时间为 15 分钟，时间到停止考评。

（2）按照技能操作记录单的操作要求进行操作。

技能等级评价专业技能考核操作评分标准

工种	农网配电营业工（台区经理）					评价等级	高级工
项目模块	工具和设备—设备运维				编号	Jc0003342016	
单位			准考证号			姓名	
考试时限	15 分钟		题型	单项操作		题分	100 分
成绩		考评员		考评组长		日期	
试题正文	现场安装低压断路器						
需要说明的问题和要求	（1）给定条件：在 1.5m 的设备台架上现场安装 DW15 低压断路器。 （2）低压断路器经运输到达现场，试验环境条件满足要求。 （3）正确核对低压断路器元器件型号。 （4）选择正确安装方法。 （5）各项得分均扣完为止						

序号	项目名称	质量要求	满分	扣分标准	扣分原因	得分
1	着装	正确规范佩戴安全帽，着棉质长袖工装，穿胶鞋，棉质手套	6	未按要求着装，每处扣 2 分； 着装不规范，每处扣 2 分		
2	检查低压断路器					
2.1	核对断路器型号	核对断路器元件型号	6	未发现型号错误扣 3 分； 未核对扣 6 分		
2.2	外观检查	检查外观无变形、脱漆、锈蚀等现象	6	外观损伤未发现扣 3 分； 未检查扣 6 分		
2.3	绝缘体检查	绝缘体无裂纹、破损及变形现象	6	未发现绝缘体损伤扣 3 分； 未检查扣 6 分		

续表

序号	项目名称	质量要求	满分	扣分标准	扣分原因	得分
2.4	接线端子检查	接线端子良好，无脱丝、变形	6	未发现接线端子问题扣3分； 未检查扣6分		
2.5	操动机构检查	操动机构操作及分、合闸指示正确可靠	6	未发现操动机构问题扣3分； 未检查扣6分		
2.6	触头检查	可动触头与固定触头的接触应良好	6	未发现触头接触不好问题扣3分； 未检查扣6分		
3	传递断路器至工位	用绳索传递工具、材料时，绑扎牢固	6	未用绳索扣3分； 绑扎不牢固扣3分； 未传递扣6分		
4	安装并固定断路器	断路器一般应垂直安装，其倾斜角度不超过5°	12	未垂直安装扣6分； 倾斜角度超过5°扣6分； 未安装扣12分		
5	连接进、出引线					
5.1	拉开断路器	拉开断路器时，当动触头快要离开静触头时，应快速断开，然后操作至终点	6	方法不当扣3分； 未拉开扣6分		
5.2	连接断路器的进/出引线	接线应排列整齐、清晰、美观，进出线不得接错	6	接线不美观扣3分； 接错线扣3分； 未接线扣6分		
6	自验	装配结构外观目测、调校、接线符合设计要求	6	不规范扣3分； 未自验扣6分		
7	关合断路器	断路器各部分接触应紧密，安装牢靠，无卡阻、损坏现象，尤其是触点系统、灭弧系统应完好	6	操作不灵活扣3分； 未关合扣6分		
8	作业人员撤离工位	作业人员安全撤离工位	6	出现不安全现象扣6分		
9	清理现场	回收、清点工器具和材料，清理现场	10	收拾场地不充分扣5分； 未收拾场地扣10分		
合计			100			

Jc0003342017 三相电动机单向直接启动控制电路安装。（100分）

考核知识点：电动机控制

难易度：中

技能等级评价专业技能考核操作工作任务书

一、任务名称

三相电动机单向直接启动控制电路安装。

二、适用工种

农网配电营业工（台区经理）高级工。

三、具体任务

（1）准备必要的工具及安全工器具。

（2）工作任务：根据图Jc0003342017－1、图Jc0003342017－2，安装三相电动机单向直接启动控制电路。

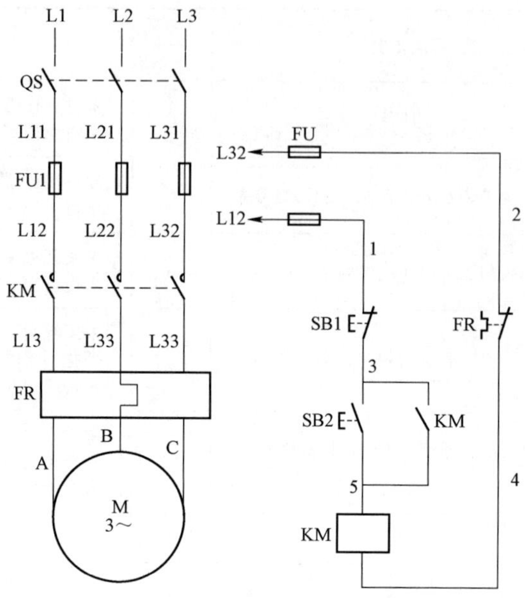

图 Jc0003342017－1

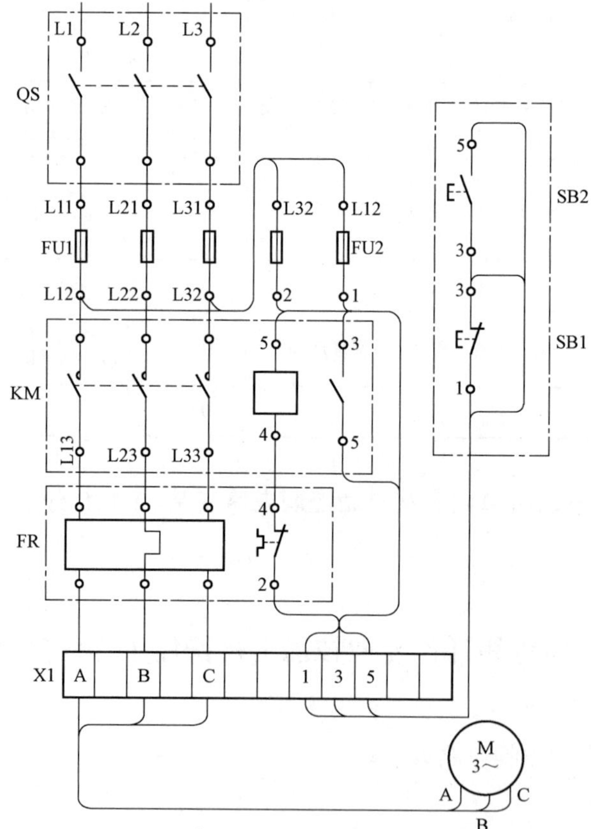

图 Jc0003342017－2

四、工作规范及要求

（1）单人操作。

（2）考核时注意人身和设备安全。

（3）工作结束后恢复原始状态。

五、考核及时间要求

（1）本考核操作时间为60分钟，时间到停止考评。

（2）按照技能操作记录单的操作要求进行操作。

技能等级评价专业技能考核操作评分标准

<table>
<tr><td>工种</td><td colspan="4">农网配电营业工（台区经理）</td><td>评价等级</td><td colspan="2">高级工</td></tr>
<tr><td>项目模块</td><td colspan="3">工具和设备—设备运维</td><td>编号</td><td colspan="3">Jc0003342017</td></tr>
<tr><td>单位</td><td colspan="2"></td><td>准考证号</td><td></td><td>姓名</td><td colspan="2"></td></tr>
<tr><td>考试时限</td><td>60分钟</td><td>题型</td><td colspan="2">单项操作</td><td>题分</td><td colspan="2">100分</td></tr>
<tr><td>成绩</td><td></td><td>考评员</td><td>考评组长</td><td></td><td>日期</td><td colspan="2"></td></tr>
<tr><td>试题正文</td><td colspan="7">三相电动机单向直接启动控制电路安装</td></tr>
<tr><td>需要说明的问题和要求</td><td colspan="7">（1）根据给定的三相电动机单向直接启动控制线路电气原理图和安装接线图，现场安装三相电动机单向直接启动控制电路。
（2）正确进行安装前电器元件检查。
（3）正确开展接线安装。
（4）严格执行有关规程、规范。
（5）试车过程中防止短路、触电。
（6）工作监护人一名，操作安装人一名。
（7）各项得分均扣完为止</td></tr>
</table>

<table>
<tr><td>序号</td><td>项目名称</td><td>质量要求</td><td>满分</td><td>扣分标准</td><td>扣分原因</td><td>得分</td></tr>
<tr><td>1</td><td>作业前准备</td><td>工具、元器件选择正确</td><td>3</td><td>仪表未放电扣2分；
元器件选择不当扣1分</td><td></td><td></td></tr>
<tr><td>2</td><td>导线选择</td><td>导线选择正确，按主回路BV－2.5mm²，控制回路BV－1.5mm²</td><td>2</td><td>导线选择不当扣1分</td><td></td><td></td></tr>
<tr><td>3</td><td>元器件检查</td><td>测试、检查各元器件性能方法正确，首先检查刀开关的三极触刀与静插座的接触情况：拆下接触器的灭弧罩，检查相间隔板；检查各主触点情况；按压其触点架观察动触点（包括电磁机构的衔铁、复位弹簧）的动作是否灵活；并用万用表测量电磁线圈的通断，并记下直流电阻值；测量电动机每相绕组的直流电阻值，并做记录。此外，还要认真检查热继电器。打开其盖板，检查热元件是否完好，用螺钉旋具轻轻拨动导板，观察动断触点的分断动作</td><td>15</td><td>一项未检测扣2分；
一项测试方法不当扣2分</td><td></td><td></td></tr>
<tr><td rowspan="2">4</td><td rowspan="2">安装及试运行</td><td>检查元器件安装是否牢固</td><td>5</td><td>未检查扣5分</td><td></td><td></td></tr>
<tr><td>接线正确，供电回路不得出现短路或断路</td><td>20</td><td>接线不当，供电主回路出现短路或断路扣20分</td><td></td><td></td></tr>
<tr><td>5</td><td>布线、导线接线</td><td>布线工艺符合要求，导线接头方法正确</td><td>10</td><td>布线差、凌乱扣5分；
接头方法不当扣5分</td><td></td><td></td></tr>
<tr><td>6</td><td>线路、控制检查</td><td>空操运行前，检查调试线路，检查方法正确。首先检查各接线端子处接线情况，排除虚接故障；再检查辅助电路，用万用表电阻挡（R×1）检查，接好FU2，断开QS，摘下接触器灭弧罩。做以下几项检查：
1）检查启动控制。将万用表笔跨接在刀开关QS下端子L11、L31处，应测得断路；按下SB2，应测得KM线圈的电阻值。</td><td>20</td><td>检查方法不当扣3分；
缺一项扣3分</td><td></td><td></td></tr>
</table>

续表

序号	项目名称	质量要求	满分	扣分标准	扣分原因	得分
6	线路、控制检查	2）检查自保线路。松开 SB2 后，按下 KM 触点架，使其动合辅助触点也闭合，应测得 KM 线圈的电阻值。 3）检查停车控制。在按下 SB2 或按下 KM 触头架测得 KM 线圈电阻值后，同时按下停车按钮 SB1，则应测出辅助电路由通而断。 4）检查过载保护环节。摘下热继电器盖板后，按下 SB2 测得 KM 线圈阻值，同时用小螺钉旋具缓慢向右拨动热元件自由端，在听到热继电器动断触点分断动作声音的同时，万用表应显示辅助电路由通而断	20	检查方法不当扣 3 分； 缺一项扣 3 分		
7	试运行操作	试运行一次不成功，可检查再试一次	15	一次不成功扣 4 分； 检查后再试成功扣 6 分； 不成功扣 15 分； 未试运行扣 15 分		
8	安全文明生产	严格遵守《国家电网公司电力安全工作规程（配电部分）》	5	违章作业，每次扣 1 分		
		现场清洁，工具材料摆放整齐	5	不清洁扣 3 分； 摆放凌乱扣 2 分		
合计			100			

Jc0003343018　10kV 台架式变压器高低压引线的现场安装。（100 分）

考核知识点： 变压器架设

难易度： 难

技能等级评价专业技能考核操作工作任务书

一、任务名称

10kV 台架式变压器高低压引线的现场安装。

二、适用工种

农网配电营业工（台区经理）高级工。

三、具体任务

（1）准备必要的工具及安全工器具。

（2）工作任务：10kV 台架式变压器高低压引线的现场安装。

四、工作规范及要求

（1）一人操作，一人监护。

（2）考核时注意人身和设备安全。

（3）工作结束后恢复原始状态。

五、考核及时间要求

（1）本考核操作时间为 75 分钟，时间到停止考评。

（2）按照技能操作记录单的操作要求进行操作。

技能等级评价专业技能考核操作评分标准

工种	农网配电营业工（台区经理）					评价等级	高级工
项目模块	工具和设备—设备运维				编号	Jc0003343018	
单位			准考证号			姓名	
考试时限	75 分钟		题型	单项操作		题分	100 分
成绩		考评员		考评组长		日期	
试题正文	10kV 台架式变压器高低压引线的现场安装						
需要说明的问题和要求	（1）现场安装 10kV 台架式变压器高低压引线。 （2）要求一人操作，一人监护。 （3）严格执行有关规程、规范。 （4）各项得分均扣完为止						

序号	项目名称	质量要求	满分	扣分标准	扣分原因	得分
1	工作前准备					
1.1	选择所需材料、工器具	选择与变压器容量相匹配的高低压导线、设备线夹等	5	漏选、错选一项扣 1 分		
1.2	安全着装	穿工作服，戴手套、安全帽、安全带，穿绝缘鞋	5	不按规定着装，每处扣 2 分		
2	工作过程					
2.1	登杆前检查	检查杆根和登杆工具及脚钉是否牢固	5	未检查扣 5 分		
2.2	登杆工具试验	登杆前对登杆工具进行冲击试验	5	未试验扣 5 分		
2.3	登杆	登杆动作规范、熟练，安全带使用正确	10	不熟练扣 2 分； 登杆未使用安全带扣 3 分； 中间滑落扣 5 分		
2.4	工作位置确定	杆上操作位置选择正确，安全带、吊物绳系绑固定规范	5	站位不当扣 2 分； 固定不当扣 3 分		
2.5	接线安装	（1）变压器高压引线与跌落式熔断器下端头连接牢固。 （2）变压器低压侧中性线与避雷器下端头连接牢靠，使用相应设备线夹等符合有关规定	15	连接不牢，每处扣 2 分； 未使用设备线夹扣 4 分		
2.6	导线固定	（1）高压引线与高压绝缘子绑扎方法正确，连接牢靠。 （2）低压引线与低压绝缘子绑扎方法正确，连接牢靠。 （3）变压器低压侧中性线桩头引与接地线连接牢靠	15	绑扎不正确、连接不牢扣，每处扣 2 分； 未使用设备线夹扣 4 分		
3	工作终结验收					
3.1	引线检查	引线连接操作程序正确、熟练，布线美观、松紧适当，接线相序正确	15	程序不正确扣 5 分； 连线松紧不当扣 5 分； 相序不正确扣 5 分		
3.2	安全文明生产	操作过程中无工具损伤，工作时无物件跌落，材料工具传递正确，杆上无遗留物，工作完毕清理现场，交还工器具	20	工具损伤扣 3 分； 有跌落物扣 4 分； 抛掷材料器具扣 5 分； 有遗留物扣 4 分； 未清理交还扣 4 分		
合计			100			

Jc0003342019　10kV 配电变压器接地电阻的测量。（100 分）

考核知识点：仪器仪表使用

难易度：中

技能等级评价专业技能考核操作工作任务书

一、任务名称

10kV 配电变压器接地电阻的测量。

二、适用工种

农网配电营业工（台区经理）高级工。

三、具体任务

（1）准备必要的工具及安全工器具。

（2）工作任务：10kV 配电变压器接地电阻的测量。

四、工作规范及要求

（1）一人操作，一人监护。

（2）考核时注意人身和设备安全。

（3）工作结束后恢复原始状态。

五、考核及时间要求

（1）本考核操作时间为 15 分钟，时间到停止考评。

（2）按照技能操作记录单的操作要求进行操作。

技能等级评价专业技能考核操作评分标准

<table>
<tr><td>工种</td><td colspan="5">农网配电营业工（台区经理）</td><td>评价等级</td><td>高级工</td></tr>
<tr><td>项目模块</td><td colspan="4">工具和设备—设备运维</td><td>编号</td><td colspan="2">Jc0003342019</td></tr>
<tr><td>单位</td><td colspan="2"></td><td>准考证号</td><td colspan="2"></td><td>姓名</td><td></td></tr>
<tr><td>考试时限</td><td colspan="2">15 分钟</td><td>题型</td><td colspan="2">单项操作</td><td>题分</td><td>100 分</td></tr>
<tr><td>成绩</td><td></td><td>考评员</td><td></td><td>考评组长</td><td></td><td>日期</td><td></td></tr>
<tr><td>试题正文</td><td colspan="7">10kV 配电变压器接地电阻的测量</td></tr>
<tr><td>需要说明的问题和要求</td><td colspan="7">（1）现场测量 10kV 配电变压器接地电阻。
（2）要求一人操作，一人监护。
（3）严格执行有关规程、规范。
（4）各项得分均扣完为止</td></tr>
</table>

序号	项目名称	质量要求	满分	扣分标准	扣分原因	得分
1	工作前准备					
1.1	选择所需仪器、工器具	符合工作需要	5	漏选、错选一项扣 2 分		
1.2	检查仪器	接地电阻测试表静态调零、动态调零	5	不检查扣 5 分； 不正确扣 2 分		
1.3	安全着装	穿工作服，戴手套、安全帽、安全带，穿绝缘鞋	5	不按规定着装，每处扣 2 分		
2	工作过程					
2.1	确定接地形式	查看有关图纸资料，了解接地形式及接地体长度	5	未查看扣 5 分		
2.2	断开接地装置	断开接地装置与变压器中性线的连接	5	未断开扣 5 分		
2.3	接线	接地极 E、电位探针 P、电流探针 C 三点在一直线，各相距 20m，且三点选择定位正确	15	不熟练扣 3 分； 错误一项扣 4 分		
2.4	接地棒敷设	接地棒打入土中的深度不少于接地棒长度的 3/4，并与土壤接触良好	10	深度不当扣 10 分		
2.5	测量	表上接线正确，将接地极清理干净，将接线连接好，将表平稳放于平坦处，摇转速率为 120r/min，适当选用倍率并转动转盘使指针指向零位并平稳加速使指针稳定地指向零位	15	使用不当扣 2 分； 不符合规范，每项扣 2 分		

续表

序号	项目名称	质量要求	满分	扣分标准	扣分原因	得分
2.6	读数计算电阻值	直视表盘正确读数，再测一次，要求两次测量读数基本一致，相差较大要查明原因，读数值乘以倍率计算出电阻值	15	读数错扣5分； 少测一次扣5分； 计算错误扣5分		
2.7	拆除仪表、恢复接地	拆除仪表及连线；恢复变压器与接地装置接地	10	拆法错扣5分； 未恢复扣5分		
3	安全文明生产	操作过程中无工具、仪器损坏，工作完毕清理现场，交还工器具	10	仪器、工具损坏扣5分； 未清理交还扣5分		
合计			100			

Jc0003342020 10kV 杆上避雷器及引下线的现场安装。（100 分）

考核知识点：避雷器安装

难易度：中

技能等级评价专业技能考核操作工作任务书

一、任务名称

10kV 杆上避雷器及引下线的现场安装。

二、适用工种

农网配电营业工（台区经理）高级工。

三、具体任务

（1）准备必要的工具及安全工器具。

（2）工作任务：10kV 杆上避雷器及引下线的现场安装。

四、工作规范及要求

（1）一人操作，一人监护。

（2）考核时注意人身和设备安全。

（3）工作结束后恢复原始状态。

五、考核及时间要求

（1）本考核操作时间为 60 分钟，时间到停止考评。

（2）按照技能操作记录单的操作要求进行操作。

技能等级评价专业技能考核操作评分标准

工种	农网配电营业工（台区经理）				评价等级	高级工
项目模块	工具和设备—设备运维			编号	Jc0003342020	
单位		准考证号			姓名	
考试时限	60 分钟	题型	单项操作		题分	100 分
成绩		考评员		考评组长	日期	
试题正文	10kV 杆上避雷器及引下线的现场安装					
需要说明的问题和要求	（1）现场安装 10kV 杆上避雷器及引下线。 （2）要求一人操作，一人监护。 （3）严格执行有关规程、规范。 （4）各项得分均扣完为止					

序号	项目名称	质量要求	满分	扣分标准	扣分原因	得分
1	工作前准备					
1.1	选择所需材料、工器具	符合工作需要	5	漏选、错选一项扣2分		

续表

序号	项目名称	质量要求	满分	扣分标准	扣分原因	得分
1.2	检查避雷器质量	对避雷器进行外观检查，避雷器瓷套无裂纹及放电痕迹，无破损、烧伤痕迹，接线螺栓无锈蚀，外观清洁（合成式避雷器检查合成绝缘套无皲裂和破损现象），用2500V绝缘电阻表测量绝缘电阻，其值应在1000MΩ以上	15	漏检、错检一项扣2分		
1.3	安全着装	穿工作服，戴手套、安全帽、安全带，穿绝缘鞋	5	不按规定着装，每处扣2分		
2	工作过程					
2.1	登杆前检查	检查杆根和登杆工具及脚钉是否牢固	5	未检查扣5分		
2.2	登杆工具试验	登杆前对登杆工具进行冲击试验	5	未试验扣5分		
2.3	登杆	登杆动作规范、熟练，安全带使用正确	15	不熟练扣5； 登杆未使用安全带扣5分； 中间滑落扣10分		
2.4	工作位置确定	杆上操作位置选择正确，安全带、吊物绳系绑固定规范	10	站位不当扣5分； 固定不当扣5分		
2.5	避雷器安装	（1）避雷器安装符合有关规定（整齐一致、垂直安装相间距离不少于350mm）。 （2）避雷器与横担连接牢固。 （3）避雷器与各部件引线安装美观、牢靠，使用相应设备线夹等符合有关规定	20	不符合规范扣4分； 距离不当扣4分； 接线不牢固扣4分； 未使用设备线夹扣8分		
3	安全文明生产	操作过程中无工具损伤，工作时无物件跌落，材料工具传递正确，杆上无遗留物，工作完毕清理现场，交还工器具	20	工具损伤扣3分； 有跌落物扣4分； 抛掷材料器具扣5分； 有遗留物扣4分； 未清理交还扣4分		
合计			100			

Jc0003342021　绝缘子绝缘电阻的测量。（100分）

考核知识点： 绝缘子检查

难易度： 中

技能等级评价专业技能考核操作工作任务书

一、任务名称

绝缘子绝缘电阻的测量。

二、适用工种

农网配电营业工（台区经理）高级工。

三、具体任务

（1）准备必要的工具及安全工器具。

（2）工作任务：绝缘子绝缘电阻的测量。

四、工作规范及要求

（1）一人操作，一人监护。

（2）考核时注意人身和设备安全。

（3）工作结束后恢复原始状态。

五、考核及时间要求

（1）本考核操作时间为60分钟，时间到停止考评。

（2）按照技能操作记录单的操作要求进行操作。

技能等级评价专业技能考核操作评分标准

<table>
<tr><td>工种</td><td colspan="5">农网配电营业工（台区经理）</td><td>评价等级</td><td colspan="2">高级工</td></tr>
<tr><td>项目模块</td><td colspan="5">工具和设备—设备运维</td><td>编号</td><td colspan="2">Jc0003342021</td></tr>
<tr><td>单位</td><td colspan="2"></td><td>准考证号</td><td colspan="2"></td><td>姓名</td><td colspan="2"></td></tr>
<tr><td>考试时限</td><td colspan="2">60分钟</td><td>题型</td><td colspan="2">单项操作</td><td>题分</td><td colspan="2">100分</td></tr>
<tr><td>成绩</td><td></td><td>考评员</td><td></td><td>考评组长</td><td></td><td>日期</td><td colspan="2"></td></tr>
<tr><td>试题正文</td><td colspan="8">绝缘子绝缘电阻的测量</td></tr>
<tr><td>需要说明的问题和要求</td><td colspan="8">（1）现场测量绝缘子的绝缘电阻。
（2）工作监护人一名，操作安装人一名。
（3）严格执行有关规程、规范。
（4）各项得分均扣完为止</td></tr>
</table>

序号	项目名称	质量要求	满分	扣分标准	扣分原因	得分
1	工作前准备					
1.1	绝缘电阻表使用前检查	检查表计，首先将两根引线相碰，慢慢摇动手柄，检查指针是否指向“0”，如不指，应调整表上的调零装置。后将两根引线分开，指针应指向“∞”	10	不检查扣10分； 不正确扣2分		
1.2	绝缘子外观检查	检查绝缘子是否完好，是否有裂纹或放电痕迹	10	不检查扣10分		
2	工作过程					
2.1	绝缘电阻表接线	绝缘电阻表“E”端接上端柱，“L”端接下端柱	10	接线错误扣10分		
2.2	测量读数	仪器放平，左手按住绝缘电阻表，右手顺时针摇动摇把，逐渐增高到120r/min，约5min读数	50	方法不正确扣12.5分； 转速不稳读数扣12.5分； 手触及接线端纽扣12.5分； 测量值不准扣12.5分		
2.3	拆除仪表连线	拆除仪表及连线，先断开“L”端线，停止摇动	10	拆法错误扣10分		
3	安全文明生产	操作过程中无工具、仪器损坏，工作完毕清理现场，交还工器具	10	仪器、工具损坏扣5分； 未清理交还扣5分		
合计			100			

Jc0003342022　10kV配电设备巡视的流程。（100分）

考核知识点：线路设备巡视

难易度：中

技能等级评价专业技能考核操作工作任务书

一、任务名称

10kV配电设备巡视的流程。

二、适用工种

农网配电营业工（台区经理）高级工。

三、具体任务

进行 10kV 配电设备巡视的流程操作。

四、工作规范及要求

（1）单人操作。

（2）考核时注意人身和设备安全。

（3）工作结束后恢复原始状态。

五、考核及时间要求

（1）本考核操作时间为 60 分钟，时间到停止考评。

（2）按照技能操作记录单的操作要求进行操作。

技能等级评价专业技能考核操作评分标准

工种	农网配电营业工（台区经理）			评价等级	高级工
项目模块	工具和设备—设备运维		编号		Jc0003342022
单位		准考证号		姓名	
考试时限	60 分钟	题型	单项操作	题分	100 分
成绩		考评员		考评组长	
日期					
试题正文	10kV 配电设备巡视的流程				
需要说明的问题和要求	（1）单人操作。 （2）考核时注意人身和设备安全。 （3）工作结束后恢复原始状态。 （4）各项得分均扣完为止				

序号	项目名称	质量要求	满分	扣分标准	扣分原因	得分
1	安排巡视任务	设备管理人员对巡线人员安排巡视任务，安排时必须明确本次巡视任务的性质（定期巡视、特殊性巡视、夜间巡视、故障性巡视），并根据现场情况提出安全注意事项。特殊巡视还应明确巡视的重点及对象	20	缺该步骤扣 20 分； 内容不全面扣 5 分； 描述不准确扣 2 分		
2	巡视准备	准备好巡视工器具和必备用品： （1）巡视前检查望远镜等工器具是否好用。 （2）巡视前应带好巡视手册和记录笔。 （3）如果夜间巡视应带好照明设施。 （4）根据实际需要，携带必要的食品及饮用水	20	缺该步骤扣 20 分； 内容不全面，缺一小项扣 5 分； 描述不准确，每项扣 1 分		
3	设备检查	巡视人员应对所分配巡视任务内的设备不遗漏地进行巡视，对于发现的设备缺陷应及时做好记录，如巡视中发现紧急缺陷时，应立即终止其他设备巡视，在做好防止行人触电的安全措施后，立即上报相关部门进行处理	20	缺该步骤扣 20 分； 内容不全面扣 5 分； 描述不准确扣 2 分		
4	巡视总结	巡视结束后，对巡视中发现的异常情况进行分类整理、汇总，如有设备变动应及时通知相关部门修改图纸	20	缺该步骤扣 20 分； 内容不全面扣 5 分； 描述不准确扣 2 分		
5	上报巡视结果	巡视人员将巡视结果总结后上报相关设备管理人员，设备管理人员填写缺陷记录，编排检修计划	20	缺该步骤扣 20 分； 内容不全面扣 5 分； 描述不准确扣 2 分		
合计			100			

Jc0003342023　电容器运行时正常巡视检查的项目及内容。（100 分）

考核知识点：线路设备巡视

难易度：中

技能等级评价专业技能考核操作工作任务书

一、任务名称

电容器运行时正常巡视检查的项目及内容。

二、适用工种

农网配电营业工（台区经理）高级工。

三、具体任务

按照电容器运行时正常巡视检查的项目及内容进行操作。

四、工作规范及要求

（1）单人操作。

（2）考核时注意人身和设备安全。

（3）工作结束后恢复原始状态。

五、考核及时间要求

（1）本考核操作时间为60分钟，时间到停止考评。

（2）按照技能操作记录单的操作要求进行操作。

技能等级评价专业技能考核操作评分标准

工种	农网配电营业工（台区经理）					评价等级	高级工
项目模块	工具和设备—设备运维				编号	Jc0003342023	
单位				准考证号		姓名	
考试时限	60分钟		题型	单项操作		题分	100分
成绩		考评员		考评组长		日期	
试题正文	电容器运行时正常巡视检查的项目及内容						
需要说明的问题和要求	（1）单人操作。 （2）考核时注意人身和设备安全。 （3）工作结束后恢复原始状态。 （4）各项得分均扣完为止						

序号	项目名称	质量要求	满分	扣分标准	扣分原因	得分
1	接受巡视任务	巡视人员认真听取设备管理人员安排的巡视任务的性质、巡视的重点和对象以及交代的安全注意事项	10	缺该项扣10分； 任务巡视重点交代不清扣2分		
2	巡视准备	准备好巡视工器具和必备用品： （1）准备检查测量仪器等工器具。 （2）应带好巡视手册和记录笔。 （3）根据实际需要，携带必要的食品及饮用水等	10	缺该项扣10分； 缺一小项扣2分		
3	巡视检查项目及内容					
3.1	对电容器进行外观巡视检查	（1）检查瓷件有无闪络、裂纹、破损和严重脏污。如有严重放电闪络立即将其退出运行。 （2）检查外壳有无鼓肚、锈蚀。如有明显异常膨胀，立即将其退出运行。 （3）检查有无渗、漏油。 （4）检查放电回路及各引线触点是否良好。如有触点熔化现象，立即将其退出运行。 （5）检查带电导体与各部的间距是否合适。 （6）检查装置有无异常的振动、声响和放电声。如有严重异常声响，立即将其退出运行	20	缺该项扣20分； 缺每小项扣3分； 每小项内容不准确扣1分		

续表

序号	项目名称	质量要求	满分	扣分标准	扣分原因	得分
3.2	检查接地装置	检查接地装置是否良好，有无锈蚀、断裂	10	缺该项扣 10 分； 内容不准确扣 2 分		
3.3	检查开关、熔断器	检查开关、熔断器是否正常、完好，并联电容器的单台熔丝是否熔断	10	缺该项扣 10 分； 内容不准确扣 2 分		
3.4	外部环境温度检查	检查环境温度和电容器设备温度：环境温度不应超过 40℃；运行中电容器芯子最热点温度不超过 60℃，电容器外壳温度不得超过 55℃。当室内环境温度超过 40℃或电容器外壳温度超过 55℃时，立即将其退出运行	10	缺该项扣 10 分； 内容不准确扣 5 分		
3.5	检查自动投切装置	检查自动投切装置动作正确，自动投切装置发生故障，应将自动装置退出运行，并将自动投切改为手动投切	10	缺该项扣 10 分； 内容不准确扣 5 分		
4	巡视总结	巡视结束后，对巡视中发现的异常情况，上报相关设备管理人员，由设备管理人员填写缺陷记录，编排检修计划，传递给检修班组消缺	10	缺该项扣 10 分； 内容不准确扣 5 分		
5	巡视检查注意事项	巡视时，必须严格遵守《国家电网公司电力安全工作规程（配电部分）》关于设备巡视的有关规定，确保巡视人员安全。 巡视时如果发现危及安全的紧急情况，应立即采取防止行人触电的安全措施，并报告相关部门及领导组织处理	10	缺该项扣 10 分； 每小项内容不准确扣 2 分		
合计			100			

Jc0003342024　配电箱安装。（100 分）

考核知识点：配电箱安装

难易度：中

技能等级评价专业技能考核操作工作任务书

一、任务名称

配电箱安装。

二、适用工种

农网配电营业工（台区经理）高级工。

三、具体任务

进行配电箱安装。

四、工作规范及要求

（1）单人操作。

（2）考核时注意人身和设备安全。

（3）工作结束后恢复原始状态。

五、考核及时间要求

（1）本考核操作时间为 60 分钟，时间到停止考评。

（2）按照技能操作记录单的操作要求进行操作。

技能等级评价专业技能考核操作评分标准

工种	农网配电营业工（台区经理）				评价等级	高级工	
项目模块	工具和设备—设备运维			编号	Jc0003342024		
单位			准考证号		姓名		
考试时限	60 分钟	题型	单项操作		题分	100 分	
成绩		考评员		考评组长		日期	
试题正文	配电箱安装						
需要说明的问题和要求	（1）严格执行有关规程、规范。 （2）配电箱包括 2 条动力 380V 回路和 2 条照明 220V 回路。 （3）配电箱有负荷开关控制、单相电压和电流测量功能即可。 （4）每条动力回路负荷为 30kW，每条照明回路负荷为 2kW。 （5）可制作专用安装板完成。 （6）各项得分均扣完为止						

序号	项目名称	质量要求	满分	扣分标准	扣分原因	得分
1	着装	正确佩戴安全帽，穿工作服，穿绝缘鞋，戴手套	5	未按要求着装，每处扣 1 分； 着装不规范，每处扣 1 分		
2	工器具及材料选择	（1）工具选择正确，元器件选择正确。 （2）导线选择正确，包括导线截面、颜色	10	工具、元件选择不正确，每处扣 2 分； 导线截面选择不当扣 2 分； 颜色不当，每处扣 5 分		
3	元器件固定	（1）安装前检查元器件性能。 （2）元器件固定牢固。 （3）元器件位置布置合理	10	未对元器件进行检查，每个扣 1 分； 布局不合理，每处扣 2 分； 固定不牢，每处扣 1 分		
4	布线	（1）按照设计图纸进行布线。 （2）裁截导线长度应合适，应满足横平竖直的要求	10	布线工艺不合理扣 2 分； 不能保证横平竖直，每处扣 2 分； 裁截导线长度过长，每根扣 2 分		
5	接线	（1）导线连接必须紧固；接头连接方法正确；供电回路中不得出现短路和断路；回路跨越必须合理正确。 （2）导线接头绝缘包扎合理	30	连接不紧固，每处扣 2 分； 接头连接方法不合理，每处扣 2 分； 出现短路或断线故障，每处扣 2 分； 检查后仍出现短路或断线扣 30 分； 回路跨越方式不合理，每处扣 5 分； 接头绝缘恢复不合理，每处扣 3 分； 未恢复绝缘，每处扣 5 分		
6	检查	（1）检查熔断器熔丝是否合适。 （2）检查互感器极性是否正确。 （3）检查电流互感器变比选择是否合适，仪表指示是否正常	25	熔断器熔丝选择不当扣 5 分； 互感器极性接错扣 10 分； 互感器变比选择不合适扣 10 分		
7	整理现场	试验结束后应清理现场，将工器具摆放整齐	10	未清理现场扣 10 分； 现场整理不彻底，每项扣 3 分		
合计			100			

Jc0003342025　10kV 配电线路导线弧垂调整。（100 分）

考核知识点： 线路运行维护

难易度： 中

技能等级评价专业技能考核操作工作任务书

一、任务名称

10kV 配电线路导线弧垂调整。

二、适用工种

农网配电营业工（台区经理）高级工。

三、具体任务

进行 10kV 配电线路导线弧垂调整。

四、工作规范及要求

（1）两人操作。

（2）考核时注意人身和设备安全。

（3）工作结束后恢复原始状态。

五、考核及时间要求

（1）本考核操作时间为 60 分钟，时间到停止考评。

（2）按照技能操作记录单的操作要求进行操作。

技能等级评价专业技能考核操作评分标准

工种	农网配电营业工（台区经理）					评价等级	高级工
项目模块	工具和设备—设备运维				编号	Jc0003342025	
单位			准考证号			姓名	
考试时限	60 分钟	题型	单项操作			题分	100 分
成绩		考评员		考评组长		日期	
试题正文	10kV 配电线路导线弧垂调整						
需要说明的问题和要求	（1）按规定要求进行着装。 （2）可由多人配合操作，工作时设专人监护。 （3）雷雨、大雾、大风天气不宜进行工作。 （4）在培训专用线路上进行，架空线下无交叉跨越弱电及电力线。 （5）节约时间不加分，超时停止作业，未完成项目不得分。 （6）各项得分均扣完为止						

序号	项目名称	质量要求	满分	扣分标准	扣分原因	得分
1	着装	正确佩戴安全帽，穿工作服，穿绝缘鞋	5	没穿工作服（工作鞋）、没戴安全帽，每项扣 2 分； 帽扣带不系紧，衣、袖扣没扣，鞋带不系每项扣 1 分		
2	材料、工具准备	正确选用材料，正确选用工器具，规格数量满足工作要求	5	每缺少一项或规格不符合要求或数量每缺少一件，扣 1 分		
3	办理、宣读工作票	办理电力线路第一种工作票，现场宣读工作票	5	未办理工作票扣 5 分； 未宣读工作票扣 3 分		
4	登杆前检查及准备	登杆前检查基础、杆身、拉线是否牢固，质量是否符合要求；检查登杆工具和安全带并做冲击试验	5	登杆前检查，每缺少一项扣 2 分； 脚扣和安全带少检查一项扣 2 分； 未做冲击试验，每个扣 2 分		
5	上、下电杆	登杆动作应熟练、规范，登杆过程中应全程使用安全带	10	登杆动作不熟练扣 5 分； 未全程使用安全带扣 5 分		
6	做安全措施	登杆验电，在合适位置悬挂接地线	10	未验电扣 5 分； 验电顺序不正确扣 3 分； 未悬挂接地线或位置不合适扣 5 分； 悬挂顺序不正确扣 3 分		
7	松开导线	在一端耐张杆塔上用紧线器固定导线收紧，拆除耐张线夹，拆除直线杆导线的固定	10	紧线器应固定在横担上，否则扣 2 分； 卡线器距离耐张线夹不合适扣 2 分； 卡线器发生滑动扣 4 分； 铝包带未拆除扣 2 分		

续表

序号	项目名称	质量要求	满分	扣分标准	扣分原因	得分
8	观测弧垂	选择合适档进行弧垂观测，并利用紧线器进行调整，应同时调整两边相	15	弧垂观测档选择不合适扣4分； 调整弧垂前未检查导线质量扣4分； 两边相未同时调整扣4分； 调整后弧垂不满足要求扣3分		
9	固定导线	弧垂调整合适后与耐张绝缘子串连接，完毕后固定直线杆导线	10	未缠绕铝包带，每处扣5分； 导线固定不牢固，每处扣3分； 绑扎不符合要求，每处扣2分		
10	其他要求	杆上作业位置正确，传递物品无碰撞	10	作业位置不合适，每次扣2分； 传递物品时发生碰撞，每次扣2分		
11	安全文明生产	不能出现高空落物，工具材料不能随意乱放等	10	工器具、材料放置不当，每件次扣1分； 发生高空落物，每件次扣5分； 在施工中出现严重不安全因素取消资格		
12	现场清理	工作完毕后拆除安全措施，清理工作现场	5	未清理或清理不彻底扣5分		
合计			100			

Jc0003342026　配电线路紧线作业。（100分）

考核知识点：线路架设

难易度：中

技能等级评价专业技能考核操作工作任务书

一、任务名称

配电线路紧线作业。

二、适用工种

农网配电营业工（台区经理）高级工。

三、具体任务

进行配电线路紧线作业。

四、工作规范及要求

（1）两人操作。

（2）考核时注意人身和设备安全。

（3）工作结束后恢复原始状态。

五、考核及时间要求

（1）本考核操作时间为60分钟，时间到停止考评。

（2）按照技能操作记录单的操作要求进行操作。

技能等级评价专业技能考核操作评分标准

<table>
<tr><td>工种</td><td colspan="5">农网配电营业工（台区经理）</td><td>评价等级</td><td>高级工</td></tr>
<tr><td>项目模块</td><td colspan="4">工具和设备—设备运维</td><td>编号</td><td colspan="2">Jc0003342026</td></tr>
<tr><td>单位</td><td colspan="3"></td><td>准考证号</td><td></td><td>姓名</td><td></td></tr>
<tr><td>考试时限</td><td colspan="2">60分钟</td><td>题型</td><td colspan="2">单项操作</td><td>题分</td><td>100分</td></tr>
<tr><td>成绩</td><td></td><td>考评员</td><td></td><td>考评组长</td><td></td><td>日期</td><td></td></tr>
</table>

续表

试题正文	配电线路紧线作业
需要说明的问题和要求	（1）给定条件：天气良好，风力小于5级（10.7m/s），能见度较好，作业区段内无影响施工的障碍物，通信联络畅通。 （2）考虑全面，方法合适。 （3）各项配分扣完为止。 （4）由两人操作

序号	项目名称	质量要求	满分	扣分标准	扣分原因	得分
1	接受工作任务	接受工作任务，进行现场查勘，制定施工“三措”，确定紧线方案	5	未进行现场勘查扣1分； 未考虑“三措”扣3分； 紧线方法选择不合理扣1分		
2	作业前准备					
2.1	人员分工	开工前召开班前会，交待工作任务，进行技术交底，交代安全注意事项，进行危险点分析及预控，对作业人员进行分工	5	人员分工不明确扣2分； 人员任务不清楚，每处扣2分		
2.2	准备工器具	对作业工器具进行外观检查和受力分析	5	工器具外观检查不到位，每处扣1分； 为考虑工具受力情况，每处扣2分		
2.3	清理紧线通道	为保证紧线工作的顺利进行，在紧线前应对线路通道内的障碍物进行清理。在交叉跨越处或压接管处设专人看守	5	线路通道未清理扣5分； 未在重要地点设置监护人，每处扣2分		
2.4	杆塔补强	检查紧线段内基础混凝土、各杆塔强度。在耐张杆塔调整好永久拉线，并在两杆塔受力反方向侧打好临时拉线和各项补强措施	5	未检查杆塔和基础强度，每处扣1分； 未调整拉线扣2分； 未对杆塔进行补强，每处扣2分		
2.5	场地布置	（1）悬挂好紧线滑车：放线滑车位置合适，材质应与导线材质一致，轮槽直径符合要求。 （2）布置好牵引装置：牵引装置的地锚埋设应满足受力需要，距紧线杆塔的水平距离不得小于挂线点高度的2倍。 （3）检查导线质量：导线应无严重磨损情况，导线在紧线滑轮内是否有掉槽和被卡住现象。 （4）弧垂观测人员应到位。 （5）保持通信畅通.	15	紧线滑车不符合要求，每处扣1分； 牵引装置布置不合理，每处扣1分； 导线处理不合理，每处扣1分； 弧垂观测人员未到位扣2分； 通信不畅通扣2分		
3	紧线过程	作业人员登杆，在紧线端用紧线器将导线卡好，并用U形环与牵引钢丝绳连接，钢丝绳穿过地面转向滑轮与人力绞磨连接；绞磨操作人员推动绞磨使导线受力时停止牵引，检查各部位的受力是否正常；同时，紧线场工作负责人与沿线各弧垂观测点及护线点联系，确认所有紧线准备工作无误后，开始紧线操作	20	登杆动作不熟练扣4分； 紧线器未卡好（出现滑动，或伤线）扣4分； 导线受力后未停止牵引，检查受力情况扣4分； 紧线时，导线正下方有人作业或逗留，每出现一次扣2分； 紧线时有人站在线圈或线弯的内侧，每发现一次扣2分； 紧线时跨越导线，每出现一次扣4分		
4	弧垂观测	（1）在紧线工作的同时应进行弧垂观测。 （2）合理选择弧垂观测档：紧线段在5档及以下时靠近中间选择一档；紧线段在6～12档时靠近两端各选择一档；紧线段在12档以上时靠近两端及中间各选择一档；观测档宜选择档距较大和悬挂点高差较小及接近代表档距的线档；弧垂观测档的数量可以根据现场条件适当增加，但不得减少。 （3）根据设计要求的弧垂，从导线悬垂线夹分别量取所需观测的弧垂，在两侧杆塔上绑上弧度板。观测人员用两弛度板、弧垂点三点一直线的原理来确定紧线是否紧好	20	弧垂观测档选择不合理扣4分； 弧垂板悬挂不符合要求，每处扣2分； 观测弧垂时未换算到当前温度下的设计值扣4分； 为保证弧垂的观测精度，应由远离紧线端的一档开始，逐档向紧线端顺序调整，否则扣2分； 三相三角形排列导线弧垂的调整时，应先对称调整两个边相，然后进行中相的调整，否则扣4分； 弧垂误差（10kV及以下架空电力线路的导线紧好后，弧垂的误差不应超过设计弧垂的±5%，同档内各相导线弧垂宜一致，水平排列的导线弧垂相差不应大于50mm）不满足要求扣4分		

续表

序号	项目名称	质量要求	满分	扣分标准	扣分原因	得分
5	安装耐张线夹	当线路完成导线弧垂观测、调整稳定后，通知紧线端杆上作业人员进行划印；完毕后收紧导线进行耐张线夹安装。挂线时应注意控制紧线力度，避免过牵引	10	未缠绕铝包带扣3分； 铝包带缠绕不合适，每处扣1分； 耐张线夹固定不牢固扣3分； 耐张线夹连接工艺不符合要求，每处扣1分； 出现过牵引扣3分		
6	调整临时拉线	耐张线夹安装完毕后应缓缓放松牵引绳。边松边调整永久拉线，并观测杆塔是否变形	5	未进行拉线调整扣5分		
7	清理现场	导线紧线完毕，拆除工器具，回收材料，清理作业现场，作业结束	5	现场清理不干净，每处扣1分		
合计			100			

Jc0003352027　10kV 配电线路导线拆除。（100 分）

考核知识点：导线拆除

难易度：中

技能等级评价专业技能考核操作工作任务书

一、任务名称

10kV 配电线路导线拆除。

二、适用工种

农网配电营业工（台区经理）高级工。

三、具体任务

进行 10kV 配电线路导线拆除。

四、工作规范及要求

（1）两人操作。

（2）考核时注意人身和设备安全。

（3）工作结束后恢复原始状态。

五、考核及时间要求

（1）本考核操作时间为 60 分钟，时间到停止考评。

（2）按照技能操作记录单的操作要求进行操作。

技能等级评价专业技能考核操作评分标准

<table>
<tr><td>工种</td><td colspan="5">农网配电营业工（台区经理）</td><td>评价等级</td><td>高级工</td></tr>
<tr><td>项目模块</td><td colspan="4">工具和设备—设备运维</td><td>编号</td><td colspan="2">Jc0003352027</td></tr>
<tr><td>单位</td><td colspan="2"></td><td>准考证号</td><td colspan="2"></td><td>姓名</td><td></td></tr>
<tr><td>考试时限</td><td colspan="2">60 分钟</td><td>题型</td><td colspan="2">单项操作</td><td>题分</td><td>100 分</td></tr>
<tr><td>成绩</td><td></td><td>考评员</td><td></td><td>考评组长</td><td></td><td>日期</td><td></td></tr>
<tr><td>试题正文</td><td colspan="7">10kV 配电线路导线拆除</td></tr>
<tr><td>需要说明的问题和要求</td><td colspan="7">（1）给定条件：现场一条 10kV 配电线路（模拟带电）。
（2）两人配合完成。
（3）节约时间不加分，超时停止作业，未完成项目不得分。
（4）各项得分均扣完为止</td></tr>
</table>

续表

序号	项目名称	质量要求	满分	扣分标准	扣分原因	得分
1	制定作业方案	作业前应组织相关人员进行现场勘察，并根据作业内容及场地条件制定相应的工作计划和进行施工作业方案的制定	10	作业方案中未说明作业时间、现场环境、工作内容、范围简介，每处扣1分； 未进行人员组织、安排、分工扣2分； 未进行工器具准备扣2分； 未说明工作目的及相应采取的作业方法及技术、安全措施扣4分； 相关技术质量要求说明不清楚，每处扣1分		
2	人员分工	（1）松线场工作负责人1人。 （2）收线场工作负责人1人。 （3）现场安全监护人每个工作点1人。 （4）杆上作业人员若干。 （5）辅助工作人员若干	5	人员分配不合理，每处扣1分		
3	工器具准备	进行导线拆除工作所需的工器具主要有牵引钢绳、牵引设备、锚线设备、导线夹头、放线滑轮、通信设备、收线器等	5	主要工器具准备不齐全，每缺少一件扣1分		
4	现场布置					
4.1	布置牵引装置地锚	（1）牵引地锚的位置应保证牵引绳对地夹角尽可能小，一般不大于45°。 （2）牵引操作控制点应距松线杆1.2倍的杆高距离以外	5	牵引装置位置不合理，每端扣2分； 牵引绳对地夹角过大扣2分		
4.2	设置临时拉线地锚	独立埋设临时拉线地锚，且地锚强度应足够	5	临时拉线地锚位置设置不合理，每处扣1分； 未单独设置临时拉线地锚扣2分； 临时拉线地锚强度不够扣2分		
5	拆除导线工作					
5.1	办理工作票	办理电力线路第一种工作票，并现场宣读	5	未办理工作票扣3分； 未现场宣读扣2分		
5.2	做安全措施	停电、验电、挂设接地线	5	未做安全措施扣5分； 验电方法不符合要求或顺序不正确扣2分； 接地线挂设位置不正确或方法错误扣3分		
5.3	安装耐张杆临时拉线	（1）工作人员登杆在拆除线段两端的耐张杆设置临时拉线时，方向应设在两相邻线段的直线延长线的方向上。 （2）对地夹角应不大于45°，最小不得小于30°	5	未设置临时拉线扣5分； 临时拉线方向不符合要求，每端扣1分； 临时拉线角度不合适，每处扣1分； 临时拉线松紧程度不合适扣1分； 临时拉线制作工艺不符合要求，每处扣1分		
5.4	在直线杆上安装放线滑车	放线滑轮在电杆上的位置应保证导线拆除时线路始终处在直线状态，避免导线在电杆上转角而可能造成导线在滑轮上跳槽、卡线等现象的出现	5	放线滑车不符合要求，每项扣1分； 位置安装不合适，每处扣1分		
5.5	锚线	在导线拆除段的线路两端进行锚线。主要技术要求如下： （1）选择规格与所拆除导线规格配套的卡线器进行卡线。 （2）松、收线场应分别设置一长一短两套卡线装置。其中：短的卡线装置用收线车控制，用于开始张力较大时的松线作业；长的卡线装置用于导线失去张力后的导线放下操作。 （3）锚线装置应安全、稳定、工作可靠。锚线设施应灵活且操作方便	10	选择卡线器不符合要求，每处扣1分； 锚线不牢固扣5分； 锚线位置不合适扣4分		

续表

序号	项目名称	质量要求	满分	扣分标准	扣分原因	得分
5.6	松线、收线操作	首先将导线收紧后，拆除导线的耐张线夹，并将尾端放入放线滑轮中用另一套长锚线绳将尾线卡住，将长锚线绳与地面牵引设备连接，受力后，拆除杆上短锚线绳，杆上作业人员下杆，缓慢放松导线至地面，在导线完全失去张力后，用人工拖拉的方式进行收线	20	拆除线夹时发生高空落物，每次扣2分； 工具、材料随意放置，每发现1次扣2分； 导线未放入放线滑车扣5分； 施工过程中出现导线在滑轮上跳槽、卡线等现象未及时发现，每次扣5分； 松线速度过快扣5分； 导线固定不牢固发生跑线，属于严重不安全因素则总成绩记零分		
6	安全注意事项	（1）不得在松弛的导线下方进行工作。 （2）杆上、杆下人员传递工具应用传递绳进行，禁止高空抛接物件。 （3）导线拆除过程中，除两端耐张杆上松线操作人员外，其他直线杆上禁止上杆作业。 （4）撤线、收线前应先检查拉线、拉桩及杆根。 （5）不得出现高空落物	10	在松弛导线下方进行作业，每发现一次扣5分； 传递物体过程中每发生碰撞，每次扣1分； 出现高空落物，每次扣1分； 出现其他重大不安全因素取消考核成绩		
7	清理现场	将收回的导线盘好放于指定位置，拆除安全措施，整理工作现场	10	工作现场清理不完整，有遗留物，每项扣2分； 地线未完全拆除扣5分； 工具摆放不整齐扣2分		
合计			100			

Jc0003342028 10kV 架空线路故障巡视工作。（100 分）

考核知识点：线路巡视

难易度：中

技能等级评价专业技能考核操作工作任务书

一、任务名称

10kV 架空线路故障巡视工作。

二、适用工种

农网配电营业工（台区经理）高级工。

三、具体任务

进行 10kV 架空线路故障巡视工作。

四、工作规范及要求

（1）两人操作。

（2）考核时注意人身和设备安全。

（3）工作结束后恢复原始状态。

五、考核及时间要求

（1）本考核操作时间为 60 分钟，时间到停止考评。

（2）按照技能操作记录单的操作要求进行操作。

技能等级评价专业技能考核操作评分标准

工种	农网配电营业工（台区经理）				评价等级	高级工
项目模块	工具和设备—设备运维			编号	Jc0003342028	
单位		准考证号			姓名	
考试时限	60 分钟	题型	单项操作		题分	100 分
成绩	考评员		考评组长		日期	
试题正文	10kV 架空线路故障巡视工作					
需要说明的问题和要求	（1）给定条件：自己设定故障说明故障巡视步骤。 （2）模拟操作采用书面形式答题。 （3）思路清晰，条理清楚。 （4）处理方法正确。 （5）各项得分均扣完为止					

序号	项目名称	质量要求	满分	扣分标准	扣分原因	得分
1	巡视前准备	（1）组织巡查力量。 （2）布置现场安全措施。 （3）召开班前会。 （4）与配电网调度联系	10	准备工作不充分扣 2 分； 人员分配不合理扣 2 分； 安全措施不全面扣 2 分； 未组织班前会扣 2 分； 未联系配调扣 2 分		
2	巡视工作的顺序	（1）对沿线装有线路故障指示器的 10kV 架空线路进行查询。 （2）对沿线未装有线路故障指示器的 10kV 架空线路进行查询。 （3）对公网支线，需申请拉开支线开关或跌落式熔断器	40	未安排人员对故障指示器进行查录扣 10 分； 对需及时拉开支线开关（跌落式熔断器）未正确安排扣 10 分； 为便于查寻工作而未上报申请的扣 10 分； 拉开支线开关或跌落式熔断器顺序错误扣 10 分		
3	巡视方法	（1）巡查时以目视或借助望远镜察看为主，同时辅以线路故障指示器或询问线路附近人员有无异常光亮、声响等，作为故障判断的参考依据。 （2）巡查重点是过引线、树障、绝缘子、“T”接支线等。 （3）对客户两相跌落式熔断器或支线开关跳闸，必须断开客户电源，经有关部门确认无故障后方可送电	40	巡视方法说明不清，每处扣 5 分； 重点部位没巡查到，每处扣 5 分； 未查到故障点扣 15 分		
4	查寻到故障点及汇报	故障现象内容交代完整、清楚	10	故障点问题交代不清、不完整扣 5 分； 未汇报故障扣 5 分		
合计			100			

Jc0003342029　10kV 架空线路夜间巡视工作。（100 分）

考核知识点： 线路巡视

难易度： 中

技能等级评价专业技能考核操作工作任务书

一、任务名称

10kV 架空线路夜间巡视工作。

二、适用工种

农网配电营业工（台区经理）高级工。

三、具体任务

进行 10kV 架空线路夜间巡视工作。

四、工作规范及要求

（1）两人操作。

（2）考核时注意人身和设备安全。

（3）工作结束后恢复原始状态。

五、考核及时间要求

（1）本考核操作时间为 60 分钟，时间到停止考评。

（2）按照技能操作记录单的操作要求进行操作。

技能等级评价专业技能考核操作评分标准

工种	农网配电营业工（台区经理）				评价等级	高级工
项目模块	工具和设备—设备运维			编号	Jc0003342029	
单位		准考证号			姓名	
考试时限	60 分钟	题型	单项操作		题分	100 分
成绩	考评员		考评组长		日期	
试题正文	10kV 架空线路夜间巡视工作					
需要说明的问题和要求	（1）给定条件：模拟进行夜间巡视。 （2）思路清晰，条理清楚，考虑全面。 （3）各项得分均扣完为止					

序号	项目名称	质量要求	满分	扣分标准	扣分原因	得分
1	巡视前准备	（1）巡视人员按要求进行着装。 （2）检查照明灯具电量是否充足。 （3）检查通信工具是否畅通	15	着装不符合要求，每处扣 1 分； 未考虑照明扣 5 分； 未考虑通信问题扣 5 分		
2	人员要求	（1）夜间巡视工作必须由两人共同进行。 （2）巡线工作应由有电力线路工作经验的人员担任。 （3）巡视人员应熟悉所巡视线路路径	15	未说明由两人巡视扣 5 分； 未说明巡视人员要求扣 5 分； 巡视人员不熟悉线路扣 5 分		
3	交代安全注意事项	（1）工作负责人进行当天巡视任务分工。 （2）向全体参与巡视人员介绍此次夜巡的目的和重点。 （3）结合工作实际向全体人员交代安全注意事项	15	巡视前未交代安全注意事项扣 15 分； 交代不完整扣 2 分		
4	巡视内容					
4.1	导线	（1）导线周围是否有明显的电晕。 （2）导线上是否存在明显的亮点	15	未进行导线巡视扣 15 分； 少一项扣 5 分		
4.2	导线接头	（1）导线接头是否有亮点、发红现象。 （2）连接处是否有接触不良，是否有电弧	10	未对接头进行巡视扣 10 分； 少巡视一项扣 5 分		
4.3	绝缘子	绝缘子表面是否有放电现象	10	未巡视绝缘子扣 10 分； 未说明现象扣 5 分		
5	巡视注意事项	（1）夜间巡线应沿线路外侧进行。 （2）夜间巡线应携带足够的照明工具。 （3）夜间巡视应在线路负荷较大，没有月光条件下进行	15	少一项扣 5 分		
6	填写巡视记录	填写记录，分析缺陷	5	没填写记录扣 5 分		
合计			100			

Jc0005342030　用电信息采集系统专用变压器客户电压、电流曲线查询。（100 分）

考核知识点：用电信息采集

难易度：中

技能等级评价专业技能考核操作工作任务书

一、任务名称

用电信息采集系统专用变压器客户电压、电流曲线查询。

二、适用工种

农网配电营业工（台区经理）高级工。

三、具体任务

在用电信息采集系统中对某一专用变压器客户某电压、电流曲线进行查询。

四、工作规范及要求

填写查询客户编号、户名及对应的需要查询内容。

五、考核及时间要求

本考核要求完成时间为 10 分钟，时间到应立即停止操作。

技能等级评价专业技能考核操作评分标准

工种	农网配电营业工（台区经理）					评价等级	高级工
项目模块	营销服务—抄表与计量				编号	Jc0005342030	
单位			准考证号			姓名	
考试时限	10 分钟		题型	单项操作题		题分	100 分
成绩		考评员		考评组长		日期	
试题正文	用电信息采集系统专用变压器客户电压、电流曲线查询						
需要说明的问题和要求	（1）要求单人完成。 （2）填写查询客户编号、户名及对应的需要查询内容。 （3）各项得分均扣完为止						

序号	项目名称	质量要求	满分	扣分标准	扣分原因	得分
1	户号、户名	填写正确	20	错误一项扣 10 分		
2	电压、电流曲线	调出指定内容并保存到指定位置	80	错误一项扣 40 分		
合计			100			

Jc0005342031　专线客户抄表例日表码及计算月用电量查询。（100 分）

考核知识点：系统应用

难易度：中

技能等级评价专业技能考核操作工作任务书

一、任务名称

专线客户抄表例日表码及计算月用电量查询。

二、适用工种

农网配电营业工（台区经理）高级工。

三、具体任务

在用电信息采集系统中查询某专线客户抄表例日表码及计算月用电量填写在答题纸上。

四、工作规范及要求

填写查询客户编号、户名及对应的需要查询内容。

五、考核及时间要求

本考核要求完成时间为20分钟，时间到应立即停止操作。

技能等级评价专业技能考核操作评分标准

工种	农网配电营业工（台区经理）					评价等级	高级工
项目模块	营销服务—用电信息采集				编号	Jc0005342031	
单位			准考证号			姓名	
考试时限	20分钟		题型	综合操作题		题分	100分
成绩		考评员		考评组长		日期	
试题正文	专线客户抄表例日表码及计算月用电量查询						
需要说明的问题和要求	（1）要求单人完成。 （2）填写查询客户编号、户名及对应的需要查询内容。 （3）各项得分均扣完为止						

序号	项目名称	质量要求	满分	扣分标准	扣分原因	得分
1	户号、户名	填写正确	10	错误一项扣5分		
2	年月、月末冻结表码	填写正确	20	错误一项扣10分		
3	年月、月用电量	有功总、峰、平、谷、无功、需量、倍率	70	错误一项扣10分		
合计			100			

Jc0005342032　专用变压器客户变压器参数和计量装置查询。（100分）

考核知识点：系统应用

难易度：中

技能等级评价专业技能考核操作工作任务书

一、任务名称

专用变压器客户变压器参数和计量装置查询。

二、适用工种

农网配电营业工（台区经理）高级工。

三、具体任务

在营销系统中查询某专用变压器客户变压器参数以及客户计量装置等数据写在答题纸上。

四、工作规范及要求

填写查询客户编号、户名及对应的需要查询内容。

五、考核及时间要求

本考核要求完成时间为20分钟，时间到应立即停止操作。

技能等级评价专业技能考核操作评分标准

工种	农网配电营业工（台区经理）					评价等级	高级工
项目模块	营销服务—用电信息采集				编号	Jc0005342032	
单位			准考证号			姓名	
考试时限	20分钟		题型	综合操作题		题分	100分
成绩		考评员		考评组长		日期	
试题正文	专用变压器客户变压器参数和计量装置查询						

续表

需要说明的问题和要求	（1）要求单人完成。 （2）填写查询客户编号、户名及对应的需要查询内容。 （3）各项得分均扣完为止					
序号	项目名称	质量要求	满分	扣分标准	扣分原因	得分
1	户号、户名	填写正确	20	错误一项扣 10 分		
2	变压器参数	变压器厂家、容量、编号、型号	40	错误一项扣 10 分		
3	计量装置	电能表号、互感器编号、互感器倍率、综合倍率	40	错误一项扣 10 分		
合计			100			

Jc0005342033　营销系统历史工单查询。（100 分）

考核知识点： 系统应用

难易度： 中

技能等级评价专业技能考核操作工作任务书

一、任务名称

营销系统历史工单查询。

二、适用工种

农网配电营业工（台区经理）高级工。

三、具体任务

在营销系统中查询某客户历史工单的明细并按要求进行文件命名并按指定格式保存在指定路径。

四、工作规范及要求

填写查询客户编号、户名及对应的需要查询内容。

五、考核及时间要求

本考核要求完成时间为 20 分钟，时间到应立即停止操作。

技能等级评价专业技能考核操作评分标准

工种	农网配电营业工（台区经理）				评价等级	高级工
项目模块	营销服务—用电信息采集			编号	Jc0005342033	
单位		准考证号			姓名	
考试时限	20 分钟	题型	综合操作题		题分	100 分
成绩		考评员		考评组长	日期	
试题正文	营销系统历史工单查询					
需要说明的问题和要求	（1）要求单人完成。 （2）填写查询客户编号、户名及对应的需要查询内容。 （3）按要求进行文件命名并按指定格式保存在指定路径。 （4）各项得分均扣完为止					

序号	项目名称	质量要求	满分	扣分标准	扣分原因	得分
1	户号、户名	填写正确	20	错误一项扣 10 分		
2	工单查询	正确操作并查询	40	错误一项扣 10 分		
3	文件保存	将文件保存在指定路径并进行命名	40	错误一项扣 10 分		
合计			100			

Jc0005342034　远程电费下装失败的处理。（100 分）

考核知识点：电费下装

难易度：中

技能等级评价专业技能考核操作工作任务书

一、任务名称

远程电费下装失败的处理。

二、适用工种

农网配电营业工（台区经理）高级工。

三、具体任务

远程电费下装系统购电次数 78 次，电能表上购电次数 77 次，第 78 次下装失败，将处理方法填写在答题纸上。

四、工作规范及要求

将处理方法分类填写在答题纸上。

五、考核及时间要求

本考核要求完成时间为 20 分钟，时间到应立即停止操作。

技能等级评价专业技能考核操作评分标准

<table>
<tr><td>工种</td><td colspan="4">农网配电营业工（台区经理）</td><td>评价等级</td><td colspan="2">高级工</td></tr>
<tr><td>项目模块</td><td colspan="3">营销服务—用电信息采集</td><td>编号</td><td colspan="3">Jc0005342034</td></tr>
<tr><td>单位</td><td colspan="2"></td><td>准考证号</td><td></td><td>姓名</td><td colspan="2"></td></tr>
<tr><td>考试时限</td><td>20 分钟</td><td>题型</td><td colspan="2">综合操作题</td><td>题分</td><td colspan="2">100 分</td></tr>
<tr><td>成绩</td><td></td><td>考评员</td><td></td><td>考评组长</td><td></td><td>日期</td><td></td></tr>
<tr><td>试题正文</td><td colspan="7">远程电费下装失败的处理</td></tr>
<tr><td>需要说明的问题和要求</td><td colspan="7">（1）要求单人完成。
（2）填写查询客户编号、户名及对应的需要查询内容。
（3）各项得分均扣完为止</td></tr>
<tr><td>序号</td><td>项目名称</td><td>质量要求</td><td>满分</td><td colspan="2">扣分标准</td><td>扣分原因</td><td>得分</td></tr>
<tr><td>1</td><td>户号、户名</td><td>查找并填写正确</td><td>20</td><td colspan="2">错误一项扣 10 分</td><td></td><td></td></tr>
<tr><td>2</td><td>处理掌机</td><td>任务推送下载并处理完成</td><td>50</td><td colspan="2">错误一环节扣 5 分</td><td></td><td></td></tr>
<tr><td>3</td><td>补写卡操作</td><td>找到对应电卡补写成功</td><td>30</td><td colspan="2">错误一项扣 10 分</td><td></td><td></td></tr>
<tr><td colspan="2">合计</td><td></td><td>100</td><td colspan="2"></td><td></td><td></td></tr>
</table>

标准答案：

（1）在营销系统——费控管理——远程电费异常报修菜单中查找到下装失败工单。

（2）在用电信息采集系统中，进入采集运维闭环管理页面——现场应用——现场业务管理——现场充值管理——现场充值管理待办里将工单派发至指定的掌机中现场处理。

（3）现场掌机处理失败，则使用掌机对电卡进行补写卡并进行插卡（营销移动易作业——卡表手电——CPU 更换电卡），若插卡也充值失败，则需换表处理。

Jc0005362035　集中器和电能表相关数据抄读。（100 分）

考核知识点：用电信息采集

难易度：中

技能等级评价专业技能考核操作工作任务书

一、任务名称

集中器和电能表相关数据抄读。

二、适用工种

农网配电营业工（台区经理）高级工。

三、具体任务

在指定工位完成集中器及指定电能表的相关数据抄读工作，填入表 Jc0005362035－1。

表 Jc0005362035－1

（1）终端参数抄读	
终端地址	
APN	
主用 IP	
心跳周期	
（2）测量点参数抄读	
电能表表号	
通信速率	
端口号	
通信规约	
（3）电能表示数抄读	
正向有功（总、峰、平、谷）	
正向无功（总）	
电压（A、B、C）	
电流（A、B、C）	

四、工作规范及要求

（1）着装符合要求，穿全棉长袖工作服、绝缘鞋，戴安全帽、线手套。

（2）携带自备工具（钢笔或中性笔）进入现场，待考评老师宣布许可工作命令后开始工作并计时。

（3）打开计量柜（箱）门之前必须对柜（箱）体验电，现场操作严格执行《国家电网有限公司营销现场作业安全工作规程（试行）》。

（4）工作结束清理现场，并向监考老师报告。

五、考核及时间要求

本考核操作时间为 30 分钟，时间到停止考评。

技能等级评价专业技能考核操作评分标准

工种	农网配电营业工（台区经理）					评价等级	高级工
项目模块	营销服务—抄表与计量				编号	Jc0005362035	
单位			准考证号			姓名	
考试时限	30 分钟		题型	单项操作题		题分	100 分
成绩		考评员		考评组长		日期	
试题正文	集中器和电能表相关数据抄读						
需要说明的问题和要求	（1）要求单人操作。 （2）操作时应注意安全，按照标准化作业指导书的技术安全说明做好安全措施。 （3）各项得分均扣完为止						

续表

序号	项目名称	质量要求	满分	扣分标准	扣分原因	得分
1	安全文明生产	佩戴安全帽；穿全棉长袖工作服；穿绝缘鞋；操作时戴线手套；打开柜门前需先验电	20	有一项未按要求进行扣 5 分		
2	正确抄读	终端参数抄读正确	20	错误一处扣 5 分		
		测量点参数抄读正确	20	错误一处扣 5 分		
		电能表示数抄读正确	30	数据填写错误，一处扣 5 分； 单位使用错误，一处扣 5 分		
3	现场恢复	操作结束后清理现场杂物，并将工器具归位摆放整齐	10	现场留有杂物或工器具未归位扣 10 分		
合计			100			

计量（采集）装置设置：

（1）考试使用电能表为仿真表，通过模拟装置进行参数设置。

（2）屏蔽电能表显示屏。

标准答案：

通过终端读取各项参数、电能表当前示数，并正确记录表 Jc0005362035－2。（表内空白处以考核现场电能计量装置参数示数值为准）

表 Jc0005362035－2

（1）终端参数抄读	
终端地址	60001
APN	CMNET
主用 IP	010.216.237.058
心跳周期	3min
（2）测量点参数抄读	
电能表表号	
通信速率	2400
端口号	2
通信规约	09 规约
（3）电能表示数抄读	
正向有功（总、峰、平、谷）	
正向无功（总）	
电压（A、B、C）	
电流（A、B、C）	

Jc0005362036　采集终端现场抄表。（100 分）

考核知识点： 用电信息采集

难易度： 中

技能等级评价专业技能考核操作工作任务书

一、任务名称

采集终端现场抄表。

二、适用工种

农网配电营业工（台区经理）高级工。

三、具体任务

现场判断处理专用变压器终端上行通信异常情况，并通过用电信息采集系统召测电能表数据，填入表 Jc0005362036。

表 Jc0005362036

电能表采集数据			
正向有功总		正向有功谷	
正向有功峰		正向无功总	
正向有功平		功率因数总	

四、工作规范及要求

（1）着装符合要求，穿全棉长袖工作服、绝缘鞋，戴安全帽、线手套。

（2）携带自备工具（钢笔或中性笔）进入现场，待考评老师宣布许可工作命令后开始工作并计时。

（3）打开计量柜（箱）门之前必须对柜（箱）体验电，现场操作严格执行《国家电网有限公司营销现场作业安全工作规程（试行）》。

（4）工作结束清理现场，并向监考老师报告。

五、考核及时间要求

本考核操作时间为 30 分钟，时间到停止考评。

技能等级评价专业技能考核操作评分标准

工种	农网配电营业工（台区经理）					评价等级	高级工
项目模块	营销服务—抄表与计量				编号	Jc0005362036	
单位			准考证号			姓名	
考试时限	30 分钟		题型	单项操作		题分	100 分
成绩		考评员		考评组长		日期	
试题正文	采集终端现场抄表						
需要说明的问题和要求	（1）要求单人操作。 （2）操作应注意安全，按照标准化作业书的技术安全说明做好安全措施。 （3）各项得分均扣完为止						

序号	项目名称	质量要求	满分	扣分标准	扣分原因	得分
1	安全文明生产	佩戴安全帽；穿全棉工作服；穿绝缘鞋；操作时戴线手套；打开柜门前需先验电	10	有一项未按要求进行扣 5 分		
2	电能表抄读	电能表铭牌信息填写正确、规范	80	表格内每项数据未填写或填写错误扣 3 分		
3	现场恢复	操作结束后清理现场杂物，并将工器具归位摆放整齐	10	现场留有杂物或工器具未归位扣 10 分		
合计			100			

第四部分 技　师

第七章　农网配电营业工（台区经理）技师技能笔答

Jb0001233001　简述抄表人员如何分析客户用电量升降的原因？（5分）

考核知识点：抄表异常分析与处理

难易度：难

标准答案：

抄表工作是电费抄、核、收的第一道工序，是电能销售部门与客户取得经常联系的第一线。抄表人员每月抄表时，如发现客户的用电量与以前月份相比较，发生突增突减的变化，应及时了解情况，分析原因，找出原因，防止多计或少计电量。分析方法如下：

（1）分析客户用电情况。立即向客户了解本月用电是否有增产、减产、停产、设备检修或中断生产、停工待料、发生事故等特殊情况，影响用电量发生突增、突减的变化。

（2）检查电能计量装置。现场检查电能计量装置的运行有无异常情况，如电能表有无时走时停、卡字、跳字、倒走、烧坏、失压或表内汽蚀、使用年限过长等问题。回单位后，应及时填写工作单，转有关部门处理。

（3）检查客户有无违章接线或窃电等异常情况。

Jb0002233002　单相电能计量装置安装的危险点与控制措施有哪些？（5分）

考核知识点：电能计量装置安装、检查与更换

难易度：难

标准答案：

单相电能计量装置安装的危险点与预控措施主要有以下几点：

（1）注意剥削导线时不要伤手。操作中要正确使用剥线、断线工具。使用电工刀时刀口应向外，要紧贴导线成45°角左右切削。

（2）配线时不让线划脸、划手。

（3）使用仪表时应注意安全，避免触电、烧表、触电伤害和电弧灼伤。

（4）使用有绝缘柄的工具，必须穿长袖工作服，接电时戴好绝缘手套。

（5）临时接入的工作电源必须用专用导线，并装有剩余电流动作保护装置。

（6）防止高处坠落、高处坠物和人员摔伤，正确使用梯子等高空作业工具。

（7）作业前应认真检查周边环境，发现影响作业安全的情况时应做好安全防护措施。

（8）正确使用、规范填写电能计量装置装接作业票。

Jb0003233003　经TA接入式三相四线电能计量装置安装操作过程分哪几个步骤进行？（5分）

考核知识点：电能计量装置安装、检查与更换

难易度：难

标准答案：

（1）一次回路的安装接线。计量箱、计量柜中的一次回路接线，一般在出厂前已由生产厂家安装

完成，其布线、线长测量、导线截取、线头剥削、线头制作、绝缘恢复、线头连接、捆绑及余线处理与直接接入式三相四线电能计量装置的安装操作中相关部分相同。

（2）二次回路的安装接线。二次回路是指电流互感器二次端子到电能表接线端子之间的电流回路。电压电流分线接法中还包括电能表的电压回路。二次回路接线时，电流回路的导线截面积不小于 $4mm^2$，其他回路不小于 $2.5mm^2$，导线应采用 500V 的绝缘导线。带接线盒的电能计量装置接线时应先接负荷端，后接电源端。

1）电能表至接线盒之间的接线。其安装操作分线长测量与截取、线头剥削、导线走线、电能表表尾进出线端子接线、接线盒电能表侧出线端子接线五个步骤进行，其操作要点和方法与直接接入式三相四线电能计量装置的安装基本相同。

2）电压回路、电流互感器至接线盒之间的电流回路的接线。根据电能计量装置安装接线规则，电流互感器至接线盒之间的电流回路导线应采用单股绝缘铜质线；各相导线应分别采用黄、绿、红色线，中性线应采用黑色线或采用专用编号电缆。电流回路的导线截面积不小于 $4mm^2$，电压回路不小于 $2.5mm^2$。其安装接线分线长测量与截取、线头剥削、接线端子编号标注、导线走线、电流互感器端接线端子接线、接线盒互感器侧出线端子接线、接线盒电压回路接线、导线捆绑八个步骤进行。

Jb0003233004 装表接电工作结束后电能表安装质量检查有哪些内容？（5 分）

考核知识点：电能计量装置安装、检查与更换

难易度：难

标准答案：

（1）电能表的安装场所应符合的规定。周围环境应干净明亮，不易受损、受震，无磁场及烟灰影响。无腐蚀性气体、易蒸发液体的侵蚀。运行安全可靠，抄表读数、校验、检查、轮换方便。电能表原则上装于室外的走廊、过道内及公共的楼梯间，或装于专用配电间内（二楼及以下）。高层住宅一户一表，宜集中安装于二楼及以下的公共楼梯间内。装表点的气温不应超过电能表标准规定的工作温度范围，即对 P、S 组别为 0～40℃；对 A、B 组别为 20～50℃。

（2）电能表的一般安装规范要求。高供低计的客户，计量点到变压器低压侧的电气距离不宜超过 20m。电能表的安装高度，对计量屏，应使电能表水平中心线距地面在 0.8～1.8m 的范围内；对安装于墙壁的计量箱，宜为 1.6～2.0m。

装在计量屏（箱）内及电能表板上的开关、熔断器等设备应垂直安装，上端接电源，下端接负荷。相序应一致，从左侧起排列相序为 A、B、C 或 A（B、C）、N。电能表的空间距离及表与表之间的距离均不小于单相电能表 30mm、三相电能表 80mm。

电能表安装必须牢固垂直，每只表除挂表螺钉外，至少还有一只定位螺钉，应使表中心线向各方向的倾斜度不大于 1°。

Jb0003233005 装表接电工作结束后通电检查有哪些内容？（5 分）

考核知识点：电能计量装置安装、检查与更换

难易度：难

标准答案：

（1）检查二次回路中间触点、熔断器、试验接线盒的接触情况。对电能计量装置通以工作电压，观察其工作是否正常；用万用表（或电压表）在电能表端钮盒内测量电压是否正常（相对地、相对相），用试电笔核对相线和中性线，观察其接触是否良好。

（2）接线正确性检查。用相序表核对相序，引入电源相序应与计量装置相序标志一致。带上负荷

后观察电能表运行情况；用相量图法核对接线的正确性及对电能表进行现场检验，对于低压计量装置，该工作需在专用端子盒上进行。

（3）对最大需量表应进行需量清零，对多费率电能表应核对时针是否准确和各个时段是否整定正确。

Jb0003233006　装表接电工作结束后竣工验收结果如何处理？（5分）

考核知识点：电能计量装置安装、检查与更换

难易度：难

标准答案：

（1）经验收的电能计量装置应由验收人员及时实施封印。封印的位置为互感器二次回路的各接线端子、电能表端钮盒、封闭式接线盒、计量柜（箱）门等；实施铅封后应由运行人员或客户对铅封的完好签字认可。

（2）检查工作凭证记录内容是否正确、齐全，有无遗漏；施工人、封表人、客户是否已签字盖章。以上全部齐整后将工作凭证转交营业部门归档立户。

（3）经验收的电能计量装置应由验收人员填写验收报告，注明“计量装置验收合格”或者“计量装置验收不合格”及整改意见，整改后再行验收。验收不合格的电能计量装置禁止投入使用。

Jb0003233007　画出经电流互感器低压三相四线电能表的相量图。（5分）

考核知识点：电能表接线原理

难易度：难

标准答案：

经电流互感器低压三相四线电能表相量图如图 Jb0003233007 所示。

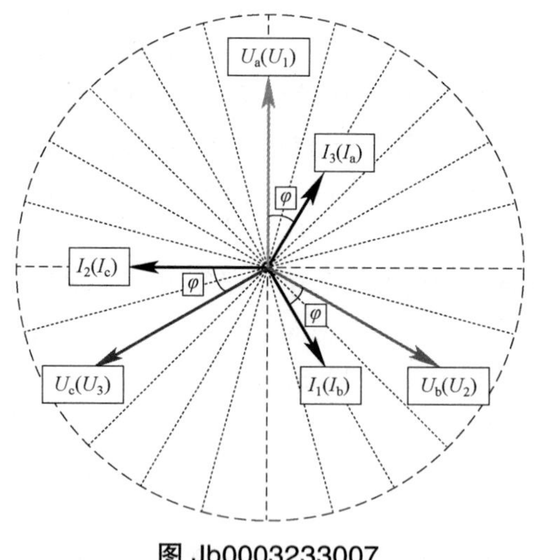

图 Jb0003233007

Jb0004233008　集中器的主菜单包含哪些内容？（5分）

考核知识点：用电信息采集装置运行维护

难易度：难

标准答案：

集中器的主菜单包括测量点数据显示、参数设置与查看、终端管理与维护。

（1）测量点数据主要包括实时数据、日数据、月数据。

（2）实时数据包括正向有功电能示值、正向无功电能示值、反向有功电能示值、反向无功电能示值、一象限无功电能示值、二象限无功电能示值、三象限无功电能示值、四象限无功电能示值、视在功率、电压、电流、有功功率、无功功率、功率因数、正向有功需量、反向有功需量等。

（3）日/月数据包括正向有功电能示值、反向有功电能示值、正向有功需量、反向有功需量等。在进入日、月数据查询时应该弹出日期选择界面。当集中器未配置测量点时，弹出提示窗口“未配置电能表”。

Jb0004233009 集中器的主要功能是什么？（5分）

考核知识点：用电信息采集装置运行维护

难易度：难

标准答案：

集中器的主要功能是采集电能表信息，并将采集到的信息存储并上传给后台的设备，是上行通信（集中器与主站之间的通信）和下行通信（集中器与采集器/电能表之间的通信）的分界点，是载波集抄系统中的重要组成部分。集中器的功能强大，为测试与故障分析提供了诸多工具，所以熟悉集中器的功能与操作是相当有必要的，熟悉集中器的功能与相关操作，能使人们便捷地实现诸多需求。

Jb0004233010 集中器可以采集台区部分数据，部分采集失败，如何进行处理？（5分）

考核知识点：用电信息采集装置运行维护

难易度：难

标准答案：

（1）根据数据分析，是否存在整个采集器所属的所有电能表不能采集，如有，则可能是采集器没有上电，或者是采集器的载波模块损坏，可以用抄控器来确认。

（2）如有采集器下属的部分电能表无法召测，则可能是RS485的接线故障，建议每个采集器布线完成后，即对该采集器的下行通信进行检测，来避免该项故障。

（3）查看电能表档案及所归属的采集器档案是否正确。

（4）观察相关电能表是否有通信故障，或者电能表未接入用电系统，可用抄控器来进行确认。

Jb0004233011 集中器有时可以采集数据，有时不能采集数据，如何进行处理？（5分）

考核知识点：用电信息采集装置运行维护

难易度：难

标准答案：

（1）可能是集中器的通信故障，检查集中器与主站之间通信是否正常。

（2）观察集中器A相电压输入是否稳定，现场多由A相接触不良引起该问题。

（3）核对档案，检测集中器是否被主站进行了误操作导致档案改变。

Jb0005233012 案例分析计算：某一冶炼铸造公司，10kV供电，原报装变压器容量为800kVA。2008年7月，供电公司用电检查人员到该户进行用电检查，发现变压器铭牌有明显变动的痕迹，即对变压器容量进行现场检测，经检测变压器容量实际为1000kVA。至发现之日止，其1000kVA变压器已使用9个月，作为用电稽查人员试分析该户的用电行为，应如何处理？［基本电费按20元/（kVA·月）］（5分）

考核知识点：违约用电、窃电的查处

难易度：难

标准答案：

（1）分析：该客户“私自更换变压器铭牌，将原报装变压器容量由800kVA更换为1000kVA”的行为违反了《电力供应与使用条例》所禁止的第三十条“用户不得有下列危害供电、用电安全，扰乱正常供电、用电秩序的行为”第（二）项“擅自超过合同约定的容量用电”，符合《供电营业规则》第一百条规定“危害供用电安全、扰乱正常用电秩序的行为，属于违约用电行为”，应属于违约用电行为。

《供电营业规则》第一百条第二项规定：“私自超过合同约定的容量用电的，除应拆除私增容设备外，属于两部制电价的用户，应补交私增设备容量使用月数的基本电费，并承担三倍私增容量基本电费的违约使用电费；其他用户应承担私增容量每kW（kVA）50元的违约使用电费。如用户要求继续使用者，按新装增容办理手续。”

（2）处理：补交私增设备容量使用月数的基本电费 $200\times20\times9=36\ 000$（元）

并承担三倍私增容量基本电费的违约使用电费 $36\ 000\times3=108\ 000$（元）

拆除1000kVA变压器，更换为原报装800kVA变压器。若客户要求继续使用1000kVA变压器，则应到供电公司按新装增容办理手续。

Jb0005233013　对低供低计带电流互感器客户的防窃电措施有哪些？（5分）

考核知识点：违约用电、窃电的查处

难易度：难

标准答案：

（1）改造时将电能计量装置用计量箱或计量柜进行一次全封闭防止窃电。

（2）将油浸式组合互感器更换成干式组合互感器。将原有的油浸式组合互感器更换成精度为0.2S级的干式组合互感器。因油浸式组合互感器可以撬开在内安装遥控窃电装置，而干式组合互感器采用整体浇注成一体，同时计量用电流互感器采用0.2S及以上精度，铁芯采用超微晶合金，使误差曲线近似一条水平直线，即使提高电流变比，只要实际一次电流在额定一次电流的1%以上，就有足够的计量精度，可以防止通过组合互感器窃电。

（3）更换原有的机电式电能表，使用新一代全电子式多功能电能表。因全电子式多功能电能表具有不能倒装、不可更改常数且具有失压、失流记录，电流不平衡记录及逆相序记录等事件记录式防窃电功能。

Jb0005233014　改变电流的窃电的常见方法有哪些？（5分）

考核知识点：违约用电、窃电的查处

难易度：难

标准答案：

（1）把电流互感器的k1端与k2端短接，使大部分电流不经过电流互感器的一次绕组，从而绕过电能计量装置窃电。

（2）断开电流互感器二次侧、短接电流互感器二次侧或使之分流，使电流幅值从大变小或为零。

（3）改变电流互感器变比，将大电流比的电流互感器铭牌换成小电流比的电流互感器铭牌。

（4）电流互感器变比过大，利用电流互感器的误差特性窃电。

（5）将电流互感器二次极性接反，使电能表反转窃电，或在电能表电流线圈中通入反向电流窃电。

Jb0003233015 改变电压的窃电的常见方法有哪些？（5 分）

考核知识点：违约用电、窃电的查处

难易度：难

标准答案：

（1）失压窃电，将电压互感器的熔断器断开或在电压互感器二次回路装一个开关，随时断开电压进行窃电。

（2）欠压窃电，虚接电压线，即将电压线芯线揉断，或外层塑料未剥直接压接，采用电容分压，减小电压线圈电压。

（3）将电压互感器二次相序接反，使电能表反转。

Jb0003233016 改变电能表的结构和接线方式的窃电的常见方法有哪些？（5 分）

考核知识点：违约用电、窃电的查处

难易度：难

标准答案：

（1）在计度器上做文章，改变电能表常数，或使计度器不显示，损坏其机械传动部分。

（2）改变永久磁铁位置，使磁铁与铝盘间隙变小，电能表走慢。

（3）改变电能表电流线圈匝数。

（4）改变电能表电压与电流相序接线，即相序错接线。

（5）改变进入电能表的相线与中性线，将进电能表的相线与中性线对调，负载接于相线与外加中性线之间。

（6）在电能表接线端子盒或联合接线端子盒背后安装遥控窃电装置窃电。

Jb0005233017 三相四线式电能表的窃电方法有哪些？（5 分）

考核知识点：违约用电、窃电的查处

难易度：难

标准答案：

（1）在三相四线计量回路内任何位置切断电能表的一相、两相或三相电压，使电能表少计。

（2）在三相四线计量回路内切断电能表的连接中性线，使电能表少计。

（3）在三相四线计量回路内，将一相、两相或三相电流互感器二次侧开路，使电能表少计。

（4）在三相四线计量回路内，将一相、两相或三相电流互感器二次侧电流旁路，使电能表少计。

（5）在三相四线计量回路内接入与正常计量无联系的电压或电流，使电能表少计或反计电能。

（6）在三相四线计量回路内，改变一相、两相或三相电流互感器极性、变比。

（7）在三相四线计量回路外，将一相、两相或三相电流绕过计量装置而旁路用电，且不改变原来的用电系统，使电能表少计。

Jb0005233018 案例分析：2004 年 6 月，某供电公司在检查客户用电情况时，发现某宾馆计费的三相四线电能表的表尾铅封有伪造痕迹，且打开该电能表表尾盖，发现其一相电压虚接，用电检查人员现场判定该客户窃电，取证后立即向该宾馆下达《违约用电、窃电通知书》，并对其中止供电。该宾馆负责人对供电公司的检查行为不予配合，并拒绝在通知书上签字。停电两周后，该宾馆负责人向供电公司递交“恢复供电申请”，并补交了电费，承担了违约使用电费，供电公司即对宾馆恢复了供电。但 2004 年 7 月，宾馆以供电公司违法停电给宾馆造成了经济损失为由，向当地人民法院提起诉讼，请求判令供电公司承担赔偿责任。（原告诉称：供电公司在用电检查时以发现电压虚接，即认

为原告窃电，证据不足。被告停止供电的行为违法，原告补交电费和承担违约使用电费的理由是为了恢复用电，请求法院判决被告为原告恢复名誉、退还已承担的违约使用电费，赔偿因停电造成的经济损失。）试分析：（5分）

（1）作为用电检查人员，你认为该宾馆是否存有窃电行为？

（2）你将以什么理由向法院进行抗诉？

考核知识点：违约用电、窃电的查处

难易度：难

标准答案：

（1）该案中的“宾馆的计费电能表的表尾铅封有伪造痕迹，电能表表尾盒电压虚接”的现象，分别符合《电力供应与使用条例》第三十一条所规定的禁止窃电行为中的“（三）伪造或者开启法定的或者授权的计量鉴定机构加封的用电计量装置封印用电；（五）故意使供电企业的用电计量装置不准或者失效”的窃电行为。因此认为该宾馆的窃电行为成立。

（2）抗诉理由如下：

1）供电公司依照《供电营业规则》《电力供应与使用条例》等有关规定，对原告进行用电检查，行为合法有据。

2）被告的“计费电能表的表尾铅封有伪造痕迹，电能表表尾两相电压与电流连接片脱开”的现象，符合《电力供应与使用条例》所规定窃电的表现形式，应认定为窃电行为。

3）供电公司应向法院提交拍摄的原告窃电现场照片、伪造的铅封封印，原告正常月份的用电量电费清单，原告补交电费和违约使用电费单据等证据。

4）《供电营业规则》第一百零二条规定：“供电企业对查获的窃电者，应予制止，并可当场中止供电。窃电者应按所窃电量补交电费，并承担补交电费三倍的违约使用电费。拒绝承担窃电责任的，供电企业应报请电力管理部门依法处理。窃电数额较大或情节严重的，供电企业应提请司法机关依法追究刑事责任。”

5）虽然原告未在《违约用电、窃电通知书》上签字认可，但原告补交电费和承担违约使用电费的行为，足以表明原告认可了自己的行为，现在又翻供否认，与事实不符，请求法院驳回原告的诉讼请求。

Jb0006233019　低压设备检修的危险点预控应注意哪些？（5分）

考核知识点：危险点预控及安全注意事项

难易度：难

标准答案：

危险点1. 误入带电设备

预控措施：

（1）维护设备与相邻运行设备必须用围栏明显隔离，并悬挂“止步，高压危险”标示牌，标示牌应面对检修设备。

（2）中断维护工作，每次重新开始工作前，应认清工作地点、设备名称和编号，严禁无监护单人工作。

危险点2. 高处作业

预控措施：正确使用安全带，戴好安全帽。

危险点3. 零部件跌落打击

预控措施：

（1）应使用传递绳和工具袋传递零部件，严禁抛掷。

（2）不准在开关等设备构架上存放物件或工器具。

Jb0006233020 10kV 配电设备巡视的分类有哪些？（5 分）

考核知识点： 10kV 配电设备巡视分类

难易度： 难

标准答案：

10kV 配电设备巡视一般分为定期巡视、特殊性巡视、夜间巡视、故障性巡视和监察性巡视等。

（1）定期巡视。由专职巡线员进行，掌握线路的运行状况、沿线环境变化情况，并做好护线宣传工作。

（2）特殊性巡视。在气候恶劣（如台风、暴雨、覆冰等）、河水泛滥、火灾和其他特殊情况下，对线路的全部或部分进行巡视或检查。

（3）夜间巡视。在线路高峰负荷或阴雾天气时进行，检查导线触点有无发热打火现象，绝缘表面有无闪络等现象。

（4）故障性巡视。查明线路发生故障的地点和原因。

（5）监察性巡视。由管理人员或线路专责技术人员进行，目的是了解线路及设备状况，并检查、指导巡线员的工作。

Jb0006233021 新的或大修后的变压器投运前，除外观检查合格外，应有出厂试验合格证和供电企业试验部门的试验合格证，试验项目应有哪些项？（5 分）

考核知识点： 新的或大修后的变压器投运前试验项目

难易度： 难

标准答案：

（1）变压器性能参数：额定电压、额定电流、空载损耗、空载电流及阻抗电压。

（2）工频耐压试验。

（3）绝缘电阻和吸收比测定。

（4）直流电阻测量。

（5）绝缘油简化试验。

（6）停运满 1 个月者，在恢复送电前应测量绝缘电阻，合格后方可投运。

（7）搁置或停运 6 个月以上变压器，投运前应做绝缘电阻和绝缘油耐压试验。

（8）干燥、寒冷地区的排灌专用变压器，停运期可适当延长，但不宜超过 8 个月。

Jb0006233022 变压器的常见故障有哪些，怎么处理？（5 分）

考核知识点： 变压器的常见故障

难易度： 难

标准答案：

运行中常见变压器故障主要有绕组故障、调压分接开关故障、绝缘套管故障、低压桩头故障、变压器着火故障、喷油故障等。

（1）当出现绕组故障时，应根据故障现象、负荷情况及变压器检修情况等对故障类型做出准确判断，并及时停电进行检修。

（2）当出现绝缘套管故障时，在大雾或小雨时造成污闪，应清理套管表面的脏污，再涂上硅油或硅脂等涂料；变压器套管有裂纹引起闪络接地时，应清扫套管表面或更换套管；变压器套管间放电，应检查并清扫套管间的杂物。

（3）当出现调压分接开关故障时需停电进行检修。

（4）发生变压器着火时，应先将变压器两侧电源断开，再进行灭火。变压器灭火应选用绝缘性能较好的气体灭火器或干粉灭火器，必要时可使用沙子灭火。

（5）发生变压器喷油故障时，应先将变压器退出运行，再进行检修。

Jb0006232023　低压设备的更换分哪几个步骤？（5 分）

考核知识点：低压设备更换

难易度：中

标准答案：

（1）更换设备前，检修人员将所需工具、材料、备品、备件、仪器、仪表等带到更换现场。

（2）更换人员核对本次更换设备及作业危险点，做好控制措施。

（3）更换前记录原始接线并复核，做好保证安全的各种措施。

（4）由专人监护，工作人员对更换设备进行更换。

（5）更换结束拆除各种安全措施，自行验收，确认更换质量良好，申请验收。

（6）验收结束，对检修设备投入运行。

Jb0006233024　低压设备检修更换的危险点预控应注意哪些？（5 分）

考核知识点：低压设备检修更换危险点预控及安全注意事项

难易度：难

标准答案：

低压设备检修更换的危险点及控制措施见表 JB0006233024。

表 Jb0006233024

危险点	控制措施
拆接低压电源	应由两人进行，一人操作，一人监护
	检修电源应有剩余电流动作保护器，移动电具金属外壳均应可靠接地
	检修前应断开交流操作电源，严禁带电拆接操作回路电源接头
感应触电	在强电场下进行部分停电工作应使用个人保安线
	若有试验电源，检修人员必须在断开试验电源并放电完毕后才能工作
误入带电设备	检修设备与相邻运行设备必须用围栏明显隔离，并悬挂“止步，高压危险”标示牌，标示牌应面对检修设备
	中断检修，每次重新开始工作前，应认清工作地点、设备名称和编号，严禁无监护人单独工作
高处作业	应戴好安全帽，正确使用安全带
零部件跌落打击	应使用传递绳和工具袋传递零部件，严禁抛掷
	不准在构架上存放物件或工器具

Jb0006233025　低压设备断相故障的判断、故障的处理步骤及要求有哪些？（5 分）

考核知识点：低压断相故障判断、处理

难易度：难

标准答案：

（1）低压设备断相故障的判断。使用万用表判断低压设备断相故障现象。

（2）低压设备断相故障的处理步骤及要求。

方法一：电阻测量法：

1）断开低压设备电源。

2）测量设备相间电阻值，分别做好记录并比较。

3）所测得断相设备某相电阻值指针不动，说明该设备该相存在断相现象。

4）测量时应使用缩小范围法，先测量主干路，再测量不同分支路。

方法二：电压测量法：

1）使用万用表选择合适的电压量程。

2）测量设备相间电压值，分别做好记录并比较。

3）所测得断相设备某相电压值为零值，说明该设备该相存在断相现象。

4）测量时应使用缩小范围法，先测量主干路，再测量不同分支路。

Jb0006233026 10kV 配电设备巡视的要求和注意事项有哪些？（5 分）

考核知识点：10kV 配电设备巡视要求和注意事项

难易度：难

标准答案：

（1）设备巡视时，必须严格遵守《国家电网公司电力安全工作规程（配电部分）》关于设备巡视的有关规定，确保巡视人员安全。

（2）巡视工作应由有电力线路工作经验的人员担任，单独巡线人员应考试合格并经工区（公司、所）主管生产领导批准。

（3）巡视人员应熟悉设备运行情况、相关技术参数和周围自然情况及风土人情。

（4）巡视人员应能对发现的缺陷进行准确分类。

（5）单人巡视时，禁止攀登电杆及铁塔。

（6）故障巡视应始终认为线路带电，即使明知线路已停电，也应认为线路随时有恢复送电的可能。

（7）夜间巡视应沿线路外侧进行，大风天气应沿线路上风侧进行，以免万一触及断落的导线。

（8）巡视工作应由有电力线路工作经验的人担任，新人员不得单独进行巡视，偏僻山区和夜间巡视应由两人进行。暑天、大雪天必要时由两人进行。

（9）巡视人员如果发现危及安全的紧急情况，应立即采取防止行人触电的安全措施，并报告相关部门及领导组织处理。

（10）对于发现的缺陷，应及时记录在巡视手册上，要记录详细、准确、字迹工整。

（11）巡视结束后，应及时把发现的缺陷统计分类，传递给检修班组编排检修计划。

（12）巡线时应持棒，防止被狗及动物伤害，必要时携带蛇药。

（13）根据不同地域、天气情况，穿着合适的服装、鞋。

Jb0006233027 电容器组在正常情况下的投入或退出运行，应根据系统无功负荷潮流和负荷功率因数以及电压情况来确定。发生哪些情况时，应立即拉开电容器组开关，使其退出运行？（5 分）

考核知识点：拉开电容器组开关的条件

难易度：难

标准答案：

（1）当长期运行的电容器母线电压超过电容器额定电压的 1.1 倍，或者电流超过额定电流的 1.3 倍以及电容器油箱外壳最热点温度超过 55℃或电容器室的环境温度超过 40℃时。

（2）装有功率因数自动控制器的电容器，当自动装置发生故障时，应立即退出运行，并应将电容器组的自动投切改为手动，避免电容器组因自动装置故障频繁投切。

（3）电容器连接线触点严重过热或熔化时。

（4）电容器内部或放电装置有严重异常响声时。

（5）电容器外壳有较明显异形膨胀时。

（6）电容器瓷套管发生严重放电闪络时。

（7）电容器喷油起火或油箱爆炸时。

Jb0006232028　设备巡视的基本方法有哪些？（5分）

考核知识点：低压设备检修的步骤

难易度：中

标准答案：

设备巡视可以使用智能巡检系统、巡视卡或巡视记录。巡视人员在巡视中一般通过看、听、嗅、测的方法对设备进行检查。

（1）看：主要用于对设备外观、位置、压力、颜色、信号指示等肉眼看得见的检查项目进行分析判断，例如充油设备的油位、油色的变化、渗漏，设备绝缘的破损裂纹、污秽等。

（2）听：主要通过声音判断设备运行是否正常，例如变压器正常运行时其声音是均匀的嗡嗡声，内部放电时会有噼啪声等。

（3）嗅：通过气味判断设备有无过热、放电等异常，例如通过嗅觉判断配电室有无绝缘焦煳味等异常气味。

（4）测：通过工具检查设备运行情况是否发生变化，例如用红外线测温仪测试设备触点温度是否异常。

Jb0006233029　电容器的巡视检查项目有哪些？（5分）

考核知识点：电容器的运行维护。

难易度：难

标准答案：

（1）瓷件有无闪络、裂纹、破损和严重脏污。

（2）有无渗、漏油。

（3）外壳有无鼓肚、锈蚀。

（4）接地是否良好。

（5）放电回路及各引线触点是否良好。

（6）带电导体与各部的间距是否合适。

（7）开关、熔断器是否正常、完好。

（8）并联电容器的单台熔丝是否熔断。

（9）串联补偿电容器的保护间隙有无变形、异常和放电痕迹。

（10）装置有无异常的振动、声响和放电声。

（11）环境温度不应超过40℃，运行中电容器芯子最热点温度不超过60℃，电容器外壳温度不得超过55℃。

（12）自动投切装置动作正确。

Jb0006233030　箱式变电站的巡视检查内容有哪些？（5分）

考核知识点：箱式变电站的运维

难易度：难

标准答案：

（1）箱式变电站的外壳是否有锈蚀和破损现象。

（2）箱式变电站的围栏是否完好。

（3）各种仪表、信号装置指示是否正常。

（4）各种设备有无异常情况，各部触点有无过热现象，空气断路器、互感器有无异声、有无灼焦气味等。

（5）各种充油设备的油色、油温是否正常，有无渗、漏油现象。

（6）各种设备的瓷件是否清洁，有无裂纹、损坏、放电痕迹等异常现象。

（7）断路器的分、合位置是否正确。

（8）箱体有无渗、漏水现象，基础有无下沉。

（9）各种标志是否齐全、清晰。

（10）低压母线的绝缘护套是否良好，有无过热现象。

（11）箱式变电站内是否有正确的低压网络图。

（12）周围有无威胁安全、影响工作和阻塞检修车辆通行的堆积物。

（13）防小动物设施是否完好。

（14）接地装置是否可靠，防雷装置是否完好。

Jb0006233031　箱式变电站的防雷设备与接地装置有哪些要求？（5分）

考核知识点：箱式变电站的运维

难易度：难

标准答案：

（1）防雷装置应在雷雨季之前投入运行。

（2）防雷装置的巡视周期与箱式变电站的巡视周期相同。

（3）防雷装置检查、试验周期为一年一次，避雷器绝缘电阻试验一年一次，避雷器工频放电试验3年一次。

（4）箱式变电站所辖的电气设备的接地电阻测量每两年一次，测量接地电阻应在干燥天气进行。

（5）箱式变电站的接地装置的接地电阻不应大于4Ω。

（6）箱式变电站内各部件接地应良好，引下线各接头应良好，接地卡子和引线连接处不应有锈蚀。

Jb0006233032　箱式变电站的巡视周期是如何规定的？（5分）

考核知识点：箱式变电站的运行维护

难易度：难

标准答案：

箱式变电站的巡视周期见表Jb0006233032。

表Jb0006233032

序号	项目	周期	备注
1	巡视检查	每月一次	重要箱式变电站适当增加巡视次数
2	电流电压测量	半年至少一次	
3	开关检查、小修理	每年一次	

续表

序号	项目	周期	备注
4	开关整定试验	2年一次	重要箱式变电站适当增加巡视次数
5	设备及各部件清扫检查	每年至少一次	
6	变压器绝缘电阻测量	4年一次	
7	接地装置测试	2年一次	
8	保护装置、仪表测试	2年一次	

Jb0006233033　配电线路巡视的方法和要求有哪些？（5分）

考核知识点：配电线路巡视

难易度：难

标准答案：

（1）巡线工作应由有电力线路工作经验的人员担任。单独巡线人员应考试合格并经工区（公司、所）主管生产领导批准。电缆隧道、偏僻山区和夜间巡线应由两人进行。在暑天或大雪等恶劣天气下，必要时由两人进行。单人巡线时，禁止攀登电杆和铁塔。

（2）雷雨、大风天气下或事故巡线，巡视人员应穿绝缘鞋或绝缘靴；暑天、山区巡线应配备必要的防护工具和药品；夜间巡线应携带足够的照明工具。

（3）夜间巡线应沿线路外侧进行；大风巡线应沿线路上风侧前进，以免触及断落的导线；特殊巡视应注意选择路线，防止洪水、塌方、恶劣天气等对人的伤害。

（4）事故巡线应始终认为线路带电，即使明知该线路已停电，也应认为线路随时有恢复送电的可能。

（5）巡线人员发现导线、电缆断落地面或悬吊空中，应设法防止行人靠近断线地点8m以内，以免跨步电压伤人，并迅速报告调度和上级，等候处理。

Jb0006233034　配电线路缺陷处理程序是什么？（5分）

考核知识点：配电线路缺陷处理

难易度：难

标准答案：

（1）巡视人员发现缺陷后登记在缺陷记录上，并上报运行管理单位技术负责人。

（2）技术员审核后交运行管理单位主管人员决定处理意见，重大及以上缺陷应立即上报县级运维主管单位，共同研究处理意见。

（3）巡视人员发现紧急缺陷时应立即向有关领导汇报，管理人员组织作业人员迅速处理，消缺后登记在缺陷记录上。

（4）缺陷处理完毕后，由技术员现场验收并签字，不合格时将此缺陷重新按缺陷处理程序办理。

（5）缺陷处理完毕后，应登记在检修记录中，相关处理人员和验收人员签字存档。

（6）春、秋检中发现并已处理的缺陷不再执行缺陷处理程序，但应统计在当月的总消除中，发现未处理的缺陷应执行缺陷处理程序。

（7）登记的缺陷应分为高压、低压、设备等部分。

（8）消除的缺陷必须保证质量，确保在一年内不能再出现问题。

Jb0006233035 简述配电线路故障点的查找方法。（5 分）

考核知识点：配电线路故障查找方法

难易度：难

标准答案：

正确分析和判断故障点是故障抢修的关键，及时准确查找故障点是故障抢修的保障。

（1）通过报修电话或停电通知，对停电线路进行确认。

（2）对于发生接地的线路，要从变电站出线开始巡视查找故障点，采取分级测试的方法查找。

（3）人工巡视时要向群众搜集故障信息，并按线路巡视要求进行。

（4）查到故障点后，应保护好现场，防止故障扩大，做好故障处理的前期工作。

（5）当故障点没有找到时，可采用分段排除法判断，停分支线，送主干线，逐级试送，判断故障线路，缩小故障面积，然后查找故障点。

（6）可以通过线路安装的故障指示仪来判断故障线路，查找故障点。

（7）断路故障点查找重点要考虑导线触点是否断开、外力破坏等因素。

（8）短路故障点查找重点要考虑导线引流、树害及外力破坏等因素。

（9）接地故障点查找重点要考虑避雷器或绝缘子是否击穿，导线是否与树接触，过引线是否与横担相接等因素。

Jb0006233036 抢修预案内容应包括哪些？（5 分）

考核知识点：抢修预案的内容

难易度：难

标准答案：

（1）成立事故抢修领导小组，明确抢修小组总指挥，明确相关抢修人员的职责。

（2）明确事故抢修原则，保证尽快消除事故，减少停电时间。

（3）明确事故抢修标准，达到安全可靠运行。

（4）明确事故抢修保证措施，如人员组织要得力，车辆安排要充足，使用合格的工器具和材料。

（5）建立健全抢修相关人员与政府、医疗、保险等部门的联络机制，保证沟通顺畅，便于解决因事故带来的其他影响。

（6）明确事故抢修启动条件，避免盲目进行事故抢修，造成人员或设施受损及材料的浪费。

Jb0006233037 配电线路沿线情况巡视的要求有哪些？（5 分）

考核知识点：配电线路巡视

难易度：难

标准答案：

（1）防护区内有无堆放的柴草、木材、易燃易爆物及其他杂物。

（2）防护区内有无危及线路安全运行的天线、井架、脚手架、机械施工设备等。

（3）防护区内有无土建施工、开渠挖沟、植树造林、种植农作物、堆放建筑材料等危害线路的运行。

（4）防护区内有无爆破、土石开方损伤导线的可能。

（5）线路附近的树木、建筑物与导线的间隔距离是否符合规程规定。

（6）邻近的电力、通信、索道、管道及电缆架设是否影响线路安全运行。

（7）河流、沟渠边的杆塔有无被水冲刷、倾倒的危险。

（8）跨越鱼塘、湖泊等架空线路附近是否有严禁钓鱼的警示牌。

（9）沿线其他环境情况。

（10）线路巡视和检修通道是否畅通。

Jb0006233038　配电线路巡视的危险点分析及安全控制措施有哪些？（5分）

考核知识点：配电线路巡视

难易度：难

标准答案：

配电线路巡视的危险点及控制措施见表Jb0006233038。

表 Jb0006233038

危险点	控制措施
狗咬、蜂蜇、交通意外、溺水、摔伤	巡线路过村屯和可能有狗的地方先吆喝，备用棍棒，防备被狗咬
	发现蜂窝时不要触碰。带治疗蜂蜇、蛇咬药及防中暑的药品
	横过公路、铁路时，要注意观望，遵守交通法规，以免发生交通意外事故
	过河时，不得趟不明深浅的水域，不得踩薄或疏松的冰。过没有护栏的桥时，要小心防止落水
	巡线时应穿工作鞋，路滑或过沟、崖、墙时防止摔伤，沿线路前进，不走险路
	单人巡视时禁止攀登杆塔
触电伤害	沿线路外侧行走，大风巡线应沿线路上风侧前进
	发现导线断落地面或悬吊空中，应设法防止行人靠近断线地点8m以内
	登杆塔检查时与带电体保持足够的安全距离，带电体上有异物时严禁用手直接取下

Jb0006233039　配电线路倒杆故障的处理方法和步骤有哪些？（5分）

考核知识点：配电线路倒杆故障处理

难易度：难

标准答案：

由于电杆基础未夯实、埋深不够、积水或冲刷、外力碰撞、线路受力不均造成电杆倾斜、混凝土杆水泥脱落露筋等都容易引起倒杆事故，要及时进行处理。

（1）发生倒杆事故后，立即派人巡线，在出事地点看守，应认为线路带电，防止行人靠近。

（2）立即向上级领导汇报事故现场情况及事故原因，如自然现象造成的事故应在上级领导的批准下通知保险公司等有关部门，以便索赔。

（3）拉开事故线路上级控制开关或接到领导通知确认线路停电，做好工作地段两端的安全措施后，方可开始抢修。

（4）组织人员，准备工具、材料，更换不能使用的金具及绝缘子，扶正或更换电杆，夯实基础。

（5）电杆组立或扶正要注意埋深，底盘和卡盘要牢固可靠。

Jb0006233040　配电线路绝缘子故障的处理方法和步骤有哪些？（5分）

考核知识点：配电线路绝缘子故障处理

难易度：难

标准答案：

受雷击、污闪、电晕、自然老化因素等影响，易使绝缘子的绝缘能力下降，从而引起线路故障。

（1）绝缘子因脏污造成绝缘水平下降，应定期进行巡视、清扫和测量，发现不合格的及时更换。

（2）在污染严重地区可在绝缘子表面涂防污涂料，也可使用防污绝缘子。

（3）由于绝缘子老化造成的绝缘下降，应及时更换绝缘子。

（4）在高电压作用下，因导线周围电场强度超过空气击穿强度，会对绝缘子造成电晕伤害，故应采用加大导线半径的方法来处理。

Jb0006233041 操作票的执行要求有哪些？（5 分）

考核知识点：操作票的执行要求

难易度：难

标准答案：

（1）填好的操作票，必须与系统接线图或模拟图核对，经核实无误后，操作人、监护人在操作票上签名后，由监护人在操作票上填写操作开始时间；并按操作步骤在模拟图上逐项进行核对性模拟操作，以核对操作步骤的正确性。

（2）准备好必要的安全工器具、钥匙，并核查其是否合格。

（3）操作前首先核对将要操作设备的名称、编号和位置，操作时由监护人唱票，操作人应复诵一遍，监护人确认复诵正确，即发出“对”或“执行”的命令，操作人方可进行操作。每操作完一项，监护人、操作人应再检查确认设备确已动作到位后，由监护人在本操作项目前做“√”的标记。

（4）操作时要严格按照操作票的顺序进行，严禁漏操作或重复操作。

（5）全部操作完毕后，监护人应对操作设备进行全面检查，以检查全部操作的正确性及有无遗漏，并在倒闸操作票结束时间栏内填写结束时间，由监护人立即向值班调度员或运行值班负责人汇报操作任务完成及操作结束时间，并盖“已执行”章。

（6）操作中产生疑问时，不准擅自更改操作票，应向操作发令人询问清楚，无误后再进行操作，任何人不得随意解除闭锁装置。

Jb0006233042 10kV 开关站操作时的注意事项有哪些？（5 分）

考核知识点：开关站操作注意事项

难易度：难

标准答案：

（1）停电：将检修设备的高低压侧全部断开且有明显的断开点，开关的把手必须锁住。

（2）验电；必须将符合电压等级的验电笔在有电的设备上验电后，再对检修设备的两侧分别验电。

（3）放电：验明检修的设备确无电压后装设接地线，先接接地端，后将接地线的另一端对检修停电的设备进行放电，直至放尽电荷为止。

（4）装设接地线（操作接地开关）：使用符合规定的导线，先接接地端，后接三相短路封闭接地线。拆除接地线时顺序与此相反。

1）均应使用绝缘棒或戴绝缘手套。

2）接地线接触必须良好。

3）接地线三相应缠绕。

4）分、合接地开关时，如发现分、合不到位或机构有卡涩现象时，应立即停止操作。等处理好后方可重新操作。

（5）悬挂标志牌和装设遮栏。

1）在合闸即可将电送到工作地点的开关操作把手上必须悬挂“禁止合闸、有人工作”的标志牌，必要时应加锁。

2）部分停电时，安全距离小于规定距离的停电设备，必须装设临时遮栏，并挂上“止步、高压危险”的标志牌。

Jb0006233043　剩余电流动作保护器安装后的调试要求是什么？（5分）

考核知识点：剩余电流动作保护器安装要求

难易度：难

标准答案：

（1）安装剩余电流动作总保护的低压电力网，其剩余电流应不大于保护器额定剩余动作电流的50%，达不到要求时应进行整修。

（2）装设剩余电流动作保护器的电动机及其他电气设备的绝缘电阻不应小于0.5MΩ。

（3）装设在进户线上的剩余电流动作保护器，其室内配线的绝缘电阻：晴天不宜小于0.5MΩ，雨季不宜小于0.08MΩ。

（4）保护器安装后应进行如下检测：

1）带负荷分、合开关3次，不得误动作。

2）用试验按钮试验3次，应正确动作。

3）各相用试验电阻接地试验3次，应正确动作。

Jb0006233044　安全用电的注意事项有哪些？（5分）

考核知识点：安全用电注意事项

难易度：难

标准答案：

随着生活水平的不断提高，生活中用电的地方越来越多了。因此，人们有必要掌握以下最基本的安全用电常识：

（1）认识了解电源总开关，学会在紧急情况下关断总电源。

（2）不用手或导电物（如铁丝、钉子、别针等金属制品）去接触、探试电源插座内部。

（3）不用湿手触摸电器，不用湿布擦拭电器。

（4）电器使用完毕后应拔掉电源插头；插拔电源插头时不要用力拉拽电线，以防止电线的绝缘层受损造成触电；电线的绝缘皮剥落，要及时更换新线或者用绝缘胶布包好。

（5）发现有人触电要设法及时关断电源；或者用干燥的木棍等物将触电者与带电的电器分开，不要用手去直接救人；年龄小的同学遇到这种情况，应呼喊成年人相助，不要自己处理，以防触电。

（6）不随意拆卸、安装电源线路、插座、插头等，哪怕安装灯泡等简单的事情，也要先关断电源，并在家长的指导下进行。

Jb0006233045　电气火灾预防及灭火的用电常识有哪些？（5分）

考核知识点：电气火灾预防及灭火的用电常识

难易度：难

标准答案：

（1）应按国家和行业有关规程的要求装配熔断器、断路器（开关）及保护装置，确保其动作正确可靠。不得随意增大熔体的规格，不得以铜、铁、铝丝等其他金属导体代替熔体。

（2）导线连接应可靠，导线与插座、接线柱的连接应正确可靠，接触良好，不得使用老化、破损、劣质的电线、电器。

（3）对于潮湿、腐蚀、高温、污秽等不同场所，应选用相应的设备和安装方式。

（4）用电负荷不得超过导线的允许载流量，不能在电力线路上盲目增加用电设备。

（5）电气设备的安装位置及家用电器的放置，应避开热源、阳光直射、腐蚀性介质及容易被人或小动物损坏的场所，使用电热器具或长期使用的电器，应与易燃、易爆危险物品保持足够的安全距离。无自动控制的电热器具，人离开时必须断开电源。

（6）经常检查设备的运行情况并定期保养，当发现导线有过热或异味时，必须立即断开电源进行处理。

（7）发生电气火灾时，要先断开电源再行灭火，严禁用水扑救电气火灾。

Jb0006233046 供电企业应按照规定对本供电营业区内的客户进行用电检查，客户应当接受检查并为供电企业的用电检查提供方便，用电检查的范围有哪些？（5分）

考核知识点：用电检查的范围

难易度：难

标准答案：

用电检查的主要范围是客户受电装置，但被检查的客户有下列情况之一者，检查的范围可延伸至相应目标所在处。

（1）有多类电价的。

（2）有自备电源设备（包括自备发电厂）的。

（3）有二次变压设备的。

（4）有违章现象需延伸检查的。

（5）有影响电能质量的用电设备的。

（6）发生影响电力系统事故需做调查的。

（7）客户要求帮忙检查的。

（8）法律规定的其他检查。

（9）客户对其设备的安全负责，用电检查人员不承担因被检查设备不安全引起的任何直接损坏或损害的赔偿责任。

Jb0006233047 现场检查确认有危害供用电或扰乱用电秩序行为的应当怎样处理？（5分）

考核知识点：危害供用电或扰乱用电秩序行为的处理

难易度：难

标准答案：

现场检查确认有危害供用电安全或扰乱供用电秩序行为的，用电检查人员应按下列规定，在现场予以制止。拒绝接受供电企业按规定处理的，可按国家规定的程序停止供电，并请求电力管理部门依法处理，或向司法机关起诉，依法追究其法律责任。

（1）在电价低的供电线路上，擅自接用电价高的用电设备或擅自改变用电类别用电的，应责成客户拆除擅自接用的用电设备，或改正其用电类别，停止侵害，并按规定追收其差额电费和加收电费。

（2）擅自超过注册或合同约定的容量用电的，应责成客户拆除或封存私增电力设备，停止侵害，并按规定追收基本电费和加收电费。

（3）超过计划分配的电力、电量指标用电的，应责成其停止超用，按国家有关规定限制其所用电力并扣还其超用电量或按规定加收电费。

（4）擅自使用已在供电企业办理暂停手续的电力设备或启用已被供电企业封存的电力设备的应再次封存该电力设备，制止其使用，并按规定追收基本电费和加收电费。

（5）擅自迁移、更动或操作供用电企业用电计量装置、电力负荷控制装置、供电设施，以及合同

（协议）约定由供电企业调度范围的客户受电设备的，应责成其改正，并按规定加收电费。

（6）未经供电企业许可，擅自引入（或供出）电源或者将自备电源擅自并网的，应责成客户当即拆除接线，停止侵害，并按规定加收电费。

Jb0006233048　工作负责人、专责监护人应始终在工作现场，对工作班人员进行认真监护，及时纠正不安全行为，不得擅离职守，出现哪些情况必须使用工作任务单并指派专责监护人？（5分）

考核知识点：工作任务单的使用

难易度：难

标准答案：

（1）工作地点分散，工作负责人不能在作业现场同时监护多班组作业，工作安全风险较大。

（2）工作地点存在同杆架设线路、交叉跨越线路、邻近带电线路。

（3）工作地点附近有同类型设备，易造成误登杆塔、误入间隔。

（4）工作地点有需要配合停电的设备。

（5）工作地点存在需要单独增设的安全措施。

（6）有较多雇佣民工或临时工参加工作。

（7）工作地点跨越河流、沟渠、房屋、公路或人员密集区等。

（8）工作负责人根据现场情况认为有必要时。

专责监护人不得兼做其他工作。专责监护人临时离开时，应通知被监护人员停止工作或离开工作现场，待专责监护人回来后方可恢复工作。专责监护人需长时间离开工作现场时，应由工作负责人变更专责监护人，履行变更手续，并告知全体被监护人员。

Jb0006233049　坑洞开挖工作的主要安全措施是什么？（5分）

考核知识点：坑洞开挖工作的安全措施

难易度：难

标准答案：

（1）施工前，应与地下管线、电缆等地下设施主管单位沟通，根据作业区域地下设施埋设走向图，掌握其分布情况，确定开挖位置。特别是涉及天然气、煤气、自来水、地埋电线电缆管道等地下设施时，应请其主管单位现场指挥、协调。

（2）要及时清理坑口土石块，土质松软处应加设挡板、撑木等，防止塌方，圩区、水田等地段应采取相应防塌措施。

（3）已开挖的沟（坑）应设盖板或可靠遮栏，挂警告标牌，夜间设置警示照明灯，并设专人看守。

（4）在下水道、煤气（天然气）管线、潮湿地、垃圾堆或腐质物等附近从事挖沟（坑）时，应在地面上设监护人，挖深超过2m时，应采取戴防毒面具、带救生绳、向坑中送风等安全措施。监护人应密切注意沟（坑）内的工作人员状况，防止人员气体中毒。

Jb0006233050　安装、更换配电变压器工作的主要安全措施是什么？（5分）

考核知识点：安装、更换配电变压器的安全措施

难易度：难

标准答案：

（1）拆除旧变压器时，应断开所有可能送电至原变压器各侧的断路器（隔离开关），应有明显断

开点，验明确无电压后可靠接地，并悬挂标识牌。

（2）在作业区域外围设置遮栏并悬挂“止步，高压危险！”“从此进出！”“在此工作！”等标识牌，在人口密集区、交通道口作业，应增设专人看守，防止无关人员进入作业区域。作业前，应检查变压器台架杆基、杆根、拉线是否良好，防止倒断杆。

（3）吊运设备过程中应做好防范措施，防止吊臂、吊绳、吊物等与周围带电线路安全距离不足，起吊时应轻起慢放、平稳移动，防止剧烈摆动，必要时应增加临时拉绳。

（4）使用链条葫芦吊运变压器前，应检查钢构件等承力部件是否可靠、牢固，变压器与台架固定是否牢固、水平。

（5）台架上作业应使用安全带，传递工具、材料等物件应使用绳索，禁止上下抛掷。

（6）安装调试完工后，应检查清理现场，严格遵守工作终结和恢复送电制度，按照操作流程进行恢复送电，严禁擅自盲目操作。

Jb0006233051　配电屏、台区低压出线检修工作的主要安全措施是什么？（5分）

考核知识点：配电屏、台区低压出线检修工作的安全措施

难易度：难

标准答案：

（1）有防触电、防高处坠落、防倒断杆、防误登电杆、防高空坠物等安全措施。

（2）作业前应认真核对设备编号、名称、位置，防止误登带电杆塔。

（3）正确使用个人工器具，并做好相应安全措施，如用绝缘胶带缠绕螺钉旋具等工具金属裸露部位，防止低压短路。

（4）断路器、隔离开关等操作把手应可靠闭锁，并悬挂“禁止合闸，（线路）有人工作！”等标示牌，必要时设专人看守。

Jb0006233052　放（紧、撤）线工作的主要安全措施是什么？（5分）

考核知识点：放（紧、撤）线工作的安全措施

难易度：难

标准答案：

（1）有防触电、防高处坠落、防倒断杆、防误登杆塔、防高空坠物等安全措施。

（2）放（紧、撤）线应专人指挥、统一信号、畅通信息、步调协调，并加强监护。

（3）交叉跨越邻近电力线路时，要提前勘察现场，做好相应安全措施。

（4）跨越河流、高速公路、铁路时，应提前联系相关主管部门，协调做好相应安全措施，必要时可采取封航、封路、搭设跨越架、专人在交通道口看守、设置明显的警示标志等安全措施。

（5）遇有障碍物挂住时，应先松动导线，沿线巡查，待查明原因并处理后方可重新开工，不能生拉硬拽。

（6）人员应站在牵引绳、导线外侧，不能站在导地线线圈内或牵引绳、架空线等下方，防止跑线伤人。

（7）放（紧、撤）线前应检查杆根、桩锚、拉线、基础，必要时应增加临时拉绳、桩锚，防止倒断杆。

（8）禁止采用突然剪断导线的方法松线。

（9）放（紧、撤）线作业，在关键地点、部位应增设专责监护人，工作负责人、专责监护人不得擅自离开现场。

Jb0006233053　装表、接电工作的主要安全措施是什么？（5分）

考核知识点：装表、接电工作的安全措施

难易度：难

标准答案：

（1）带电更换表计时，要采取与低压带电作业相同的安全防护措施。

（2）电能表与电流互感器、电压互感器配合，接线工作应停电进行。

（3）登杆前应认真核对杆塔名称、杆号、位置，防止误登杆塔。

（4）高处作业及杆上移动过程中必须使用安全带，防止高处坠落。

（5）要做好相应防范措施，防止因低压线路裸露部分误碰、误触有线电视、光缆、电话线等线路而造成线路带电误伤人。

（6）在居民小区等多客户地点安装电能表时，应提前查看低压线路接线及分布，分清电源点和相线、中性线，防止因误接线造成短路、触电危险。

Jb0006233054　营销移动作业服务终端实现的业务主要有哪些？（5分）

考核知识点：移动作业服务终端

难易度：难

标准答案：

受理业扩报装及相关业务环节办理，开展现场用电检查业务，开展电能计量现场装拆业务，开展现场抄表业务，进行远程电费充值的现场应急处置等。

Jb0006233055　供电所日常做的电力设施保护工作有哪些？（5分）

考核知识点：电力设施保护

难易度：难

标准答案：

（1）防外力破坏工作。

（2）安装鱼塘警示牌。

（3）悬挂、张贴电力设施保护标语、宣传画等。

（4）发放有关电力设施保护宣传物品。

（5）到社区、学校开展电力设施保护的宣传活动。

（6）对属地范围内的输、配电线路进行巡视。

Jb0006233056　理论线损的计算方法有哪些？（5分）

考核知识点：理论线损的计算

难易度：难

标准答案：

理论线损的计算方法有平均电流法（形状系数法）、均方根电流法、最大电流法（损失系数法）、最大负荷损失小时法、电压损失法、分散系数法和等值电阻法等。计算10kV配电网线损，一般采用等值电阻法。

Jb0006233057　简述降低线损的建设措施，列举5条。（5分）

考核知识点：降低线损的运维措施

难易度：难

标准答案：

对配电网进行科学规划，增强配电网结构的合理性。主要是指“按照密布点、短半径”原则，合理确定变压器安装位置，减少电网升降压环节，以10kV电力线路为主网架，并引入负荷密集区域。

（1）对电网进行升压改造。

（2）增加并列线路运行。

（3）采用绝缘导线提高线路绝缘水平，并适当增大线路的导线截面。

（4）改进不正确的接线方式，如迂回供电、线路线径不一、配电变压器不在负荷中心，实施低压台区的升级改造。

（5）增设无功补偿装置。

（6）采用节能配电变压器，逐步淘汰高能耗变压器。

Jb0006232058 简述提升线损的管理措施。（5分）

考核知识点：提升线损的措施

难易度：中

标准答案：

（1）建立健全营销管理制度，使营销管理制度化、规范化、标准化、系统化。

（2）营销人员要及时掌握每个台区损失率的波动情况，及时查清问题。

（3）确保电量在抄、核环节正确无误，严禁估、漏抄表。定期和不定期地分线路同步查抄计量总表和分表，严防偷、漏、差、错等问题的发生。

（4）加强计量管理和用电检查工作，保障计量装置正确计量。

（5）管理线损中的损失大部分来自营销管理环节。因此加强营销管理，堵塞各种漏洞对减少管理线损具有重要的意义。

Jb0006233059 用电信息采集系统中出现供入电量为零现象，引起该现象的原因可能有哪些？（5分）

考核知识点：用电采集系统

难易度：难

标准答案：

（1）电能表参数设置错误，表码采集失败，造成电量为空。

（2）终端离线造成电量为空。

（3）暂停终端造成的客户电量为空。

（4）综合倍率为空造成的客户电量为空。

Jb0006233060 用电采集系统中出现供出电量大于供入电量现象，引起该现象的原因可能有哪些？（5分）

考核知识点：用电采集系统

难易度：难

标准答案：

（1）供入表码采集与实际不符合，所采集表码至偏小。

（2）供入分量TA×TV=1，即综合倍率错误。

（3）供出分量出现跳码现象。

（4）部分客户所属台区错误。

Jb0006232061　任意列举 5 条造成负损的可能原因。（5 分）

考核知识点：负损台区

难易度：中

标准答案：

（1）台户关系不一致导致长期负损。

（2）光伏发电客户档案错误导致长期负损。

（3）计量装置倍率错误导致长期负损。

（4）台区总表计量接线错误导致长期负损。

（5）数据补全不合格导致长期负损。

（6）表计时钟超差导致长期负损。

（7）台区计量装置故障导致长期负损。

（8）台区总表前接电导致长期负损。

Jb0006233062　线损管理中线损分析的目的是什么？（5 分）

考核知识点：线损分析

难易度：难

标准答案：

（1）找出当前线损工作中的不足和缺点，指明降损方向。

（2）找出电力网结构的薄弱环节，确定今后电力网结构改善的工作重点。

（3）找出电力网运行中存在的问题，制定最佳运行方案。

（4）找出降损措施在实施中存在的问题，确保新的降损措施更具有针对性和科学性。

（5）查找出线损升、降的原因，确定今后降损的主攻方向。

Jb0006232063　根据场站类型和车辆类型可将电动汽车充换电模式分为哪几类？（5 分）

考核知识点：电动汽车

难易度：中

标准答案：

根据场站类型和车辆类型可将电动汽车充换电模式分为直流充电、交流充电、电池更换等模式。

Jb0006232064　电动汽车充换电设施根据充电服务需求和服务对象的不同，可划为哪几类？（5 分）

考核知识点：电动汽车充换电设施

难易度：中

标准答案：

电动汽车充换电设施根据充电服务需求和服务对象的不同，可划为城际公共充换电设施、城市公共充换电设施、专用充电站、私人充电桩。

Jb0006233065　新能源的特点有哪些？（5 分）

考核知识点：新能源

难易度：难

标准答案：

（1）资源丰富，普遍具备可再生特性，可供人类永续利用。

（2）能量密度低，开发利用需要较大空间。

（3）不含碳或含碳量很少，对环境影响小。

（4）分布广，有利于小规模分散利用。

（5）间断式供应，波动性大，对继续供能不利。

（6）目前除水电外，可再生能源的开发利用成本比化石能源高。

第八章　农网配电营业工（台区经理）技师技能操作

Jc0002243001　直流电桥测量变压器高、低压侧直流电阻。（100 分）

考核知识点：仪器仪表使用

难易度：难

技能等级评价专业技能考核操作工作任务书

一、任务名称

直流电桥测量变压器高、低压侧直流电阻。

二、适用工种

农网配电营业工（台区经理）技师。

三、具体任务

（1）准备必要的工具及安全工器具。

（2）工作任务：直流电桥测量变压器高、低压侧直流电阻。

四、工作规范及要求

（1）单人操作。

（2）考核时注意人身和设备安全。

（3）工作结束后恢复原始状态。

五、考核及时间要求

（1）本考核操作时间为 15 分钟，时间到停止考评。

（2）按照技能操作记录单的操作要求进行操作。

技能等级评价专业技能考核操作评分标准

<table>
<tr><td>工种</td><td colspan="6">农网配电营业工（台区经理）</td><td>评价等级</td><td>技师</td></tr>
<tr><td>项目模块</td><td colspan="5">工具和设备—工器具使用</td><td>编号</td><td colspan="2">Jc0002243001</td></tr>
<tr><td>单位</td><td colspan="3"></td><td>准考证号</td><td colspan="2"></td><td>姓名</td><td></td></tr>
<tr><td>考试时限</td><td colspan="2">15 分钟</td><td>题型</td><td colspan="3">单项操作</td><td>题分</td><td>100 分</td></tr>
<tr><td>成绩</td><td></td><td>考评员</td><td></td><td>考评组长</td><td colspan="2"></td><td>日期</td><td></td></tr>
<tr><td>试题正文</td><td colspan="8">直流电桥测量变压器高、低压侧直流电阻</td></tr>
<tr><td>需要说明的问题和要求</td><td colspan="8">（1）给定条件：对现场给定被测变压器高、低压侧进行直流电阻的测量（测试环境湿度小于 85%）。
（2）考场设在室外（备有配电变压器），工作环境条件满足要求。
（3）正确选择直流电桥。
（4）正确检查直流电桥。
（5）检查被测设备。
（6）正确进行变压器高、低压侧直流电阻测量工作。
（7）正确记录测量结果。
（8）各项得分均扣完为止</td></tr>
</table>

续表

序号	项目名称	质量要求	满分	扣分标准	扣分原因	得分
1	着装	戴安全帽，着全棉长袖工作服，戴棉质线手套，穿绝缘鞋	5	未按要求着装，每处扣 2 分； 着装不规范，每处扣 2 分； 工作过程中全程戴手套，每摘一次扣 1 分		
2	直流电桥的选择	测量中等阻值（10～$10^6\Omega$）的电阻选用惠斯登单臂电桥，测量阻值较小（1Ω以下）的电阻一般采用双臂电桥（开尔文电桥）	10	选择单、双臂电桥，漏选一个扣 5 分		
3	检查直流电桥	使用直流电桥应做的检查：外壳有无破损；接线端子是否齐全、完好，各按键是否操作灵活且应在弹出位置；各连接片是否齐全；电桥内是否有电池	5	未进行外观检查扣 5 分； 检查不全面，每项扣 1 分		
4	被测设备检查	检查设备是否处在停电状态，将设备充分放电后方可进行测量	5	未检查设备停电状态扣 3 分； 未对设备放电扣 1 分； 放电方法不正确扣 1 分		
5	直流电桥的接线	（1）测量高压侧时，直流电桥的测试引线应选用绝缘良好的多股软铜线；连接导线应尽量短而粗，导线接头应接触良好；单臂电桥“R_x”两接线柱引线应独立并分开。 （2）测量低压侧时，将被测变压器按四端连接法，接在双臂电桥相应的 C1、P1、P2、C2 的接线柱上，电压线和电流线分开，各接线端坚固，非被试绕组要开路	10	电桥引线选择错误，每次扣 2 分； 连接导线不符合要求，每次扣 2 分； 引线缠绕，每次扣 1 分； 电桥电压线和电流线不分开，每次扣 1 分； 电桥电压线和电流线位置不对，每次扣 1 分； 测量接线接触不良，每次扣 1 分； 非被试绕组没开路扣 2 分		
6	直流电阻的测试	（1）根据被测电阻 R_x 的大致数值（可用万用表粗测），选择适当的比率臂。 （2）打开检流计锁扣；检查检流计是否调整在零位上。 （3）比率臂的选择一定要保证比较臂的四个档都能用上，以确保测量结果有 4 位有效数字。 （4）由于绕组电感较大，需等几分钟充电，待电流稳定后，才能接通检流计进行测量。 （5）观察检流计指针的偏转情况，指针向“+”方向偏转，需增大比较臂阻值，反之，则减小比较臂阻值，如此反复进行，直到电桥平衡，指针指零，电桥平衡。 （6）直流双臂电桥的工作电流较大，测量时要迅速，以避免电池的无谓消耗	40	仪表放置不水平或有振动，每次扣 1 分； 不校验检流计零点或灵敏度，每次扣 1 分； 未估算或粗测被测阻值，每次扣 1 分； 检流计和电源按钮操作顺序不对，每次扣 2 分； 比率臂选择不合适，每次扣 2 分； 充电方法不正确扣 2 分； 比较臂调整方法不对扣 2 分； 损坏电桥指针扣 10 分； 少测量一相扣 2 分； 测量数据错误，每次扣 2 分； 操作顺序错误扣 40 分； 检流计不稳读数，每次扣 5 分； 未按单、双臂电桥正确使用方法操作，每次扣 10 分		
7	拆除接线	（1）测量完毕，先断开检流计按钮，再断开电源按钮，然后拆除被测设备，将检流计锁扣锁上，以防搬动过程中损坏检流计。 （2）被试设备充分放电后方可拆除接线	10	测量完毕，未先断开检流计按钮，每次扣 2 分； 未将检流计锁扣锁上，每次扣 2 分； 拆除接线时未将设备充分放电，每次扣 5 分		
8	直流电阻记录	电桥平衡后，根据比率臂和比较臂的示值，按下式计算被测电阻大小，被测电阻值＝比率臂示值 × 比较臂示值，对三相直流电阻进行换算，不考虑测量现场的温度（相间电阻差别不大于三相平均值的 4%，线间电阻差别不大于三相平均值的 2%）	10	未记录环境温度、湿度各扣 2 分； 未记录测量数据或记录错误扣 2 分； 计算方法不正确扣 2 分； 对电阻值不进行换算、不对称系数不正确者扣 2 分		
9	文明生产	文明工作，确保工作环境整洁，工作完成回收工器具，恢复现场	5	收拾场地不充分扣 2 分； 未收拾试验场地扣 5 分		
合计			100			

Jc0003243002 导线展放和紧线。（100 分）

考核知识点： 导线架设

难易度： 难

技能等级评价专业技能考核操作工作任务书

一、任务名称

导线展放和紧线。

二、适用工种

农网配电营业工（台区经理）技师。

三、具体任务

（1）准备必要的工具及安全工器具。

（2）工作任务：导线展放和紧线。

四、工作规范及要求

（1）两人操作，一人监护。

（2）考核时注意人身和设备安全。

（3）工作结束后恢复原始状态。

五、考核及时间要求

（1）本考核操作时间为45分钟，时间到停止考评。

（2）按照技能操作记录单的操作要求进行操作。

技能等级评价专业技能考核操作评分标准

<table>
<tr><td>工种</td><td colspan="5">农网配电营业工（台区经理）</td><td>评价等级</td><td>技师</td></tr>
<tr><td>项目模块</td><td colspan="4">工具和设备—设备运维</td><td>编号</td><td colspan="2">Jc0003243002</td></tr>
<tr><td>单位</td><td colspan="2"></td><td>准考证号</td><td colspan="2"></td><td>姓名</td><td></td></tr>
<tr><td>考试时限</td><td colspan="2">45 分钟</td><td>题型</td><td colspan="2">单项操作</td><td>题分</td><td>100 分</td></tr>
<tr><td>成绩</td><td></td><td>考评员</td><td></td><td>考评组长</td><td></td><td>日期</td><td></td></tr>
<tr><td>试题正文</td><td colspan="7">导线展放和紧线</td></tr>
<tr><td>需要说明的问题和要求</td><td colspan="7">（1）按规定要求进行着装。
（2）此操作由三人完成，同时计算分数。
（3）节约时间不加分，超时停止作业，未完成项目不得分。
（4）各项得分均扣完为止</td></tr>
</table>

序号	项目名称	质量要求	满分	扣分标准	扣分原因	得分
1	工作前准备					
1.1	开工会	工作任务清楚、分工明确，告知危险点	4	未召开开工会扣2分； 无人员分工扣1分； 无危险点告知扣1分		
1.2	工具、材料	工具、安全用具检查，材料选择齐全	6	工具、安全用具不检查，每项扣2分； 材料漏选、选错，每项扣2分		
2	工作过程					
2.1	地面组装	横担、悬式绝缘子组装	4	横担地面组装错误，每次扣2分； 绝缘子不擦拭扣2分		
2.2	导线展放	展放正确、速度均匀、导线无损伤	10	线盘失控扣3分； 导线未做检查扣3分； 导线地面展放出现金钩扣4分		
2.3	登杆前的安全检查	符合安全工作规程规定	6	未检查杆根、埋深及拉线，每项扣2分； 脚扣（登高板）、安全带、传递绳未做外观检查和人体冲击试验，每项扣1分； 注：只需在第一次上杆时做检查、冲击试验		

续表

序号	项目名称	质量要求	满分	扣分标准	扣分原因	得分
2.4	上、下电杆	登杆时，动作熟练、规范、流畅	4	脚扣登杆时未全程使用安全带扣4分； 上下电杆时出现打滑动作，每次扣 0.5 分； 登杆工具掉落、滑脱，每次扣 2 分； 脚扣与脚扣互碰扣 0.5 分； 用力侧的脚站在上方扣 0.5 分； 脚扣与脚扣交叉扣 0.5 分		
2.5	安全带、保护绳、传递绳的正确使用	规范、正确	4	保护绳、传递绳应系绑在电杆或横担上，不得低挂高用，使用不当，每项扣 1 分		
2.6	横担安装	横担安装正确	8	吊横担碰撞电杆，每次扣 1 分； 横担安装位置不正确，每处扣 1 分； 横担安装不水平有明显扭歪扣 1 分； 横担安装后，受力滑动扣 2 分； 螺栓穿入方向不正确，每处扣 1 分； 距拉线抱箍尺寸不正确，扣 1 分； 缺少零件，每只（件）扣 1 分		
2.7	紧线操作及导线弧垂观测	挂线配合协调，紧线操作熟练，两相导线弧垂一致	10	无防跑线措施扣 2 分； 未进行弧垂观测扣 2 分； 出现跑线现象扣 4 分； 卡线器选用错误扣 2 分		
2.8	导线终端固定（1、2 号杆）	耐张线夹安装正确、熟练	10	铝包带缠绕方向不符合要求扣 1 分； 两端未回缠一道扣 1 分； 缠绕不紧密扣 1 分； 露出耐张线夹两端小于或大于 3～4cm，每处扣 1 分； 耐张线夹安装方向错误，每处扣 1 分； 耐张线夹压舌的安装位置不在一直线上扣 1 分； U 形螺栓紧固后长短不一扣 1 分； 弹簧垫片未压平，每处扣 1 分； 销钉穿向错误，每处扣 1 分； 缺少零件，每只（件）扣 1 分		
2.9	导线弧垂	弧垂满足要求	4	线间误差不大于 50mm 不扣分； 每项误差超过规定值扣 2 分		
2.10	拆除	操作步骤正确	5	导线横担、抱箍、拉线没按任务书要求拆除，相关任务不得分； 操作顺序错误扣 5 分		
3	安全生产	遵守安全操作规程	15	导线、横担、绝缘子坠落地面扣 5 分； 紧线器、个人工具掉落地面扣 1 分； 放置不当扣 1 分； 其他金具零件掉落地面，每件次扣 1 分； 物体传递磕碰一次扣 1 分； 调整拉线时人未下杆扣 1 分； 未调整扣 3 分； 杆上移位失去安全保护扣 2 分； 对有重大违章者视情况扣除本项全部分数直至终止操作		
4	文明生产	作业场地整洁；工具、材料摆放、回收整齐	5	工具使用不当，每次扣 1 分； 个人工具随手乱放扣 1 分； 操作现场有遗留物，每件扣 1 分； 工具、材料回收放置没到位扣 1 分		
5	时间	规定时间内完成任务	5	未按规定完成工作扣 5 分		
合计			100			

Jc0003243003 三相异步电动机正反向启动控制线路（辅助触点联锁）的现场安装及调试安装。（100 分）

考核知识点： 电动机控制

难易度： 难

技能等级评价专业技能考核操作工作任务书

一、任务名称

三相异步电动机正反向启动控制线路（辅助触点联锁）的现场安装及调试安装。

二、适用工种

农网配电营业工（台区经理）技师。

三、具体任务

（1）准备必要的工具及安全工器具。

（2）工作任务：根据图 Jc0003243003－1、图 Jc0003243003－2，现场安装及调试安装三相异步电动机正反向启动控制线路（辅助触点联锁）。

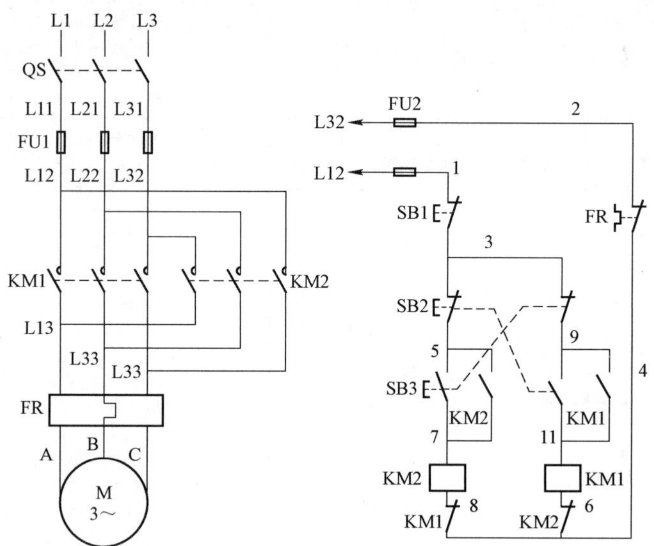

图 Jc0003243003－1

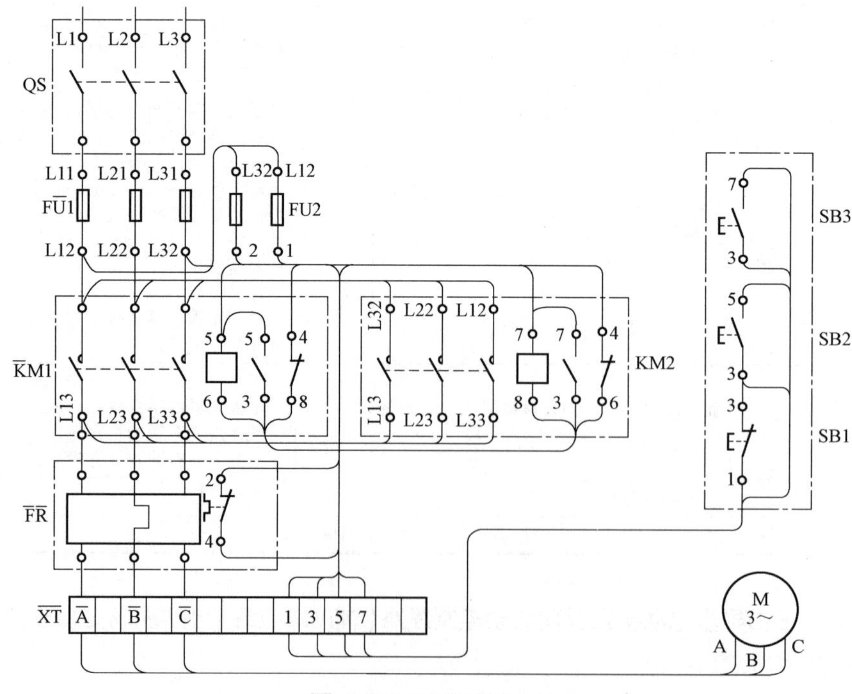

图 Jc0003243003－2

四、工作规范及要求

（1）单人操作。

（2）考核时注意人身和设备安全。

（3）工作结束后恢复原始状态。

五、考核及时间要求

（1）本考核操作时间为 60 分钟，时间到停止考评。

（2）按照技能操作记录单的操作要求进行操作。

技能等级评价专业技能考核操作评分标准

<table>
<tr><td>工种</td><td colspan="8">农网配电营业工（台区经理）</td><td>评价等级</td><td>技师</td></tr>
<tr><td>项目模块</td><td colspan="7">工具和设备—设备运维</td><td>编号</td><td colspan="2">Jc0003243003</td></tr>
<tr><td>单位</td><td colspan="3"></td><td colspan="2">准考证号</td><td colspan="3"></td><td>姓名</td><td></td></tr>
<tr><td>考试时限</td><td colspan="2">60 分钟</td><td colspan="2">题型</td><td colspan="4">单项操作</td><td>题分</td><td>100 分</td></tr>
<tr><td>成绩</td><td></td><td>考评员</td><td colspan="2"></td><td colspan="2">考评组长</td><td colspan="2"></td><td>日期</td><td></td></tr>
<tr><td>试题正文</td><td colspan="10">三相异步电动机正反向启动控制线路（辅助触点联锁）的现场安装及调试安装</td></tr>
<tr><td>需要说明的问题和要求</td><td colspan="10">（1）根据给定的三相电动机正反向启动控制线路（辅助触点联锁）电气原理图和安装接线图，现场安装三相电动机正反向启动控制线路（辅助触点联锁）。
（2）正确进行安装前电器元件检查。
（3）正确开展接线安装。
（4）要求有热继电器保护。
（5）要求须有辅助触点联锁。
（6）严格执行有关规程、规范。
（7）试车过程中防止短路、触电。
（8）严格执行有关规程、规范。
（9）试车过程中防止短路、触电。
（10）工作监护人一名，操作安装人一名。
（11）各项得分均扣完为止</td></tr>
</table>

序号	项目名称	质量要求	满分	扣分标准	扣分原因	得分
1	工具选择	工具、元器件选择正确	3	仪表未放电扣 2 分； 元器件选择不当扣 1 分		
2	导线选择	导线选择正确，应按主回路选择 BV−2.5mm²，控制回路选择 BV－1.5mm²	2	导线选择不当，每个扣 1 分		
3	检查测试各器件	（1）测试、检查各元器件性能方法正确。 （2）检查刀开关的三极触刀与静插座的接触情况。 （3）拆下接触器的灭弧罩，检查相间隔板。 （4）再认真检查两只交流接触器的主触点、辅助触点的接触情况，按下触点架检查各极触点的分合动作，必要时用万用表检查触点动作后的通断，以保证自保和联锁线路正常工作。 （5）用万用表测量电磁线圈的通断，并记下直流电阻值。 （6）测量电动机每相绕组的直流电阻值，并做记录。 （7）此外，还要认真检查热继电器。 （8）打开其盖板，检查热元件是否完好，用螺钉旋具轻轻拨动导板，观察动断触点的分断动作	15	未检查测试扣 15 分； 缺一小项未检测扣 2 分； 每一小项测试方法不当扣 2 分		
4	检查安装	检查元器件安装是否牢固	5	未检查扣 5 分		

续表

序号	项目名称	质量要求	满分	扣分标准	扣分原因	得分
5	接线	接线正确，供电回路不得出现短路或断路，闭锁回路安装正确	20	接线不当扣 5 分； 供电回路出现短路或断路扣 10 分； 闭锁回路安装错误扣 5 分		
6	布线	布线工艺符合要求，导线接头方法正确	5	布线差、凌乱扣 2 分； 接头方法不当扣 3 分		
7	检查线路	（1）空操作运行前，检查调试线路，检查方法正确。首先检查各端子处接线情况，排除虚接故障。 （2）再用万用表进行以下检查： 1）断开 QS，摘下 KM1、KM2 的灭弧罩，用万用表 R×1 挡测量检查以下各项。 a. 检查主电路，断开 FU2 以切除辅助电路。 b. 检查各相通路。两支表笔分别接 L11～L21、L21～L31 和 L11～L31 端子，测量相间电阻值，未操作前应测得断路；分别按下 KM1、KM2 的触点架，均应测得电动机一相绕组的直流电阻值。 c. 检查电源换相通路。两支表笔分别接 L11 端子和接线端子板上的 U 端子，按下 KM1 的触点架时应测得 R→0；松开 KM1 而按下 KM2 触点架时，应测得电动机一相绕组的电阻值。用同样的方法测量 L31～W 之间的通路。 2）检查辅助电路，拆下电动机接线，接通 FU2 将万用表表笔接于 QS 下端 L11～L31 端子，做以下几项检查： a. 检查正反车启动及停车控制，操作按钮前应测得断路；分别按下 SB2 和 SB3 时，各应测得 KM1 和 KM2 的线圈电阻值；如同时再按下 SB1，万用表应显示线路由通而断。 b. 检查自保线路，分别按下 KM1 及 KM2 触点架，应分别测得 KM1、KM2 的线圈电阻值。 c. 检查联锁线路，按下 SB2（或 KM1 触点架），测得 KM1 线圈电阻值后，再同时轻轻按下 KM2 触点架使其动断触点分断，万用表应显示线路由通而断。 d. 用同样方法检查 KM1 对 KM2 的联锁作用	15	未进行检查扣 15 分； 缺一小项未检查扣 2 分； 每小项检查方法不当扣 1 分		
8	操作试验	空操作试验，首先合上刀开关 QS，做以下几项空操作实验： （1）正、反向启动、停车。按下 SB2，KM1 应立即动作并能保持吸合状态；按 SB1 使 KM1 释放；按下 SB3，则 KM2 应立即动作并保持吸合状态；再按 SB1，KM2 应释放。 （2）联锁作用试验。按下 SB2 使 KM1 得电动作；再按下 SB3，KM1 不释放且 KM2 不动作；按 SB1 使 KM1 释放，再按下 SB3 使 KM2 得电吸合，按下 SB2，则 KM2 不释放且 KM1 不动作。反复操作几次检查联锁线路的可靠性。 （3）用绝缘棒按下 KM1 的触点架，KM1 应得电并保持吸合状态；再用绝缘棒缓慢地按下 KM1 触点架，KM1 应释放，随后 KM2 得电吸合；再按下 KM1 触点架，则 KM2 释放而 KM1 吸合。 （4）一次不成功，可检查再试一次	15	未进行空操作实验扣 15 分； 缺一小项未实验扣 3 分； 每小项实验方法不当扣 2 分		

续表

序号	项目名称	质量要求	满分	扣分标准	扣分原因	得分
9	试车启动	（1）带负荷试车。切断电源后接好电动机接线，装好接触器灭弧罩，合上刀开关后试车。 （2）首先试验正、反向启动、停车：操作SB2使电动机正向启动。 （3）操作SB1停车后，再操作SB3使电动机反向启动。 （4）注意观察电动机启动时的转向和运行声音，如有异常则立即停车检查	10	缺一小项未试扣5分； 一小项试车不成功扣5分； 检查后再试不成功扣10分		
10	安全文明生产	严格遵守《国家电网公司电力安全工作规程（配电部分）》	5	违章作业，每次扣1分		
11	现场清洁	现场清洁，工具材料摆放整齐	5	不清洁扣3分； 摆放凌乱扣2分		
合计			100			

Jc0003243004 10kV 台架式变压器的现场安装。（100 分）

考核知识点：变压器架设

难易度：难

技能等级评价专业技能考核操作工作任务书

一、任务名称

10kV 台架式变压器的现场安装。

二、适用工种

农网配电营业工（台区经理）技师。

三、具体任务

（1）准备必要的工具及安全工器具。

（2）工作任务：10kV 台架式变压器的现场安装。

四、工作规范及要求

（1）两人操作，一人监护。

（2）考核时注意人身和设备安全。

（3）工作结束后恢复原始状态。

五、考核及时间要求

（1）本考核操作时间为 180 分钟，时间到停止考评。

（2）按照技能操作记录单的操作要求进行操作。

技能等级评价专业技能考核操作评分标准

<table>
<tr><td>工种</td><td colspan="5">农网配电营业工（台区经理）</td><td>评价等级</td><td>技师</td></tr>
<tr><td>项目模块</td><td colspan="4">工具和设备—设备运维</td><td>编号</td><td colspan="2">Jc0003243004</td></tr>
<tr><td>单位</td><td colspan="2"></td><td>准考证号</td><td colspan="2"></td><td>姓名</td><td></td></tr>
<tr><td>考试时限</td><td colspan="2">180 分钟</td><td>题型</td><td colspan="2">单项操作</td><td>题分</td><td>100 分</td></tr>
<tr><td>成绩</td><td></td><td>考评员</td><td></td><td>考评组长</td><td></td><td>日期</td><td></td></tr>
<tr><td>试题正文</td><td colspan="7">10kV 台架式变压器的现场安装</td></tr>
</table>

续表

需要说明的问题和要求	（1）现场安装一台 10kV 台架式变压器。 （2）要求两人操作，一人监护。 （3）防止变压器在吊放过程中挤伤及坠落伤人。 （4）使用滑轮吊放台架时，滑轮应挂在横担主材上，其吊挂用的绳套必须满足荷重要求。 （5）吊放前应检查滑轮门是否扣好，绳套是否挂牢，滑轮门钩应用铁丝封死。 （6）吊挂式综合配电箱装于变压器台架下方。 （7）操作人员配合和谐，分工科学有序，合作高效。 （8）严格执行有关规程、规范。 （9）各项得分均扣完为止

序号	项目名称	质量要求	满分	扣分标准	扣分原因	得分
1	工作前准备					
1.1	选择所需材料工器具	符合工作需要	5	漏选、错选一项扣 1 分		
1.2	安全着装	穿工作服，戴手套、安全帽、安全带，穿绝缘鞋	5	不按规定着装，每处扣 2 分		
2	工作过程					
2.1	变压器安装前检查	（1）检查高低压瓷套管有无破裂、掉瓷等缺陷，各处有无渗油现象，油位是否正常。 （2）表面不得有锈蚀，油漆应完整。 （3）外壳不应有机械损伤，箱盖螺栓应完整无缺，密封衬垫要求严密良好，无渗油现象，整体外观完好，防腐层无损坏、脱落现象	10	漏查一项扣 1 分		
2.2	登杆前检查	检查杆根和登杆工具及脚钉是否牢固	5	未检查扣 5 分		
2.3	登杆工具试验	登杆前对登杆工具进行冲击试验	5	未试验扣 5 分		
2.4	登杆及位置确定	登杆动作规范、熟练，安全带使用正确，杆上操作位置选择正确，安全带、吊物绳系绑固定规范	10	不熟练扣 2 分； 登杆未使用安全带扣 2 分； 中间滑落扣 6 分		
2.5	台架安装	支架传送安全，安装牢固可靠，符合规范要求	10	台架材料传送不当扣 2 分； 距地面不少于 2.5m，少于扣 4 分； 固定不牢靠扣 2 分； 不规范倾斜扣 2 分		
2.6	变压器及配电箱安装	将钢丝绳套斜对角套在变压器外壳的吊环内，并将吊钩置于钢丝绳套中心，吊放安全，变压器方向位置就位正确、安装熟练、固定牢靠，配电箱与台架连接牢固	20	吊放捆绑不符扣 3 分； 不安全扣 5 分； 位置方向不适当扣 3 分； 工具使用不当扣 3 分； 不符合规范，每项扣 3 分； 与支架及连接处不牢固扣 3 分		
2.7	高低压引线安装	符合有关规定，与线路导线的连接要紧密可靠，排列整齐、美观。中性点、外壳、台架及避雷器接地连接后接至接地极，使用相应设备线夹等	10	未使用设备线夹扣 4 分； 不符合规范扣 2 分； 距离不当扣 2 分； 接线不牢固扣 2 分		
2.8	运行前检查	检查各线间、线地间电气安全距离是否符合规范要求，相位是否正确；检查储油柜、散热器阀门是否打开、有无遗留物等	10	未检查，每项扣 2 分； 有遗留物扣 4 分		
3	安全文明生产	操作过程中无工器具损伤，工作时无物件跌落，材料工具传递正确，工作完毕清理现场，交还工器具	10	工具损伤扣 2 分； 有跌落物扣 3 分； 抛掷材料、器具扣 3 分； 未清理、交还扣 2 分		
合计			100			

Jc0003243005　一组 10kV 杆上跌落式熔断器的现场安装。（100 分）

考核知识点：跌落式熔断器安装

难易度：难

技能等级评价专业技能考核操作工作任务书

一、任务名称

一组 10kV 杆上跌落式熔断器的现场安装。

二、适用工种

农网配电营业工（台区经理）技师。

三、具体任务

（1）准备必要的工具及安全工器具。

（2）工作任务：一组 10kV 杆上跌落式熔断器的现场安装。

四、工作规范及要求

（1）一人操作，一人监护。

（2）考核时注意人身和设备安全。

（3）工作结束后恢复原始状态。

五、考核及时间要求

（1）本考核操作时间为 60 分钟，时间到停止考评。

（2）按照技能操作记录单的操作要求进行操作。

技能等级评价专业技能考核操作评分标准

工种	农网配电营业工（台区经理）						评价等级	技师
项目模块	工具和设备—设备运维				编号		Jc0003243005	
单位			准考证号				姓名	
考试时限	60 分钟		题型	单项操作			题分	100 分
成绩		考评员		考评组长			日期	
试题正文	一组 10kV 杆上跌落式熔断器的现场安装							
需要说明的问题和要求	（1）现场安装一组 10kV 杆上跌落式熔断器。 （2）要求一人操作，一人监护。 （3）严格执行有关规程、规范。 （4）各项得分均扣完为止							

序号	项目名称	质量要求	满分	扣分标准	扣分原因	得分
1	工作前准备					
1.1	选择所需材料、工器具	符合工作需要	5	漏选、错选，每项扣 2 分		
1.2	熔断器选择	与被控制变压器匹配	5	不匹配扣 5 分		
1.3	熔丝选择	与选用的熔断器匹配	5	不匹配扣 5 分		
1.4	安全着装	穿工作服，戴手套、安全帽、安全带，穿绝缘鞋	5	不按规定着装，每处扣 2 分		
2	工作过程					
2.1	登杆前检查	检查杆根和登杆工具及脚钉是否牢固	5	未检查扣 5 分		

续表

序号	项目名称	质量要求	满分	扣分标准	扣分原因	得分
2.2	登杆工具试验	登杆前对登杆工具进行冲击试验	5	未试验扣5分		
2.3	登杆	登杆动作规范、熟练，安全带使用正确	15	不熟练扣5； 登杆未使用安全带扣5分； 中间滑落扣5分		
2.4	工作位置确定	杆上操作位置选择正确，安全带、吊物绳系绑固定规范	10	站位不当扣5分； 固定不当扣5分		
2.5	熔断器安装	操作熟练，工具使用正确。熔断器安装符合有关规定（熔丝管轴线与地面的垂直夹角应为15°～30°，相间水平距离不少于500mm）。上、下引线要压紧，与线路导线的连接要紧密可靠，排列整齐、美观。 与支架连接牢固，使用相应设备线夹等符合有关规定	15	不熟练扣2分； 工具使用不当扣2分； 不符合规范，每项扣2分； 距离不当扣2分； 与支架及连接处不牢固扣2分； 未使用设备线夹扣5分		
2.6	熔丝安装	松紧适当	5	不当扣5分		
2.7	拉合试验	动作熟练，一次成功	5	未做扣5分； 一次一相不成功扣2分		
3	安全文明生产	操作过程中无工器具损伤，工作时无物件跌落，材料工具传递正确，杆上无遗留物，工作完毕清理现场，交还工器具	20	工具损伤扣3分； 有跌落物扣4分； 抛掷材料、器具扣5分； 有遗留物扣4分； 未清理、交还扣4分		
合计			100			

Jc0003243006　模拟列出10kV开关站的正常巡视检查的要求及检查项目标准。（100分）

考核知识点：线路设备巡视

难易度：难

技能等级评价专业技能考核操作工作任务书

一、任务名称

模拟列出10kV开关站的正常巡视检查的要求及检查项目标准。

二、适用工种

农网配电营业工（台区经理）技师。

三、具体任务

按照10kV开关站的正常巡视检查的要求及检查项目标准模拟列出。

四、工作规范及要求

（1）单人操作。

（2）考核时注意人身和设备安全。

（3）工作结束后恢复原始状态。

五、考核及时间要求

（1）本考核操作时间为30分钟，时间到停止考评。

（2）按照技能操作记录单的操作要求进行操作。

技能等级评价专业技能考核操作评分标准

<table>
<tr><td>工种</td><td colspan="5">农网配电营业工（台区经理）</td><td>评价等级</td><td>技师</td></tr>
<tr><td>项目模块</td><td colspan="4">工具和设备—设备运维</td><td>编号</td><td colspan="2">Jc0003243006</td></tr>
<tr><td>单位</td><td colspan="3"></td><td>准考证号</td><td></td><td>姓名</td><td></td></tr>
<tr><td>考试时限</td><td colspan="2">30 分钟</td><td>题型</td><td colspan="2">单项操作</td><td>题分</td><td>100 分</td></tr>
<tr><td>成绩</td><td></td><td>考评员</td><td></td><td>考评组长</td><td></td><td>日期</td><td></td></tr>
<tr><td>试题正文</td><td colspan="7">模拟列出 10kV 开关站的正常巡视检查的要求及检查项目标准</td></tr>
<tr><td>需要说明的问题和要求</td><td colspan="7">（1）单人操作。
（2）考核时注意人身和设备安全。
（3）工作结束后恢复原始状态。
（4）各项得分均扣完为止</td></tr>
</table>

序号	项目名称	质量要求	满分	扣分标准	扣分原因	得分
1	巡视人员要求	巡视和检查一般应由两人一起进行；巡视人员应有电力工作经验，应熟悉设备运行情况、相关技术参数和周围自然情况及风土人情，在巡视中能通过看、听、摸、嗅、测的方法对设备进行检查。巡视人员应能对发现的缺陷进行准确分类	10	缺该项扣 10 分； 内容不准确扣 5 分		
2	巡视准备	准备好巡视工器具和必备用品： （1）准备检查测量仪器等工器具。 （2）应带好巡视手册和记录笔。 （3）根据实际需要，携带必要的食品及饮用水等	10	缺该项扣 10 分； 缺一小项扣 5 分		
3	巡视检查项目及标准					
3.1	一般检查项目及标准	（1）设备表面应清洁，无裂纹及缺损，无放电现象和放电痕迹，无异声、异味，设备运行正常。 （2）各电气连接部分无松动、发热，连接螺栓无松动、脱落现象。 （3）防护装置完好，带电显示装置配置齐全，功能完善，相色醒目。 （4）照明电源及开关操作电源供电正常。 （5）表计指示正常，信号灯显示正确，设备无超限额值。 （6）开关柜无锈蚀，电缆进出孔封堵完好	10	缺该项扣 10 分； 不全面，缺一条扣 2 分		
3.2	检查 10kV 开关	（1）真空泡表面无裂纹，SR 开关气压指示正常。 （2）分、合闸位置正确，控制开关与指示灯位置对应。 （3）操动机构已储能，外罩及间隔门关闭良好。 （4）端子排接线无松动	10	缺该项扣 10 分； 不全面准确扣 5 分		
3.3	检查隔离开关	（1）隔离开关的触头接触良好，合闸到位，无发热现象。 （2）操作把手到位，轴、销位置正常。 （3）隔离开关的辅助开关接触良好	10	缺该项扣 10 分； 不全面准确扣 5 分		
3.4	检查避雷器	（1）避雷器外壳无损。 （2）避雷器的接地可靠	5	缺该项扣 5 分； 不准确扣 1 分		
3.5	检查互感器	（1）互感器整体无发热现象。 （2）表面无裂纹。 （3）无异常的电磁声。 （4）电流回路无开路，电压回路无短路。 （5）高、低压熔丝接触良好，无跳火现象	5	缺该项扣 5 分； 不准确扣 1 分		

续表

序号	项目名称	质量要求	满分	扣分标准	扣分原因	得分
3.6	检查母线	（1）母线无严重积尘，无弯曲变形，无悬挂物。 （2）支持绝缘子无裂缝。 （3）各金具牢固、无变位。 （4）绝缘子法兰无锈蚀	5	缺该项扣 5 分； 不准确扣 1 分		
3.7	检查电力电缆	（1）终端头三岔口处无裂缝。 （2）电缆固定抱箍坚固，电缆头无受力情况。 （3）电缆接地牢固，接地线无断股	5	缺该项扣 5 分； 不准确扣 1 分		
3.8	外部环境检查	（1）10kV 开关站门窗完好无损，门锁完好。 （2）10kV 开关站整体建筑完好，地基无下沉，墙面整洁、无剥落。 （3）防鼠挡板安置密封、无缝隙，电缆层、门窗铁丝网完好。 （4）户内、外电缆盖板完好，无断裂、缺少。 （5）电缆孔洞防火处理完好，电缆沟内无积水，进出洞孔封堵牢固，排水、排风装置工作正常。 （6）接地无锈蚀，隐蔽部分无外露；室内、柜内照明系统正常	10	缺该项扣 10 分； 标准不全面、不准确扣 5 分		
4	巡视总结	巡视结束后，对巡视中发现的异常情况，上报相关设备管理人员，由设备管理人员填写缺陷记录，编排检修计划，传递给检修班组消缺	10	缺该项扣 10 分； 内容不准确扣 5 分		
5	巡视检查注意事项	（1）巡视时，必须严格遵守《国家电网公司电力安全工作规程（配电部分）》关于设备巡视的有关规定，不得进行其他工作，确保巡视人员安全。 （2）巡视时如果发现危及安全的紧急情况，应立即采取防止行人触电的安全措施，并报告相关部门及领导组织处理。 （3）故障巡视应始终认为线路带电，即使明知线路已停电，也应认为线路随时有恢复送电的可能。 （4）雷雨天气需要巡视时，应穿绝缘靴	10	缺该项扣 10 分； 每小项内容不准确扣 2 分		
合计			100			

Jc0003263007　配电变压器预防性试验项目、周期及有关要求。（100 分）

考核知识点：变压器试验

难易度：难

技能等级评价专业技能考核操作工作任务书

一、任务名称

配电变压器预防性试验项目、周期及有关要求。

二、适用工种

农网配电营业工（台区经理）技师。

三、具体任务

按照配电变压器预防性试验项目、周期及有关要求进行操作。

四、工作规范及要求

单人操作。

五、考核及时间要求

（1）本考核操作时间为30分钟，时间到停止考评。

（2）按照技能操作记录单的操作要求进行操作。

技能等级评价专业技能考核操作评分标准

工种	农网配电营业工（台区经理）					评价等级	技师
项目模块	工具和设备—设备运维				编号	Jc0003263007	
单位			准考证号			姓名	
考试时限	30分钟		题型	单项操作		题分	100分
成绩		考评员		考评组长		日期	
试题正文	配电变压器预防性试验项目、周期及有关要求						
需要说明的问题和要求	（1）单人操作。 （2）考核时注意人身和设备安全。 （3）工作结束后恢复原始状态。 （4）各项得分均扣完为止						

序号	项目名称	质量要求	满分	扣分标准	扣分原因	得分
1	测量直流电阻	（1）要求在1～3年或大修后或必要时进行。 （2）测量时，连同绕组和套管一起，应在所有分接头位置进行。 （3）1600kVA及以下三相变压器，各相测得值的相互差值应小于平均值的4%，线间测得值的相互差值应小于平均值的2%；1600kVA以上三相变压器，各相测得值的相互差值应小于平均值的2%，线间测得值的相互差值应小于平均值的1%。 变压器的直流电阻，与同温度下产品出厂实测数值比较，相应变化不大于2%	20	缺该项扣20分； 试验周期不正确扣4分； 试验有关要求不全面扣4分； 试验有关要求不准确扣2分		
2	所有分接头的变压比试验	（1）要求在分接开关引线拆装后或更换绕组后或必要时进行。 （2）要求其与制造厂铭牌数据相比应无明显差别，其变压比的允许误差在额定分接头位置时为±0.5%	20	缺该项扣20分； 试验周期不正确扣4分； 试验有关要求不准确扣4分		
3	三相变压器的联结组别和单相变压器引出线的极性试验	（1）要求在更换绕组后进行。 （2）要求其必须与设计要求及铭牌上的标记和外壳上的符号相符	20	缺该项扣20分； 试验周期不正确扣4分； 试验有关要求不准确扣4分		
4	测量绕组连同套管的绝缘电阻、吸收比或极比指数	要求在1～3年或大修后或必要时进行。 应符合有关规定要求： （1）绝缘电阻值应不低于产品出厂试验值的70%。 （2）当测量温度与产品出厂试验时的温度不一样时，可按相应的“温度换算系数”换算到同一温度时的数值进行比较	20	缺该项扣20分； 试验周期不正确扣4分； 试验有关要求不全面扣4分； 试验有关要求不准确扣2分		
5	冲击合闸试验	要求在新装或大修后，应对配电变压器进行冲击合闸试验。 应符合有关规定要求： （1）在额定电压下对变压器的冲击合闸试验，应进行5次，每次间隔时间宜为5min，无异常现象；冲击合闸宜在变压器高压侧进行；对于中性点接地的电力系统，试验时变压器中性点必须接地。 （2）检查变压器的相位必须与电网相位一致	20	缺该项扣20分； 试验周期不正确扣4分； 试验有关要求不全面扣4分； 试验有关要求不准确扣2分		
合计			100			

Jc0003263008　人力展放导线。(100分)

考核知识点：线路架设

难易度：难

技能等级评价专业技能考核操作工作任务书

一、任务名称

人力展放导线。

二、适用工种

农网配电营业工（台区经理）技师。

三、具体任务

用人力进行展放导线。

四、工作规范及要求

（1）两人操作。

（2）考核时注意人身和设备安全。

（3）工作结束后恢复原始状态。

五、考核及时间要求

（1）本考核操作时间为90分钟，时间到停止考评。

（2）按照技能操作记录单的操作要求进行操作。

技能等级评价专业技能考核操作评分标准

工种	农网配电营业工（台区经理）					评价等级	技师
项目模块	工具和设备—设备运维				编号	Jc0003263008	
单位			准考证号			姓名	
考试时限	90分钟		题型	单项操作		题分	100分
成绩		考评员		考评组长		日期	
试题正文	人力展放导线						
需要说明的问题和要求	（1）给定条件：模拟进行人力展放导线工作。 （2）考虑全面，方法合适。 （3）各项得分均扣完为止						

序号	项目名称	质量要求	满分	扣分标准	扣分原因	得分
1	接受工作任务	工作负责人清楚工作任务并熟知作业方法	5	工作任务及方法不清楚扣2分； 现场不清楚扣3分		
2	人员分工	（1）现场施工负责人1人。 （2）沿线护线人员若干，其中，线轴出口处1人，每个跨越点1人，沿线其他可能对导线造成损伤的关键点处应分别安排人员护线。 （3）领线员1人，负责引领导线展放行径方向；拖线人员若干，按每人300～400N的牵引力进行安排	10	人员分工不明确扣2分； 人员任务不清楚，每处扣2分		
3	场地布置	（1）支设线盘：使用挖地槽或放线架，将导地线盘支放稳定。 （2）放线滑车的悬挂：滑车可利用钢绳环或铁丝圈挂在横担上。 （3）搭设跨越架。 （4）准备好通信联络工具，并保证畅通	15	未考虑线盘架设或线盘架设不牢固扣5分； 未悬挂放线滑车扣2分； 未考虑搭设跨越架扣5分； 未准备通信工具扣3分		

续表

序号	项目名称	质量要求	满分	扣分标准	扣分原因	得分
4	清理放线通道	为保证放线工作的顺利进行，在放线前应对线路通道内的障碍物进行清理，特别是容易磨伤导线的地方应铺垫软物	10	线路通道未清理扣 5 分； 未采取防止导线磨伤的措施扣 5 分		
5	放线过程					
5.1	拖线	（1）拖线时应根据放线距离的长短及导线的大小并结合地形条件，合理地安排拖线的人力。 （2）拖线时应保持拖线的方向及行经路线的直行，避免 S 形路径行走，以降低拖线的阻力。 （3）拖线的牵引速度应均匀，并始终保持与放线场及沿线各护线点的通信畅通，尽可能地降低导线可能受到的磨损。 （4）拖线时，应保持各相导线平行地展放，导线在拖行的途中不得交叉。 （5）护线员应随时注意观察导线展放的质量。 （6）当发现导线受损情况时，及时报告现场工作负责人，并对导线受损部位进行标记，以便在紧线前进行及时处理	20	拖线要求叙述不清，每处扣 2～5 分		
5.2	导线翻越跨越架及杆塔	导线每拖放到一基杆塔处，应用吊绳将导线提起放入滑轮后，再继续向前展放，导线穿越跨越架时，应将导线用引绳由跨越架的一侧牵引到另一侧后，再继续拖放。 要求： （1）导线吊上电杆后，应立即嵌入放线滑轮内，不能搁在横担上。 （2）导线放入放线滑轮后，应注意检查滑轮开口是否关闭锁好，导线是否出现扭曲，确保导线在放线滑轮中顺畅无阻。 （3）导线过滑轮时地面牵引人员在导线对地夹角较大时，应注意放慢牵引速度，避免导线在放线滑轮上由于包角过大而导致在弯曲过程中受到损伤。 （4）导线在跨越架上翻越时，地面控制人员应注意调整导线的位置，避免导线在跨越架上与可能露出的金属发生接触而导致导线的受损，同时应注意三相导线在跨越架上的位置，避免出现相间的交叉	20	方法不正确扣 5 分； 要求叙述不清楚，每处扣 2～5 分		
5.3	收余线	收余线前应检查导线质量，对损伤的导线应及时进行处理；导线处理完毕后即可进行收余线工作。 要求： （1）余线回收过程中，牵引侧工作人员应注意牵引力量和牵引速度的控制，并保持通信的畅通。 （2）沿线各控制点的护线人员应密切注意导线离地瞬间的情况，当发现导线升空受阻时，应及时通知现场指挥员停止牵引，直到故障排除后，再通知现场工作负责人继续牵引，直到导线全部离开地面并与线路下方被跨越物有足够的安全距离。 （3）完成放线的余线回收，导线升空后，若不能及时地进行紧线、弧垂观测，应将线头临时绕在终端杆的杆根上或拴在事先设置好的锚线器上，并采取相应的防护措施，确保导线的安全	15	收余线前未检查导线质量扣 4 分； 收余线速度过快扣 1 分； 发现导线受阻后不能及时处理扣 4 分； 收余线后未固定扣 4 分； 其他未说明的问题扣 1～2 分		
6	放线结束	将放好的导线按相位放好后，准备进行紧线等下一步工作	5	无此项扣 5 分		
合计			100			

Jc0003243009　组织一般事故抢修。（100 分）

考核知识点：事故抢修

难易度：难

技能等级评价专业技能考核操作工作任务书

一、任务名称

组织一般事故抢修。

二、适用工种

农网配电营业工（台区经理）技师。

三、具体任务

进行组织一般事故的抢修操作。

四、工作规范及要求

（1）两人操作。

（2）考核时注意人身和设备安全。

（3）工作结束后恢复原始状态。

五、考核及时间要求

（1）本考核操作时间为 60 分钟，时间到停止考评。

（2）按照技能操作记录单的操作要求进行操作。

技能等级评价专业技能考核操作评分标准

<table>
<tr><td>工种</td><td colspan="6">农网配电营业工（台区经理）</td><td>评价等级</td><td>技师</td></tr>
<tr><td>项目模块</td><td colspan="5">工具和设备—设备运维</td><td>编号</td><td colspan="2">Jc0003243009</td></tr>
<tr><td>单位</td><td colspan="3"></td><td>准考证号</td><td colspan="2"></td><td>姓名</td><td></td></tr>
<tr><td>考试时限</td><td colspan="2">60 分钟</td><td>题型</td><td colspan="3">单项操作</td><td>题分</td><td>100 分</td></tr>
<tr><td>成绩</td><td></td><td>考评员</td><td></td><td>考评组长</td><td colspan="2"></td><td>日期</td><td></td></tr>
<tr><td>试题正文</td><td colspan="8">组织一般事故抢修</td></tr>
<tr><td>需要说明的问题和要求</td><td colspan="8">（1）给定条件：自己设定现场，自己模拟故障进行处理。
（2）模拟操作采用书面形式答题。
（3）思路清晰，条理清楚。
（4）处理方法正确。
（5）各项得分均扣完为止</td></tr>
</table>

序号	项目名称	质量要求	满分	扣分标准	扣分原因	得分
1	勘查现场	接到故障通知后，立即组织人员进行巡线，查找故障点	10	现场情况了解不充分，每处扣 2 分； 不能正确找到故障点扣 10 分		
2	现场处理	派人在故障现场看守，防止行人误入带电区域而造成人员伤亡，已造成人员伤亡的要及时向领导汇报，并联系相关救护人员	10	没有及时在现场采取防护措施扣 10 分		
3	制定抢修方案	根据现场实际情况制定有效方案	10	方案不清，每处扣 3 分； 方案不合理扣 10 分		
4	填写事故应急抢修单	详细填写事故应急抢修单	10	每少一项扣 1 分； 未填写事故抢修单扣 10 分		
5	工作前准备	现场开工前，准备工器具、材料，布置工作任务，交代安全措施，进行人员分工	15	材料工具不齐，每少一项扣 1 分； 人员分配不合理，每处扣 2 分； 任务交代不清，每处扣 2 分； 安全措施交代不清，每处扣 2 分		

续表

序号	项目名称	质量要求	满分	扣分标准	扣分原因	得分
6	抢修过程	要求作业程序正确，质量要求符合规定，施工中各项安全注意事项齐全	30	未确认线路已停电就开始工作扣 5 分； 工作程序错误扣 5 分； 安全措施不齐全，每处扣 3 分； 质量要求交代不清，每处扣 3 分		
7	工作终结验收	工作结束后检查是否合乎质量要求，杆上有无人员及遗留物，收工汇报，所有安全措施拆除，人员撤离，工作小结（班后会）	10	收工后没有质量检查扣 2 分； 未检查人员及安全措施扣 6 分； 未开班后会扣 2 分		
8	恢复送电	派人联系送电的前提及联系送电后应防止的违章做法的表述	5	表述错误，每处扣 1 分； 无此项扣 5 分		
合计			100			

Jc0003243010 10kV 架空配电线路特殊巡视工作。（100 分）

考核知识点：线路巡视

难易度：难

技能等级评价专业技能考核操作工作任务书

一、任务名称

10kV 架空配电线路特殊巡视工作。

二、适用工种

农网配电营业工（台区经理）技师。

三、具体任务

进行 10kV 架空线路的特殊巡视工作。

四、工作规范及要求

（1）两人操作。

（2）考核时注意人身和设备安全。

（3）工作结束后恢复原始状态。

五、考核及时间要求

（1）本考核操作时间为 60 分钟，时间到停止考评。

（2）按照技能操作记录单的操作要求进行操作。

技能等级评价专业技能考核操作评分标准

<table>
<tr><td>工种</td><td colspan="5">农网配电营业工（台区经理）</td><td>评价等级</td><td>技师</td></tr>
<tr><td>项目模块</td><td colspan="4">工具和设备—设备运维</td><td>编号</td><td colspan="2">Jc0003243010</td></tr>
<tr><td>单位</td><td colspan="3"></td><td>准考证号</td><td></td><td>姓名</td><td></td></tr>
<tr><td>考试时限</td><td colspan="2">60 分钟</td><td>题型</td><td colspan="2">单项操作</td><td>题分</td><td>100 分</td></tr>
<tr><td>成绩</td><td></td><td>考评员</td><td></td><td>考评组长</td><td></td><td>日期</td><td></td></tr>
<tr><td>试题正文</td><td colspan="7">10kV 架空配电线路特殊巡视工作</td></tr>
<tr><td>需要说明的问题和要求</td><td colspan="7">（1）给定条件：对 10kV 架空配电线路进行特殊巡视检查。
（2）模拟操作采用书面形式答题。
（3）思路清晰，条理清楚。
（4）各项得分均扣完为止</td></tr>
</table>

续表

序号	项目名称	质量要求	满分	扣分标准	扣分原因	得分
1	接受工作任务	巡线人员要认真听取巡线负责人交代的任务，明确工作内容、工作地段和注意事项	5	任务不清、注意事项不清扣5分；特殊巡视必须由2人进行，未说明扣2分		
2	工器具准备	望远镜、测量仪器、记录表、笔、个人防护用具等	5	工器具准备不充分，每少一个扣1分		
3	特殊巡视条件	在气候发生剧变，大雾、大雪、冰雹、雷雨、导线覆冰，以及汛期和狂风暴雨，线路污秽地段，外力破坏地段，过负荷或其他情况	10	每缺少一项扣2分		
4	巡视内容及要求					
4.1	污秽区巡视	（1）污源附近线路绝缘子是否脏污严重。 （2）线路导线及金具是否锈蚀严重。 （3）接地线、接地装置是否腐蚀	15	每缺少一项扣5分		
4.2	雷击区巡视	（1）线路防雷设施是否完整。 （2）接地装置连接是否牢靠，接地电阻值是否合格	10	每缺少一项扣5分		
4.3	风害区巡视	（1）导地线防震装置是否齐全完好。 （2）防震锤及线夹处是否有断股现象。 （3）杆塔是否歪斜	15	每缺少一项扣5分		
4.4	易受外力破坏区巡视	（1）线路器材有无被盗现象。 （2）杆塔、拉线基础是否受到损害。 （3）导线有无外力破坏现象	15	每缺少一项扣5分		
4.5	鸟害区巡视	杆塔横担上是否有鸟类搭建的鸟巢	5	缺少扣5分		
4.6	覆冰区	导地线上是否有结冰现象	5	缺少扣5分		
4.7	洪水冲刷区	杆塔、拉线基础埋深是够足够	5	缺少扣5分		
4.8	塌陷区	杆塔、拉线基础及附近是否有地面沉陷	5	缺少扣5分		
5	填写缺陷记录	详细填写巡视中所发现的缺陷	5	未填写巡视记录扣5分		
合计			100			

Jc0005263011　线损分析统计。（100分）

考核知识点：抄表异常分析与处理

难易度：难

技能等级评价专业技能考核操作工作任务书

一、任务名称

线损分析统计。

二、适用工种

农网配电营业工（台区经理）技师。

三、具体任务

以下为某供电公司，编号为××××××××××。该台区2021年7月6日采集率为100%，现场核查该台区户变关系正确，请根据日台区线损汇总表和台区总表营销业务应用系统客户档案截图，完成以下任务：

（1）计算该台区 2021 年 7 月 6 日的日线损率。

（2）列举台区出现负损的主要原因。

（3）使用排除法，分析该台区线损可能的异常原因。

四、工作规范及要求

（1）在使用用电信息采集系统及营销业务应用系统功能时，不得进行其他无关操作。

（2）自备钢笔或圆珠笔。

（3）负损原因至少列举 4 条。

五、考核及时间要求

本考核操作时间为 30 分钟，计时结束停止考评。

技能等级评价专业技能考核操作评分标准

<table>
<tr><td>工种</td><td colspan="5">农网配电营业工（台区经理）</td><td>评价等级</td><td colspan="2">技师</td></tr>
<tr><td>项目模块</td><td colspan="4">营销服务—抄表与计量</td><td>编号</td><td colspan="3">Jc0005263011</td></tr>
<tr><td>单位</td><td colspan="2"></td><td>准考证号</td><td colspan="2"></td><td>姓名</td><td colspan="2"></td></tr>
<tr><td>考试时限</td><td colspan="2">30 分钟</td><td>题型</td><td colspan="2">单项操作</td><td>题分</td><td colspan="2">100 分</td></tr>
<tr><td>成绩</td><td></td><td>考评员</td><td></td><td>考评组长</td><td></td><td>日期</td><td colspan="2"></td></tr>
<tr><td>试题正文</td><td colspan="8">线损分析统计</td></tr>
<tr><td>需要说明的问题和要求</td><td colspan="8">各项得分均扣完为止</td></tr>
<tr><td>序号</td><td>项目名称</td><td colspan="2">质量要求</td><td>满分</td><td colspan="2">扣分标准</td><td>扣分原因</td><td>得分</td></tr>
<tr><td>1</td><td>线损计算</td><td colspan="2">（1）供入电量计算正确。
（2）供出电量计算正确。
（3）线损率计算正确</td><td>30</td><td colspan="2">每一项错误扣 10 分</td><td></td><td></td></tr>
<tr><td>2</td><td>负损原因分析</td><td colspan="2">至少列举 4 条</td><td>40</td><td colspan="2">少答或错答一项扣 10 分</td><td></td><td></td></tr>
<tr><td>3</td><td>该台区线损分析</td><td colspan="2">原因分析到位，结论正确</td><td>30</td><td colspan="2">原因分析不清楚，每项扣 10 分；
结论错误扣 10 分</td><td></td><td></td></tr>
<tr><td colspan="2">合计</td><td colspan="2"></td><td>100</td><td colspan="2"></td><td></td><td></td></tr>
</table>

Jc0005263012　案例分析：抄表异常判断及处理。（100 分）

考核知识点：用电信息采集

难易度：难

技能等级评价专业技能考核操作工作任务书

一、任务名称

案例分析：抄表异常判断及处理。

二、适用工种

农网配电营业工（台区经理）技师。

三、具体任务

某台区共有户表 243 块，采集成功 241 块，采集失败的两块表是新更换的电能表。且采集失败的两块电能表，主站与集中器档案一致、正确。请分析采集失败的原因并提出解决故障的方案。（集中器和能采集成功的 241 块电能表为窄带载波通信模块，新安装的电能表上默认安装的是 HPLC 模块）

（1）根据故障描述分析原因。

（2）提出合理的处理办法。

（3）请简述为什么不同型号的无线模块之间不能通信。

四、工作规范及要求

（1）携带自备工具（钢笔或中性笔）进入现场，待考评老师宣布许可工作命令后开始工作并计时。

（2）分析问题条理清晰。

（3）写出有效解决故障的方法。

（4）书写完整规范。

五、考核及时间要求

本考核操作时间为30分钟，时间到停止考评。

技能等级评价专业技能考核操作评分标准

<table>
<tr><td>工种</td><td colspan="5">农网配电营业工（台区经理）</td><td>评价等级</td><td>技师</td></tr>
<tr><td>项目模块</td><td colspan="4">营销服务—抄表与计量</td><td>编号</td><td colspan="2">Jc0005263012</td></tr>
<tr><td>单位</td><td colspan="3"></td><td>准考证号</td><td></td><td>姓名</td><td></td></tr>
<tr><td>考试时限</td><td colspan="2">30分钟</td><td>题型</td><td colspan="2">单项操作</td><td>题分</td><td>100分</td></tr>
<tr><td>成绩</td><td></td><td>考评员</td><td></td><td>考评组长</td><td></td><td>日期</td><td></td></tr>
<tr><td>试题正文</td><td colspan="7">案例分析：抄表异常判断及处理</td></tr>
<tr><td>需要说明的问题和要求</td><td colspan="7">各项得分均扣完为止</td></tr>
</table>

序号	项目名称	质量要求	满分	扣分标准	扣分原因	得分
1	原因分析	正确分析故障原因，条理清晰	35	分析故障原因错误扣35分； 分析原因不完全，少一项扣5分		
2	提出处理方案	异常处理成功	35	异常未处理成功扣35分		
3	简述不同型号的无线模块之间不能通信的原因	能正确地简述原因	30	简述的原因错误扣30分		
合计			100			

Jc0005263013　抄表异常分析及处理。（100分）

考核知识点：用电信息采集

难易度：难

技能等级评价专业技能考核操作工作任务书

一、任务名称

抄表异常分析及处理。

二、适用工种

农网配电营业工（台区经理）技师。

三、具体任务

某台区在进行旧电能表改造后，采集档案建立后，出现大面积采集失败，请分析原因并提出合理的处理办法。

四、工作规范及要求

（1）携带自备工具（钢笔或中性笔）进入现场，待考评老师宣布许可工作命令后开始工作并计时。

（2）分析问题条理清晰。

（3）写出有效解决故障的方法。

（4）书写完整规范。

五、考核及时间要求

本考核操作时间为 30 分钟，时间到停止考评。

技能等级评价专业技能考核操作评分标准

<table>
<tr><td>工种</td><td colspan="5">农网配电营业工（台区经理）</td><td>评价等级</td><td colspan="2">技师</td></tr>
<tr><td>项目模块</td><td colspan="4">营销服务—抄表与计量</td><td>编号</td><td colspan="3">Jc0005263013</td></tr>
<tr><td>单位</td><td colspan="3"></td><td>准考证号</td><td></td><td>姓名</td><td colspan="2"></td></tr>
<tr><td>考试时限</td><td colspan="2">30 分钟</td><td>题型</td><td colspan="2">单项操作</td><td>题分</td><td colspan="2">100 分</td></tr>
<tr><td>成绩</td><td></td><td>考评员</td><td></td><td>考评组长</td><td></td><td>日期</td><td colspan="2"></td></tr>
<tr><td>试题正文</td><td colspan="8">抄表异常分析及处理</td></tr>
<tr><td>需要说明的问题和要求</td><td colspan="8">（1）单人操作。
（2）操作时应注意安全，按照标准化作业指导书的技术安全说明做好安全措施。
（3）各项得分均扣完为止</td></tr>
</table>

序号	项目名称	质量要求	满分	扣分标准	扣分原因	得分
1	安全文明生产	佩戴安全帽，穿全棉工作服，穿绝缘鞋，操作时戴线手套，打开柜门前需先验电	20	有一项未按要求进行扣 5 分		
2	现场检查	正确使用万用表对集中器端子进行验电测试	20	万用表使用错误扣 10 分； 未测试出结果扣 10 分		
3	原因分析	正确分析故障原因	25	分析故障原因错误扣 25 分		
4	提出处理方案	异常处理成功	25	异常未处理成功扣 25 分		
5	现场恢复	操作结束后清理现场杂物，并将工器具归位摆放整齐	10	现场留有杂物或工器具未归位扣 10 分		
合计			100			

Jc0005263014 经电流互感器低压三相四线制电能计量装置接线分析。（100 分）

考核知识点：抄表异常分析与处理

难易度：难

技能等级评价专业技能考核操作工作任务书

一、任务名称

经电流互感器低压三相四线制电能计量装置接线分析。

二、适用工种

农网配电营业工（台区经理）技师。

三、具体任务

使用相位伏安表完成指定经电流互感器低压三相四线制电能计量装置相关参数的测量分析接线形式，并计算错误接线的更正系数及退补电量。

四、工作规范及要求

（1）着装符合要求，穿全棉长袖工作服、绝缘鞋，戴安全帽、线手套。

（2）携带自备工具（钢笔或中性笔、计算器、三角尺）进入现场，待考评老师宣布许可工作命令后开始工作并计时。

（3）打开计量柜（箱）门之前必须对柜（箱）体验电，现场操作严格执行《国家电网有限公司营销现场作业安全工作规程（试行）》。

（4）工作结束清理现场，并向监考老师报告。

五、考核及时间要求

本考核操作时间为 30 分钟，时间到停止考评。

技能等级评价专业技能考核操作评分标准

工种	农网配电营业工（台区经理）				评价等级	技师
项目模块	营销服务—抄表与计量			编号	Jc0005263014	
单位		准考证号			姓名	
考试时限	30 分钟	题型	单项操作		题分	100 分
成绩		考评员		考评组长	日期	
试题正文	经电流互感器低压三相四线制电能计量装置接线分析					
需要说明的问题和要求	（1）要求单人操作。 （2）操作应注意安全，按照标准化作业书的技术安全说明做好安全措施。 （3）各项得分均扣完为止					

序号	项目名称	质量要求	满分	扣分标准	扣分原因	得分
1	工具使用及安全措施					
1.1	相关安全措施的准备	安全帽、工作服、绝缘鞋、手套、验电笔	5	准备不齐全或着装不规范，每项扣 1 分		
1.2	各种工器具正确使用	（1）正确使用验电笔。 （2）熟练正确使用相位伏安表	5	未验电扣 1 分； 验电方法不当扣 1 分； 工器具掉落，每次扣 1 分； 相位伏安表使用不当，每次扣 1 分； 测量过程摘手套扣 1 分； 测量完毕后再次申请测量扣 5 分		
2	相关参数测量					
2.1	数据测量	（1）正确填写电能表基本信息。 （2）正确记录实测数据并判断电压相序	10	电能表基本信息，填写不正确，每处扣 1 分； 测量数据不正确，每项扣 1 分； 无单位，每处扣 0.5 分，最多扣 2 分； 相序判断不正确扣 2 分		
3	绘制错误接线图及相量图					
3.1	错误接线相量图	正确绘制错误接线相量图	15	电压、电流相量标记错误，每项扣 2 分； 无相量符号扣 1 分； 相量角度偏差超过 15°，每项扣 2 分； 未标记功率因数角，每项扣 2 分		
3.2	错误接线形式	正确判断错误接线形式	10	错误接线形式判断不正确，每项扣 2 分		
3.3	错误接线示意图	正确绘制错误接线示意图	15	电压、电流回路接线不正确，每处扣 2 分； 中性线接线不正确扣 2 分； 未标注同名端扣 2 分		
4	计算功率表达式					
4.1	各元件的功率表达式	正确书写各元件的功率表达式	6	每个元件的功率表达式不正确扣 2 分		
4.2	计算总功率	正确计算总功率	4	每个元件的功率表达式不正确扣 4 分； 未化简扣 2 分		
5	计算更正系数	正确计算更正系数	10	更正系数表达式不正确扣 10 分； 未化简扣 5 分； 结果不正确扣 5 分		
6	计算退补电量	正确计算退补电量	10	退补电量结果不正确扣 10 分		
7	现场恢复	恢复现场	10	未进行现场恢复扣 10 分		
合计			100			

第五部分
高级技师

第九章　农网配电营业工（台区经理）高级技师技能笔答

Jb0001133001　多功能电能表的主要功能有哪些？（5分）

考核知识点：电能表的现场抄录

难易度：难

标准答案：

（1）电能计量功能。计量正、反向有功（总、分时）电能，四象限无功（总、分时）电能，并储存其数据。

（2）最大需量。最大需量测量是指在指定的时间区间内（一个月），测量正、反向有、无功最大需量，分时段最大需量及其出现的日期和时间，并储存其数据。

（3）费率和时段。具有日历、计时和闰年自动切换等功能，24h内具有可以任意编程的4种费率、12个时段。

（4）监控记录功能。① 具有断相判别、指示功能；② 具有失压判别、记录功能；③ 具有失流判别、记录功能。

（5）瞬时量测量。瞬时量测量是指测量当前各分相电流、电压有效值及当前电网频率。测量各分相及总的瞬时有功功率、无功功率和功率因数，并可通过RS485和红外通信口读取。

（6）多通信接口功能。具有RS485通信接口、近红外和远红外通信口，可同时通过RS485接口、近红外接口和红外接口进行通信，真正实现两方同时通信而互不干扰。

（7）电能冻结功能。具有数据冻结功能，可实现点电能冻结和即时电能冻结，并通过通信口抄录冻结数据。

（8）数据显示功能。数据显示功能可实现数据轮显、键显和停显，数据显示的顺序和格式可任意设置，显示方式可以设置，即轮显、键显和停显。

（9）在保证基本功能的同时，电能表还可扩展许多功能，如负荷记录功能、停电唤醒功能、双继电器输出信号、多功能输出信号（秒脉冲、需量等检测信号）等。

Jb0001133002　抄表员现场抄表之外还需注意哪些事项？（5分）

考核知识点：电能表的现场抄录

难易度：难

标准答案：

（1）抄表人员在现场抄表时，在完成正常抄表的同时，检查客户计量装置的运行情况。

1）检查一些直接影响计量装置准确计量，而又相对比较容易发生故障的设备（如计量电压互感器熔丝、计量二次回路等）是否正常运行。

2）检查客户的计量装置是否存在表计停走（停闪）、发热等异常现象。

3）检查计量封印等是否完整、齐全，特别是在抄表过程中，发现客户的电量异常，而生产经营情况又相对正常时，要特别检查客户计量装置的运行情况（包括计量封印等）。

4）对安装有事件记录的电能表，检查本抄表周期内是否存在有影响计量装置正常运行的时间记

录等。

（2）对采用非直接接触抄表（包括采用自动抄表或委托抄表公司抄表的情形）的客户，指定人员能不定期地完成对客户现场安装的电能计量装置的检查和监督抄表工作，一般每年一次，最长不得超过两年。

（3）抄表人员在抄表时，注意现场工作安全。进入变配电室（电能表室）时，遵守《国家电网公司电力安全工作规程（配电部分）》的相关规定以及《中华人民共和国电力法》第三十三条规定：供电企业查电人员和抄表收费人员进入客户，进行用电安全检查或者抄表收费时，应当出示有关证件。另应遵守客户的保卫保密规定，不得在检查现场替代客户进行电工作业。

（4）抄表人员能学会与客户进行沟通，及时了解客户的实际生产、经营状况等。抄表人员能正确解答客户提出的有关问题，并做好有关用电知识的宣传工作。一般客户的用电量都与实际生产经营状况有着很大的联系，通过与客户的交谈，经比较可以间接判断抄录的电量是否正确。供电企业的抄表人员是实际接触客户，与客户沟通最频繁的人员之一。现场工作人员，要起到电力企业对客户服务的桥梁和纽带作用，不但要抄好表，而且要做好相关信息的传递工作，当好客户的参谋，使客户多用电、用好电。

Jb0003133003　直接接入式三相四线电能计量装置安装时常见的错误有哪些？（5分）

考核知识点：电能计量装置安装、检查与更换

难易度：难

标准答案：

（1）原理上接线错误：

1）相序不按正相序接入，造成计量误差。接线时不能将相线对换。

2）剩余电流动作断路器的相线、中性线对换，造成不能可靠安全工作。

3）表尾相线、中性线调换，不能正确计量且易烧表。

4）表尾进出线接反，不能正确计量。

（2）工艺上的错误与不规范：

1）中性线穿越电能表接线。电能表表尾中性线应采用分支连接，不应采用断开接线。

2）表尾线头剥削过长造成露芯，易被窃电且不安全。

3）表尾接线端子只压一只螺钉，造成发热和烧表事故。

4）不同规格导线在接线柱处叠压不规范，不同规格导线在接线柱处叠压时应大导线在下，小导线在上，以防减少接触面积造成接触不良。

5）线鼻子弯圆方向与接线柱螺母旋紧方向相反，易造成螺母旋紧操作不方便且易使线鼻子弯圆变形而使接触不良。

Jb0003133004　更换电能表工作，安装新表时应该注意哪些事项？（5分）

考核知识点：电能计量装置安装、检查与更换

难易度：难

标准答案：

（1）检查待装电能表封印，要求有电能表检定标记和检定证书，校准证书有效，输入数据或操作的措施完好。

（2）把电能表牢牢地固定在表箱的底板上，安装完毕，用手推拉电能表，无松动现象并垂直于地面。

（3）用螺钉旋具松开电能表接线端子盒盖螺钉，取下盒盖，检查端子的排列，通常有两种，从左

到右为：单相电能表的排列是相线进、中性线进；相线出、中性线出；三相电能表的排列是A相进，A相出；B相进，B相线出；C相进，C相出；中性线进，中性线出。

（4）依次检查、分辨标志并剥开中性线接头、相线的绝缘胶带，把接头连接到电能表的中性线进线、中性线出线、相线进线、相线出线端子上，要求接头连接要牢固，用手捏住导线的绝缘层，轻拉无松动现象。

（5）如果是带电流互感器的电能表，在完成电能表表尾接线后，应将联合接线盒上接有电流互感器S1、S2端子导线的连接片断开，以防通电后造成电流回路短路。

（6）检查、整理导线并进行绑扎，要求导线排列应为横平、竖直、整齐、美观，导线应有良好的绝缘，中间不允许有接头。

（7）检查整理完毕，盖上电能表接线端子的盒盖，要求确认接线正确，无错误接线。

Jb0003133005　电能表的选择与配置需注意哪些事项？（5分）

考核知识点：电能表的选择与配置

难易度：难

标准答案：

电能计量方式与电力系统的工作接地方式直接相关。一般地，380V/220V系统通常采用中性点直接接地的接线方式，应采用低压三相四线电能计量方式或单相电能计量方式；10～66kV 系统则多为中性点绝缘系统（不接地系统），应采用高压三相三线电能计量方式；110kV 及以上的电力系统均为非中性点绝缘系统（直接接地系统），应采用高压三相四线电能计量方式。但实际情况较复杂，应根据电网的实际工作接地方式配置不同种类的电能计量装置。

具体地，计量单相电能时选择安装单相电能表；计量低压三相四线电能时，计算负荷电流在60A及以下则选择安装直接接入式三相四线电能表，计算负荷电流在60A以上则选择安装经低压电流互感器接入式三相四线电能表；计量高压三相三线电能时选择安装经高压电流、电压互感器接入式三相三线电能表；计量高压三相四线电能时选择安装经高压电流、电压互感器接入式三相四线电能表。

Jb0004133006　集中器与主站通信的调试步骤有哪些？（5分）

考核知识点：用电信息采集装置运行维护

难易度：难

标准答案：

（1）确认集中器的SIM卡安装正确。

（2）确认外置天线安装完好，并且天线所处的位置信号良好，确保集中器的场强在12以上。

（3）确认SIM相关服务已开通。

（4）确认集中器的通信参数设置正确。

（5）确认集中器的通信模块的各个指示灯工作正常。

（6）确认集中器上电后通信流程走至“连接服务器”并且如果在后台建立了档案的前提下集中器可以“连接服务器成功”，否则根据通信流程说明来排查故障。

（7）确认集中器上线（集中器的上线标志是：网络灯常亮，信号强度足够，屏幕左上方的“G”常亮），并与后台对视。

（8）详细记录该集中器的位置及相关的安装信息。

Jb0004133007　整个台区完全采集不到数据，如何进行处理？（5分）

考核知识点：用电信息采集装置运行维护

难易度：难

标准答案：

（1）利用后台管理软件来判断集中器与主站的通信是否存在问题，如果集中器无法与主站进行通信，则将故障处理转入对集中器的通信故障处理。

（2）根据集中器上传的事件查看集中器是否出现断电事件，判断终端是否断电。

（3）如果集中器与主站通信良好，则需要进一步确定故障所在。

（4）如果不是通信故障引起的，则需要现场确认集中器中是否采集到数据，若集中器未采集到数据，首先，需要关注的是集中器的接线是否正确、稳固，现场常见的故障是由于A相电压接线故障或者A相接触不良导致集中器无法正常工作，可能导致集中器有时抄表正常，有时完全不抄表。

（5）通过观察集中器的载波模块指示灯或使用相应的设备（如抄控器）来确定集中器的载波模块是否正常，容易出现的故障是，集中器与载波模块的接口故障或者载波模块损坏。

（6）如集中器工作正常，需要确定集中器中的档案与现场是否一致，容易出现的故障是，串台区、电能表规约配置错误等。

（7）在新建小区，容易出现现场所有的采集器或者电能表未上电正常运行的情况。

Jb0004133008 GPRS通信常见故障及处理方法有哪些？（5分）

考核知识点：用电信息采集装置运行维护

难易度：难

标准答案：

（1）故障现象：终端安装到现场后，无法获得IP地址，无法注册前置机。观察信号强度发现只有一格或没有，重启终端后发现状态栏显示的终端信号强度小于13。用场强测试仪测试周围，发现信号强度衰减数值为－80～－95B。

原因分析：这是由于现场GPRS信号强度较弱造成的。

解决方法：将这些终端逻辑地址、大客户名称和地址统计出来并提交移动公司或者提交给终端厂家并邀请终端厂家、移动公司协商解决方案。

（2）故障现象：终端安装到现场后，在打开电屏门的状态下，终端可以正常上线并通过主站的联调；但是安装队关上柜门并离开现场一段时间后，由于现场停电等原因导致终端下线，发现终端掉线并再也无法重新上线。

原因分析：这是由于现场GPRS信号强度较弱造成的。但与第一点不同的是，终端所在电房周围的信号强度比较大，可以满足终端上线的要求，只是由于电屏门关闭后由于柜门对信号有较强的衰减作用，导致柜内终端无法接收外界的信号，一旦终端掉线就需要重新进行拨号并注册网络，此时如果信号强度不够，则极有可能导致终端无法成功注册前置机。这种现象一般出现在箱式变电站内比较多。

解决方法：针对此类终端，可加装外引天线，通过场强测试仪找到一个安全可靠并且信号强度较强的位置安置好外置天线的接收端。

（3）故障现象：终端安装到现场后，终端可以正常拨号并显示信号强度，但是无法正常通过身份验证并获得IP地址，也没有相应的提示信息显示。

原因分析：SIM卡相关业务开通异常或SIM卡欠费等，导致SIM卡无法通过身份验证导致拨号失败。

解决方法：针对此类终端，可将终端中的SIM卡取出并清除干净SIM卡表面的污垢后重新装入终端，同时检查确认终端的天线连接紧固，在现场信号强度达到要求的情况下，一般可以解决问题，否则可考虑更换终端。

（4）故障现象：终端安装现场信号强度大于18，终端可以通过身份验证并获得IP地址，但是注册前置机失败，终端显示“登陆前置机失败，休眠 5min”的信息。

原因分析：一般是由于终端中有关通道的参数设置有误造成的。

解决方法：重点检查终端通信通道参数设置，还要检查终端地址是否正确。

（5）故障现象：终端液晶屏无信号指示，终端无法获得 IP 地址，也无法注册前置机上线，重启终端后查看通信调试信息，没有显示正在拨号或信号强度、身份验证等信息提示，检查周围信号强度达到要求，可排除信号不够的可能性。

原因分析：这种故障一般为硬件故障，可能有以下几种原因：

1）由于终端本身的通信模块损坏或者 SIM 卡被烧坏、SIM 卡数据被损坏等原因造成；

2）由于终端在搬运和安装过程中导致通信模块松动或者由于在现场环境的高温条件下导致通信模块变形扩张，从而使得终端上的 SIM 卡插槽松动，SIM 卡接触不良而引起；

3）另外，如果 SIM 卡表面存在污垢或者由于高温和现场环境空气污染而导致 SIM 卡表面的铜膜被氧化也有可能产生上述故障；

4）终端天线松动或者接口处在高温下被氧化也有可能导致该现象；

5）SIM 卡被注销等。

解决方法：首先确定是否由于 SIM 卡原因造成，可用一张确信没有问题的备用卡来替换终端中原有的 SIM 卡，重新启动终端，如果成功注册上线说明原来的 SIM 卡有问题，可交移动公司解决；如果上述方法无法解决问题，可观察终端通信调试信息，若终端无法检测通信模块型号，且停留在“打开串口”状态，则可能是通信模块故障或模块与终端接口故障，需要更换通信模块或终端。

（6）故障现象：终端能够拨号成功上线，并与主站建立通信连接，但在十几秒甚至几秒钟后很快掉线并重新开始拨号。并且每次都能够拨号成功，不断重复上述过程。

原因分析：终端上线后与主站建立 TCP 连接后马上被系统关闭 TCP 连接，可能是终端 IP 不在系统路由表中，或系统对于同一个地址只允许一台终端上线，另一台地址相同的终端登录上线后系统自动踢出之前上线的终端。

解决方法：关闭终端电源，请系统操作人员召测终端数据，若系统仍显示终端通信正常，则表明系统内该终端地址被重复使用，需要同步更改终端地址和系统档案中对应的终端地址，并且设法确认另一台终端地址是否正确，如现场核实所有通信失败终端等。若排除了终端地址重复使用，则需要现场查看终端获取的 IP 地址，请移动公司确认该地址是否在预先正确分配的 IP 地址段，系统路由及防火墙配置是否正确。一般现场可通过更换 SIM 卡的方法解决 IP 地址分配不当的问题。

Jb0005133009　对高压客户的防窃电措施有哪些？（5 分）

考核知识点：违约用电、窃电的查处

难易度：难

标准答案：

电能计量装置的改造方案：采取加装干式组合互感器（高压计量箱），并在组合互感器一次侧用热缩护套（或冷缩护套）进行封闭，以防止在一次接线端子人为短路窃电，二次回路使用铠装导线，电能表、联合接线盒安装在设有密码和防撬锁的全封闭式表箱内等方法，使整个电能计量装置处在一个全封闭状态，并将计量点按以下方法迁移（即室内向室外迁移）。

（1）对部分专线专柜客户因历史原因计量点设在客户侧的一律依法将计量点迁移到产权分界点或变电站，并安装干式组合互感器（高压计量箱），使计量回路同其他回路分开，以避免通过中间环节窃电。

（2）对 10kV 公用线路上“T”接的专用变压器客户，特别是小型炼钢厂、页岩砖厂等私营企业、乡镇企业，将计量点迁移到 10kV 公用线与客户支线的上下层间，计量装置按高压客户的电能计量装

置改造方案进行安装。表箱安装在电杆上，同时在表箱内加装无线抄表装置，使抄收人员抄表更方便、快捷。给窃电带来一定的难度和风险，使窃电者无可乘之机。

（3）对于计量点设在客户侧，且计量方式为高供低计的客户，将计量方式改为高供高计，并将计量点迁移到配电室外进线电杆上或变压器高压侧，电能计量装置按高压客户的电能计量装置改造方案进行安装，使原来敷设在地下的电缆由表前线变成表后线。

Jb0006133010 箱式变电站的巡视检查内容有哪些？（5分）

考核知识点：箱式变电站的巡视检查

难易度：难

标准答案：

（1）箱式变电站的外壳是否有锈蚀和破损现象。

（2）箱式变电站的围栏是否完好。

（3）各种仪表、信号装置指示是否正常。

（4）各种设备有无异常情况，各部触点有无过热现象，空气断路器、互感器有无异声、有无灼焦气味等。

（5）各种充油设备的油色、油温是否正常，有无渗、漏油现象。

（6）各种设备的瓷件是否清洁，有无裂纹、损坏、放电痕迹等异常现象。

（7）断路器的分、合位置是否正确。

（8）箱体有无渗、漏水现象，基础有无下沉。

（9）各种标志是否齐全、清晰。

（10）低压母线的绝缘护套是否良好，有无过热现象。

（11）箱式变电站内是否有正确的低压网络图。

（12）周围有无威胁安全、影响工作和阻塞检修车辆通行的堆积物。

（13）防小动物设施是否完好。

（14）接地装置是否可靠，防雷装置是否完好。

Jb0006133011 低压设备故障处理的危险点预控应注意哪些？（5分）

考核知识点：低压设备检修的步骤

难易度：难

标准答案：

低压设备故障处理的危险点及控制措施见表Jb0006133011。

表Jb0006133011

危险点	控制措施
高低压感电	应由两人进行，一人操作，一人监护，夜间作业必须有足够的照明
	测量人员应了解测试仪表性能、测试方法及正确接线
	测量工作不得穿越虽停电但未经装设接地线的导线
误入带电设备	检修设备与相邻运行设备必须用围栏明显隔离，并悬挂“止步，高压危险”标示牌，标示牌应面对检修设备
高处作业	应戴好安全帽，正确使用安全带
零部件跌落打击	不准在测量设备构架上存放物件或工器具

Jb0006133012 10kV配电设备巡视的流程包括哪些？（5分）

考核知识点：10kV 配电设备巡视流程

难易度：难

标准答案：

10kV 配电设备巡视的流程包括安排巡视任务、巡视准备、设备检查、巡视总结、上报巡视结果等部分内容。

（1）安排巡视任务。设备管理人员对巡线人员安排巡视任务，安排时必须明确本次巡视任务的性质（定期巡视、特殊性巡视、夜间巡视、故障性巡视），并根据现场情况提出安全注意事项。特殊巡视还应明确巡视的重点及对象。

（2）巡视准备。准备好巡视工器具和必备用品。

1）巡视前检查望远镜等工器具是否好用。

2）巡视前应带好巡视手册和记录笔。

3）电缆隧道、偏僻山区和夜间巡线应由两人进行，汛期、暑天、雪天等恶劣天气巡线，必要时由两人进行。

4）根据实际需要，携带必要的食品及饮用水。

（3）设备检查。巡视人员应对所分配巡视任务内的设备不遗漏地进行巡视，对于发现的设备缺陷，应及时做好记录，如巡视中发现紧急缺陷时，应立即终止其他设备巡视，在做好防止行人触电的安全措施后，立即上报相关部门进行处理。

（4）巡视总结。巡视结束后，对巡视中发现的异常情况进行分类整理、汇总，如有设备变动应及时通知相关部门修改图纸。

（5）上报巡视结果。巡视人员将巡视结果总结后上报相关设备管理人员，设备管理人员填写缺陷记录，编排检修计划。

Jb0006133013　配电变压器的运行维护变压器是用来变换电压的电气设备，正常巡视周期及巡视内容有哪些？（5 分）

考核知识点：配电变压器巡视周期及巡视内容

难易度：难

标准答案：

装于室内的和市区的配电变压器一般每月至少巡视一次，户外（包括郊区及农村的）一般每季至少巡视一次。

（1）巡视内容如下：

1）套管是否清洁，有无裂纹、损伤、放电痕迹。

2）油温、油色、油面是否正常，有无异声、异味。

3）呼吸器是否正常，有无堵塞现象。

4）各个电气连接点有无锈蚀、过热和烧损现象。

5）分接开关指示位置是否正确，换接是否良好。

6）外壳有无脱漆、锈蚀；焊口有无裂纹、渗油；接地是否良好。

7）各部密封垫有无老化、开裂、缝隙，有无渗、漏油现象。

8）各部螺栓是否完整、有无松动。

9）铭牌及其他标志是否完好。

10）一、二次熔断器是否齐备，熔丝大小是否合适。

11）一、二次引线是否松弛，绝缘是否良好，相间或对构件的距离是否符合规定，工作人员上下电杆有无触电危险。

12）变压器台架高度是否符合规定，有无锈蚀、倾斜、下沉；木构件有无腐朽；砖、石结构台架有无裂缝和倒塌的可能；地面安装的变压器、围栏是否完好。

13）变压器台上的其他设备（如表箱、开关等）是否完好。

14）台架周围有无杂草丛生、杂物，特别是易燃物堆积，有无生长较高、较快的农作物、树、竹、藤蔓类植物接近带电体。

（2）在下列情况下应对变压器增加巡视检查次数：

1）新设备或经过检修、改造的变压器在投运 72h 内。

2）有严重缺陷时。

3）气象突变（如大风、大雾、大雪、冰雹、寒潮等）时。

4）雷雨季节特别是雷雨后。

5）高温季节、高峰负载期间。

Jb0006133014　跌落式熔断器主要由绝缘子、静触头、支架、熔丝管等部件组成，正常巡视周期及内容有哪些？（5 分）

考核知识点：跌落式熔断器的正常巡视周期及内容

难易度：难

标准答案：

装于市区的跌落式熔断器一般每月至少巡视一次，郊区及农村的一般每季至少巡视一次。

（1）巡视内容如下：

1）瓷件有无裂纹、闪络、破损及脏污。

2）熔丝管有无起层、炭化、弯曲、变形。

3）触头间接触是否良好，有无过热、烧损、熔化现象。

4）各部件的组装是否良好，有无松动、脱落。

5）引线触点连接是否良好，与各部件间距是否合适。

6）安装是否牢固，相间距离、倾斜角是否符合规定。

7）操动机构是否灵活，有无锈蚀现象。

（2）检查发现以下缺陷时，应及时处理：

1）熔断器的消弧管内径扩大或受潮膨胀而失效。

2）触头接触不良，有麻点、过热、烧损现象。

3）触头弹簧片的弹力不足，有退火、断裂等情况。

4）机构操作不灵活。

5）熔断器熔丝管易跌落，上下触头不在一条直线上。

6）熔丝容量不合适。

7）相间距离不足 0.5m，跌落熔断器安装倾斜角超出 150°～300° 范围。

Jb0006133015　电力电容器运行时的巡视检查周期及巡视内容有哪些？（5 分）

考核知识点：电容器运行时巡视检查周期及巡视内容

难易度：难

标准答案：

装于室内的和市区的电容器一般每月至少巡视一次，户外（包括郊区及农村的）一般每季至少巡视一次。

电容器正常巡视检查的内容如下：

（1）瓷件有无闪络、裂纹、破损和严重脏污。
（2）有无渗、漏油。
（3）外壳有无鼓肚、锈蚀。
（4）接地是否良好。
（5）放电回路及各引线触点是否良好。
（6）带电导体与各部的间距是否合适。
（7）开关、熔断器是否正常、完好。
（8）并联电容器的单台熔丝是否熔断。
（9）串联补偿电容器的保护间隙有无变形、异常和放电痕迹。
（10）装置有无异常的振动、声响和放电。
（11）环境温度不应超过 40℃，运行中电容器芯子最热点温度不超过 60℃，电容器外壳温度不得超过 55℃。
（12）自动投切装置动作正确。

Jb0006133016　电容器异常情况应该怎么操作？（5 分）

考核知识点：电容器运行维护

难易度：难

标准答案：

（1）发生下列情况之一时，应立即拉开电容器组开关，使其退出运行：

1）当长期运行的电容器母线电压超过电容器额定电压的 1.1 倍，或者电流超过额定电流的 1.3 倍以及电容器油箱外壳最热点温度超过 55℃或电容器室的环境温度超过 40℃时。

2）装有功率因数自动控制器的电容器，当自动装置发生故障时，应立即退出运行，并应将电容器组的自动投切改为手动，避免电容器组因自动装置故障频繁投切。

3）电容器连接线触点严重过热或熔化时。

4）电容器内部或放电装置有严重异常响声时。

5）电容器外壳有较明显异形膨胀时。

6）电容器瓷套管发生严重放电闪络时。

7）电容器喷油起火或油箱爆炸时。

（2）发生下列情况之一时，不查明原因不得将电容器组合闸送电：

1）当配电室事故跳闸时，必须将电容器组的开关拉开。

2）当电容器组开关跳闸后不准强送电。

3）熔断器熔丝熔断后，不查明原因，不准更换熔丝送电。

Jb0006133017　互感器的预防性试验项目、周期、要求有哪些？（5 分）

考核知识点：互感器的运行维护

难易度：难

标准答案：

（1）测量一次绕组对二次绕组及外壳、各二次绕组间及对外壳的绝缘电阻。

（2）测量 1000V 以上电压互感器的空载电流和励磁特性，应符合下列规定：

1）应在互感器的铭牌额定电压下测量空载电流。空载电流与同批产品的测量值或出厂数值比较，应无明显差别。

2）电容式电压互感器的中间电压变压器与分压电容器在内部连接时，可不进行此项试验。

（3）检查互感器的三相绕组联合组和单相互感器引出线的极性，必须符合设计要求，并应与铭牌上的标记和外壳上的符号相符。

（4）检查互感器变比，应与制造厂铭牌值相符，对多抽头的互感器，可只检查使用分接头的变化。

（5）测量铁芯夹紧螺栓的绝缘电阻，应符合下列规定：

1）在做器身检查时，应对外露的或可接触到的铁芯夹紧螺栓进行测量。

2）采用 2500V 绝缘电阻表测量，试验时间为 1min，应无闪络及击穿现象。

3）穿芯螺栓一端与铁芯连接者，测量时应将连接片断开，不能断开的可不进行测量。

（6）对绝缘性能可疑的油浸式互感器，绝缘油电气强度试验应符合有关规定。

（7）测量电压互感器一次绕组的直流电阻值，与产品出厂值或同批相同型号产品的测量值相比，应无明显差别。

（8）当断电保护对电流互感器的励磁有要求时，应进行励磁特性曲线试验。当电流互感器为多抽头时，可对使用抽头或最大抽头进行测量。同型式电流互感器特性相互比较，应无明显差别。互感器的试验要求在 1～3 年或大修后或必要时进行。

Jb0006133018 配电线路事故抢修流程是什么？（5 分）

考核知识点：配电线路事故抢修

难易度：难

标准答案：

正确的事故抢修流程是事故抢修质量的保证，是正确指挥的理论依据。应以“时间短、动作快、抢修准、质量高”为原则，按照“接收事故信息，查找事故点，启动抢修预案，事故处理，恢复送电，总结分析”的流程进行。

（1）接到故障通知后，立即通知运行管理单位人员进行巡线，查找故障点。

（2）在故障现场看守，防止行人误入带电区域而造成人员伤亡，已造成人员伤亡的要及时向领导汇报，并联系相关救护人员。

（3）进行现场勘查，做好抢修计划，并向运维主管单位汇报。

（4）启动事故抢修预案，做好人员分工以及工器具、材料的准备，填写事故应急抢修单。

（5）确认线路已停电，在故障线路两端做好安全措施后，开始抢修作业。

（6）抢修作业结束后，技术人员对现场进行验收，与作业人员一起在事故应急抢修单上签字确认，并带回单位保存。

（7）召开事故分析会，总结事故教训。

Jb0006133019 配电线路断线故障的处理方法和步骤有哪些？（5 分）

考核知识点：配电线路断线故障处理

难易度：难

标准答案：

受雷雨天气影响，或绝缘子闪络，或大风摇摆及外力破坏，都有可能发生断线事故，多发生在绝缘子与导线的结合部位。

（1）发生断线事故后，立即派人巡线，在出事地点看守，断落到地面的导线，应防止行人靠近接地点 8m 以内。

（2）立即向上级领导汇报事故现场情况及事故原因，如自然现象造成的事故应在上级领导的批准下通知保险公司等有关部门，以便索赔。

（3）拉开事故线路上级控制开关或接到领导通知确认线路停电，做好工作地段两端的安全措施后，方可开始抢修。

（4）组织人员，准备工具、材料，更换不能使用的金具及绝缘子，进行导线连接处理。

（5）导线断线，应将断线点在超过 1m 以外剪断重接，并用同型号导线连接或压接。

（6）将连接好的导线放在横担上方，用两套紧线器在横担两侧分别紧线，调匀弧垂后进行立瓶绑扎。

（7）避免在一个档距内有两个接头。

（8）搭接或压接的导线触点应距固定点 0.5m。

（9）断股损伤截面积不超过铝股总面积的 7%时，可缠绕处理，缠绕长度应超过损伤部位两端 100mm。

（10）断股损伤截面积超过铝股总面积的 7%而小于 25%时，可用补修管或加备线处理，补修管长度超出损伤部分两端各 30mm。

（11）断股损伤截面积超过铝股总面积的 25%，或损伤长度超过补修管长度，或导线出现永久性变形时，应剪断重接。

Jb0006133020　电力电缆线路巡视的工作内容有哪些？（5 分）

考核知识点：电力电缆线路巡视

难易度：难

标准答案：

（1）对敷设在地下的电缆线路应查看路面是否有未知的挖掘痕迹，电缆线路的标桩是否完整无缺。

（2）电缆线路上不可堆物。

（3）对于通过桥梁的电缆，应检查是否有因沉降而产生的电缆被拖拉过紧的现象，是否有由于振动而产生金属疲劳导致金属护套龟裂的现象，保护管或槽有无脱开或锈蚀。

（4）户外电缆的保护管是否良好，有锈蚀及碰撞损坏应及时处理。

（5）电缆终端是否洁净无损，有无漏胶、漏油、放电现象，接地是否良好。

（6）观察示温蜡片确定引线连接点是否有过热现象。

（7）多根电缆并列运行时，要检查电流分配和电缆外皮温度情况，发现各根电缆的电流和温度相差较大时，应及时汇报处理，以防止负荷分配不均引起烧坏电缆。

（8）隧道巡视要检查电缆的位置是否正常，接头有无变形和漏油，温度是否正常，防火设施是否完善，通风和排水照明设备是否完好。

（9）电缆隧道内不应积水、积污物，其内部的支架必须牢固，无松动和锈烂现象。

（10）发现违反电力设施保护的规定而擅自施工的单位，应立即阻止其施工，对按规定施工的单位，应做好电缆地下的分布情况现场交底工作，并加强监视和配合施工单位处理好施工中发生的与电缆线路有关的问题。

Jb0006133021　电力电缆线路常见故障的原因有哪些？（5 分）

考核知识点：电力电缆线路常见故障原因

难易度：难

标准答案：

（1）电缆本体常见故障原因。

1）电缆本体导体烧断或拉断。电缆本体的导体断裂现象在电缆制造过程中一般不存在，它一般发生在电缆的安装、运行过程中。

2）电缆本体绝缘被击穿。电缆绝缘被击穿的故障比较普遍，其原因主要有：

a. 绝缘质量不符合要求。绝缘质量受设计、制造、施工等方面因素的影响。

b. 绝缘受潮。绝缘受潮会导致绝缘老化而被击穿。

c. 绝缘老化变质。电缆绝缘长期在电和热的双重作用下运行，其物理性能将发生变化，导致绝缘强度降低或介质损耗增大，最终引起绝缘损坏发生故障。

d. 外护层绝缘损坏。对于超高压单芯电缆来讲，电缆的外护层也必须有很好的绝缘，否则将大大影响电缆的输送容量或造成绝缘过热而使电缆损坏。

（2）电缆附件常见故障原因。这里所说的电缆附件指电缆线路的户外终端、户内终端及接头。电缆附件故障在电缆事故中居很大比例，且大部分发生在10kV及以下的电缆线路上，主要有以下原因：

1）施工不良。在施工过程中，由于施工人员施工不良，造成电缆附件绝缘不符合要求，如损伤电缆的导体绝缘，应力锥处理不好，接头两端电缆的屏蔽层和半导电层连接处理不好，电缆附件防水密封处理不好，接头两端电缆的铠装层连接处理不好，在下雨天潮湿天气施工安装电缆附件等，都有可能造成电缆附件发生击穿故障。这类故障，在电缆附件故障中占有较大的比重。

2）绝缘材料不良。如分支手套、绝缘套管（热缩管或冷收缩）的收紧压力不足，导致电缆附件的防水密封不良，使导体绝缘受潮而引发故障。这是造成电缆中间接头故障的主要原因。

3）雷电灾害。雷击产生的线路过电压，会将电缆附件的绝缘薄弱点击穿，造成电缆故障。

4）污闪和雾闪。电缆附件表面积聚灰尘过多时，会引起表面闪络，即发生污闪，在大雾天还会发生雾闪。

5）腐蚀。与电缆本体相似，腐蚀也会对电缆附件（金属护套部分）产生影响，导致电缆附件发生故障。

6）绝缘老化。运行日久绝缘就会老化，长期受到风吹、日晒、雨淋，会加速绝缘的老化。

Jb0006133022　倒闸操作的基本要求有哪些？（5分）

考核知识点：倒闸操作的基本要求

难易度：难

标准答案：

（1）倒闸操作前，应核对线路名称、设备双重名称和状态。

（2）现场倒闸操作应执行唱票、复诵制度，宜全过程录音。操作人应按操作票填写的顺序逐项操作，每操作完一项，应检查确认后做一个“√”记号，全部操作完毕后进行复查。复查确认后，受令人应立即汇报发令人。

（3）监护操作时，操作人在操作过程中不得有任何未经监护人同意的操作行为。

（4）倒闸操作中产生疑问时，不得更改操作票，应立即停止操作，并向发令人报告。待发令人再行许可后，方可继续操作。任何人不得随意解除闭锁装置。

（5）在发生人身触电事故时，可以不经许可，立即断开有关设备的电源，但事后应立即报告值班调控人员（或运维人员）。

（6）停电拉闸操作应按照断路器—负荷侧隔离开关—电源侧隔离开关的顺序依次进行，送电合闸操作应按与上述相反的顺序进行。禁止带负荷拉合隔离开关。

（7）配电设备操作后的位置检查应以设备实际位置为准；无法看到实际位置时，应通过间接方法如设备机械位置指示、电气指示、带电显示装置、仪表及各种遥测、遥信等信号的变化来判断设备位置。判断时，至少应有两个非同样原理或非同源的指示发生对应变化，且所有这些确定的指示均已同时发生对应变化，方可确认该设备已操作到位。检查中若发现其他任何信号有异常，均应停止操作，查明原因。若进行遥控操作，可采用上述的间接方法或其他可靠的方法判断设备位置。对部分无法采用上述方法进行位置检查的配电设备，各单位可根据自身设备情况制定检查细则。

（8）解锁工具（钥匙）应封存保管，所有操作人员和检修人员禁止擅自使用解锁工具（钥匙）。若遇特殊情况需解锁操作，应经设备运维管理部门防误操作装置专责人或设备运维管理部门指定并经公布的人员到现场核实无误并签字，由运维人员告知值班调控人员后，方可使用解锁工具（钥匙）解锁。单人操作、检修人员在倒闸操作过程中禁止解锁；若需解锁，应待增派运维人员到现场，履行上述手续后处理。解锁工具（钥匙）使用后应及时封存并做好记录。

（9）断路器与隔离开关无机械或电气闭锁装置时，在拉开隔离开关前应确认断路器已完全断开。

（10）操作机械传动的断路器或隔离开关时，应戴绝缘手套。操作没有机械传动的断路器、隔离开关或跌落式熔断器时，应使用绝缘棒。雨天室外高压操作，应使用有防雨罩的绝缘棒，并穿绝缘靴、戴绝缘手套。

（11）装卸高压熔断器，应戴护目镜和绝缘手套。必要时使用绝缘操作杆或绝缘夹钳。

（12）雷电时，禁止就地倒闸操作和更换熔丝。

（13）配电线路和设备停电后，在未拉开有关隔离开关和做好安全措施前，不得触及线路和设备或进入遮栏（围栏），以防突然来电。

Jb0006133023　剩余电流动作保护器的安装要求有哪些？（5分）

考核知识点：剩余电流动作保护器安装要求

难易度：难

标准答案：

剩余电流动作保护器的接线要按产品说明书的要求接线，使用的导线截面积应符合要求。

剩余电流动作保护器标有“电源侧”和“负荷侧”时，电源侧接电源，负荷侧接负荷，不能反接。

安装组合式剩余电流动作保护器的空心式零序电流互感器时，主回路导线应并拢绞合在一起穿过互感器，并在两端保持大于15cm距离后分开，防止无故障条件下因磁通不平衡引起误动作。

安装了剩余电流动作保护器的低压电网线路的保护接地电阻应符合要求。

总保护采用电流型剩余电流动作保护器时变压器的中性点必须直接接地。在保护区范围内，电网中性线不得有重复接地。中性线和相线保持相同的良好绝缘，保护器后的中性线和相线在保护器间不得与其他回路共用。

剩余电流动作保护器安装时，电源应朝上垂直于地面，安装场所应无腐蚀气体、无爆炸危险物，防潮、防尘、防震、防阳光直晒，周围空气温度上限不超过40℃，下限不低于25℃。

Jb0006133024　试述接地干线的安装方法。（5分）

考核知识点：接地干线的安装

难易度：难

标准答案：

（1）接地线的敷设。接地干线应水平和垂直敷设（也允许与建筑物的结构线条平行），在直线段不应有弯曲现象。安装的位置应便于维修，并且不妨碍电气设备的拆卸与检修。

（2）接地线的间距。接地干线与建筑物或墙壁间应留有15～20mm的间隙。水平安装时离地面的距离一般为200～600mm，具体数据由设计决定。

（3）支点间距及安装。接地线支持卡子之间的距离：水平部分为1～1.5m；垂直部分为1.5～2m；转弯部分为0.3～0.5m。接地干线支持卡子应预埋在墙上，其大小应与接地干线截面配合。

（4）接地线的接线端子。接地干线上应装设接线端子（位置一般由设计确定），以便连接支线。

（5）接地线的引出、引入。接地干线由建筑物引出或引入时，可由室内地坪下或地坪上引出或

引入。

（6）接地线的穿越。当接地线穿越墙壁或楼板时，应在穿越处加套钢管保护。钢管伸出墙壁至少10mm，在楼板上至少要伸出30mm，在楼板下至少要伸出10mm。接地线穿过后，钢管两端要用沥青棉纱封严。

（7）接地线的跨越。接地线跨越门框时，可将接地线埋入门口的地面下，或让接地线从门框上方通过。

（8）接地线的连接。当接地线需连接时，必须采用焊接连接。圆钢与角钢或扁钢搭接时，焊缝长度至少为圆钢直径的6倍；两扁钢搭接时，焊缝长度为扁钢宽度的2倍；如采用多股绞线连接时，应使用接线端子进行连接。

（9）接地干线的其他安装要求。接地干线除按上述方法安装外，还应符合以下要求：

1）接地线与电缆或其他电线交叉时，其间隔距离至少为25mm。

2）接地线与管道、铁路等交叉时，为防止受机械损伤，均应加装保护钢管。

3）接地线跨越或经过有震动的场所时，应略有弯曲，以便有伸缩余地，防止断裂。

4）接地线跨越建筑物的伸缩沉降缝时，应采取补偿措施，补偿方法可采用将接地线本身弯曲成圆弧形状。

Jb0006133025　剩余电流动作保护器运行管理要求是什么？（5分）

考核知识点：剩余电流动作保护器运行要求

难易度：难

标准答案：

为能使剩余电流动作保护器正常工作，始终保持良好状态，从而起到应有的保护作用，必须做好下列各项运行管理工作：

（1）剩余电流动作保护器投入运行后，使用单位或部门应建立运行记录和相应的管理制度。

（2）剩余电流动作保护器投入运行后，每月需在通电状态下按动试验按钮，以检查剩余电流动作保护器动作是否可靠。在雷雨季节，应当增加试验次数。由于雷击或其他不明原因使剩余电流动作保护器动作后，应做仔细检查。

（3）为检验剩余电流动作保护器在运行中的动作特性及其变化，应定期进行动作特性试验。其试验项目为：测试动作电流值；测试不动作电流值；测试分断时间。剩余电流动作保护器的动作特性由制造厂整定，按产品说明书使用，使用中不得随意变动。

（4）凡已退出运行的剩余电流动作保护器在再次使用之前，应按（3）中规定的项目进行动作特性试验；试验时应使用经国家有关部门检测合格的专用测试仪器，严禁利用相线直接触碰接地装置的试验方法。

（5）剩余电流动作保护器动作后，经查验未发现故障原因时，允许试送一次；如果再次动作，应查明原因找出故障，必要时对其进行动作特性试验而不得连续强送；除经检查确认为剩余电流动作保护器本身发生故障外，严禁私自撤除剩余电流动作保护器强行送电。

（6）定期分析剩余电流动作保护器的运行情况，及时更换有故障的剩余电流动作保护器；剩余电流动作保护器的维修应由专业人员进行，运行中遇有异常现象应找电工处理，以免扩大事故范围。

（7）在剩余电流动作保护器的保护范围内发生电击伤亡事故，应检查剩余电流动作保护器的动作情况，并分析未能起到保护作用的原因。在未进行调查前应保护好现场，不得拆动剩余电流动作保护器。

（8）除了对使用中的剩余电流动作保护器必须进行定期试验外，对断路器部分也应按低压电器的有关要求进行定期检查与维护。

（9）各供电所至少应配备以下检测设备：500V 绝缘电阻表各 2 台；具有测试交流电流毫安挡级的钳形电流表 4 台；万用表 2 台。

Jb0006133026　剩余电流动作保护器的维护要求是什么？（5 分）

考核知识点：剩余电流动作保护器维护要求

难易度：难

标准答案：

（1）农村电网中，每年春季乡电管站应对保护系统进行一次普查，重点检查项目是：

1）测试保护器的动作电流值是否符合规定。

2）检查变压器和电动机的接地装置，有无松动或接触不良现象。

3）测量低压电网和电气设备的绝缘电阻。

4）测量中性点剩余电流，消除电网中的各种剩余电流隐患。

5）检查剩余电流动作保护器运行记录。

（2）农村电工每月至少要对保护器试验 1 次，每当雷击或其他原因使保护器动作后，也应做一次试验；农业用电高峰及雷雨季节要增加试验次数以确认其完好；对停用的剩余电流动作保护器，在使用前都应试验一次。注意：在进行动作试验时，严禁用相线直接触碰接地装置。平时应加强日常维护、清扫与检查。

（3）剩余电流动作保护器动作后应立即进行检查。若检查后未发现事故点，则允许试送一次。若再次动作，便要查明原因找出故障。使用中严禁私自撤除剩余电流动作保护器而强行送电。

（4）建立剩余电流动作保护器运行记录，内容包括安装、试验及动作情况等。要及时认真填写并定期查看分析，提出意见并签字。全年要统计辖区内剩余电流动作保护器的安装率、投运率、有效动作次数及拒动次数（指发生事故后保护器不动作的次数）。

（5）在保护范围内发生电击伤亡事故后，应检查剩余电流动作保护器的动作情况，分析未能起到保护作用的原因并保护好现场。此外应注意：不得改动剩余电流动作保护器；运行中若发现剩余电流动作保护器有异常现象时，应拉下进户开关找电工修理，防止扩大停电范围；不准有意使剩余电流动作保护器误动或拒动，更不准擅自将剩余电流动作保护器退出运行。

Jb0006133027　农业生产安全用电注意事项有哪些？（5 分）

考核知识点：农业生产安全用电注意事项

难易度：难

标准答案：

（1）农业生产用电严禁私拉乱接。严禁使用挂钩线、地爬线和绝缘不合格的导线用电。

（2）盖屋建房、排水灌溉、脱粒打稻等需在公用线路搭接电源的临时用电，应向当地供电企业办理临时用电申请。临时用电能表箱内应安装合格的剩余电流动作保护器。供电前应向客户交代临时用电安全注意事项，使用结束后及时拆除。临时用电期间，客户应设专人看管临时用电设施。

（3）农业生产中使用移动式抽水泵、农村家庭生活用潜水泵，以及养殖、制茶、大棚种植等，需要使用电动机械的，因工作环境相对潮湿、高温、易污染，客户应遵循下列规定：

1）必须安装单台设备专用的剩余电流动作保护器（末级保护）。

2）每次使用前，要检查剩余电流动作保护器是否处于完好状态。

3）使用的导线、开关等电器应确保满足载流量要求，绝缘和外观完好。当导线长度不满足要求需增加连接线时，接头处应用绝缘橡胶带、黑胶布缠包牢靠。

4）电动机的电缆接线连接要固定可靠，要防止使用过程中拉扯电缆或被重物碾轧。

5）电动机露天使用时应采取防雨、防潮措施，并有专人看守。

6）电动机械使用中发现有异常声响和异味、温度过高或冒烟时，应及时断开电源。

7）长期停用的电器应妥善保管，新购置或长期停用的电器、农用电动机械使用前，应检查其绝缘、运转情况，所选择的熔丝（体）规格应能对短路和过负荷起到有效保护作用。

8）潜水泵在使用过程中，在其附近水面禁止游泳、放牧及洗涮，以防漏电而发生意外。

Jb0006133028　杆塔上作业的主要安全措施是什么？（5 分）

考核知识点：杆塔上作业的安全措施

难易度：难

标准答案：

（1）登杆前应仔细检查杆根、基础、拉线等，工作前应再次确认作业范围无触电危险，如不能确定，则需重新验电。

（2）登杆前应认真核对、确认杆塔双重称号。应正确使用安全带（带后备保护绳），禁止杆上移位或上杆过程中不使用安全带。严禁安全带低挂高用。

（3）攀登老旧电杆前，应重点检查杆身是否牢固、杆根是否有裂纹、埋深是否满足要求、电杆拉线是否牢靠。杆上作业前还应检查横担、金具等是否严重锈蚀。

（4）新立杆塔在杆根基础未完全牢固前禁止攀登。

（5）在经泥石流冲刷、内涝洪水浸泡、大风吹刮、强降雨冲刷后的线路上作业时，工作前应对线路、配电设施进行仔细检查，必要时在采取增加临时拉绳（或支好架杆）、培土加固等措施后，在专人监护下登杆作业，严禁不采取可靠措施盲目作业。

（6）登杆前须认真检查登高器具（登高板、脚扣）是否牢固、可靠。严禁借助绳索、拉线上下杆塔。冰冻天气作业应增加相应防滑、防冻、保暖等措施。

（7）在可能有感应电的杆塔上作业时，在人体接触导线前应挂接保安线，作业结束人体脱离导线后方可拆除。

（8）杆上有人时禁止调整或拆除拉线。

（9）禁止用突然剪断导地线的方式松线。不得随意拆除受力构件。杆上作业、移位时必须手扶牢固构件，禁止失去保护绳进行作业或换位。

Jb0006133029　起重与运输工作的主要安全措施是什么？（5 分）

考核知识点：起重与运输工作的安全措施

难易度：难

标准答案：

（1）起吊物品不得超过起重机械额定载荷。吊件重量达到额定载荷的 95%时，要由起重专业技术人员在现场指挥。

（2）起吊前，工作负责人应全面检查吊绳、吊钩、支腿等，确认起重机械支平停稳。起吊时，应设专人指挥，明确分工，统一信号，发现异常应立即停止，查明原因处理后方可继续起吊。

（3）吊件全部离地后应暂停起吊，同时检查吊车自身稳定、重物捆绑、钢丝绳受力等情况。上述检查确认完好后方可继续起吊。

（4）起吊物应绑牢，吊钩悬挂点应与吊物重心在同一垂线上，吊钩钢丝绳应垂直，严禁偏拉斜吊。落钩时应防止吊物局部着地引起吊绳偏斜。吊物未固定好严禁松钩。

（5）在起吊过程中，受力钢丝绳的周围、上下方、内角侧和起吊物的下面，严禁有人逗留和通过。吊运重物不得跨越人员头顶，吊臂旋转半径以内严禁站人。

（6）起吊成堆物件时，应采取防止滚动或翻倒的措施。钢筋混凝土电杆应分层起吊，每次吊起前，剩余电杆应用木楔掩牢，防止散堆伤人。

（7）吊件不得长时间悬空停留；短时间停留时，操作人员、指挥人员不得离开工作岗位。

（8）吊车在带电设备下方或附近吊装时，须办理安全施工作业票，并有专业技术人员在场指导。吊车操作人员应与起吊指挥人员保持持续通信。吊车应接地，严禁起重臂跨越带电线路进行作业，起重臂及吊件的任何部位（在最大偏斜时）与带电体的最小距离不得小于最小安全距离。拉绳应使用绝缘绳。

（9）人力搬运时，道路应平坦畅通。山区机械牵引作业，牵引线路两侧 5m 以内不得有人。

Jb0006133030　低压带电作业的主要安全措施是什么？（5 分）

考核知识点：低压带电作业的安全措施

难易度：难

标准答案：

（1）低压带电作业应设专人监护。使用有绝缘柄的工具，并对其外裸导电部分进行绝缘处理，防止相间短路、接地。

（2）作业人员应穿全棉工作服、绝缘鞋，并戴手套、安全帽、护目镜等，操作时应站在干燥的绝缘物上。禁止在带电线路上直接使用锉刀、金属尺、金属毛刷等工具。

（3）在高低压同杆架设线路的低压带电线路上作业，应做好防止误碰高压带电设备的安全措施，确保作业人员工作活动范围与高压线路间保持足够的安全距离，无误触高压线路、开关、熔断器等设备的可能。

（4）登杆前，应先分清相线、中性线。断开导线应先断开相线，后断开中性线。搭接导线时顺序相反。人体不准同时接触两根导线。

（5）在杆上进行低压带电作业时，宜采用升降板登高，人体与电杆及金属构件接触部位宜用绝缘物进行包裹、隔离。

（6）使用配电作业车（绝缘斗臂车）作业，应专人指挥，提前选好工作方位、移动（升降）路线，确保升降过程中人体、车臂等与高压带电线路保持足够的安全距离。

Jb0006133031　家庭生活安全用电常识有哪些？（5 分）

考核知识点：安全用电常识

难易度：难

标准答案：

（1）客户应安装合格的户用和末级剩余电流动作保护器，不得擅自解除、退出运行。

（2）低压控制开关应串接在电源的相线上。擦拭、更换灯头和开关时，应断开电源后进行。在未断开电源的情况下，不能用湿手更换灯泡（管）；更换灯泡（管）时，人应站在干燥的木凳等绝缘物上。灯座的螺纹口应接至电源的中性线。

（3）固定使用的用电产品，应在断电状态下移动，并防止任何降低其安全性能的损坏。

（4）家用电器（具）出现冒烟、起火或爆炸等异常情况，应先断开电源，再采取相应措施防止引起火灾。

（5）电动、电热等电器使用过程中若遇突然停电，而此时离开使用电器的现场，应断开相应的电源，防止突然来电引发火灾或人身伤害。

（6）用电器具的外壳、手柄开关、机械防护有破损、失灵等有碍安全使用情况时，应及时修理，未经修复不得使用。

（7）长期放置不用的用电器具在重新使用前，应经过必要的检修和安全性能测试。新购置家用潜水泵应经绝缘测试合格，且加装剩余电流动作保护器后，方能使用。

（8）按照《中华人民共和国安全生产法》《中华人民共和国电力法》的有关规定，应教育和监督儿童安全用电。教育监督儿童不要随意触摸、插拔插头、插座，不要玩弄电气设备。在托儿所、幼儿园等儿童活动场所，电源插座安装高度不得低于1.7m，并应采取必要的防护措施。

（9）通信、有线电视等弱电线路与电力线路不得同孔入户或同管线敷设。

（10）农村自建房的内线敷设应采用耐气候型绝缘电线，电线截面按允许载流量选择，符合DL/T 499—2001《农村低压电力技术规程》的规定。

（11）雷雨天气时，不应打开电视机等使用天线的家用电器，并将电源插头拔出，防止雷击伤人或损坏电器。

Jb0006133032 如何预防大型机械外力破坏行为？（5分）

考核知识点：外力破坏

难易度：难

标准答案：

（1）责任单位应积极与地方政府相关部门联系，建立沟通机制，强化信息沟通，预先了解各类市政、绿化、道路建设等工程的规划和建设情况，及早采取预防措施。

（2）责任单位配合政府相关部门严格执行可能危及电力设施安全的规划项目、施工作业的审批制度，事前预防施工外力损坏电力设施事故的发生。

（3）各单位应商请当地政府电力管理部门或电力设施保护行政执法机构，加大对施工外力隐患的查处力度，保证及时消除危及电力设施安全运行的隐患。

（4）运维单位应组织建立吊车、水泥罐车等特种工程车辆车主、驾驶员及沿线大型工程项目经理、施工员、安全员等相关人员数据库（台账资料），开展电力安全知识培训，定期发送安全提醒短信，充分利用公益广告、媒体宣传等方式推动培训宣传工作常态化。

（5）对施工外力隐患（如大型施工项目），运行维护单位应事先与施工单位（含建设单位、外包单位）沟通，事先签订《电力设施保护安全协议》（包括保护范围、防护措施、应尽义务、违约责任、事故赔偿标准等内容），指导施工单位制订详细的《电力设施防护方案》。

（6）运行维护单位应根据《电力设施防护方案》对施工单位项目经理、安全员、工程车辆驾驶员等人员等进行现场交底，包括靠近工地的线路、线路对地的安全距离、地下电缆走向、各施工阶段不同施工机械对线路破坏的危险源及其控制措施、沟通渠道等。特别要加强对混凝土输送泵车清理输送管道环节重大危险源的控制。

（7）运行维护单位应要求施工单位在每个可能危及电力设施安全运行的施工工序开始前，通知运行维护人员前往现场监护。如遇复杂施工项目，应24h看守监护。

（8）运行维护单位应主动参加施工单位组织的工程协调会，分析确定施工各阶段的高危作业，提前预警。

（9）应按照《供用电营业规则》《电力供应与使用条例》《供用电合同》及其所附安全协议等有关规定制定内部工作程序，对于客户设施可能危及供电安全，确需中断供电的情况，履行必要手续。

Jb0006133033 造成台区长期高损的原因有哪些？请列举5条。（5分）

考核知识点：高损台区、负损台区异常产生的原因及其分析

难易度：难

标准答案：

主要有以下几个方面：

（1）台户关系不对应。

（2）营销系统内电能表倍率与现场不符。

（3）客户电能表采集失败。

（4）采集设备故障。

（5）光伏发电客户客电量采集错误。

（6）总表与客户电能表电量不同期。

（7）客户计量装置故障。

（8）电能表超容。

（9）供电设施老旧。

（10）客户窃电。

（11）台区配电变压器功率因数低。

Jb0006133034　列出电力网电力设备（线损或变压器）中功率损耗关系式。（5分）

考核知识点：功率损耗

难易度：难

标准答案：

$$\Delta P = 3I^2R\times10^{-3} = \frac{P^2+Q^2}{U^2}\times R\times10^{-3}$$

第十章　农网配电营业工（台区经理）高级技师技能操作

Jc0003143001　编制低压断路器安装工程交接验收要求。（100 分）

考核知识点： 编制工程验收要求

难易度： 难

技能等级评价专业技能考核操作工作任务书

一、任务名称

编制低压断路器安装工程交接验收要求。

二、适用工种

农网配电营业工（台区经理）高级技师。

三、具体任务

（1）准备必要的工具及纸张。

（2）工作任务：编制低压断路器安装工程交接验收要求。

四、工作规范及要求

（1）单人操作。

（2）考核时注意人身和设备安全。

（3）工作结束后恢复原始状态。

五、考核及时间要求

（1）本考核操作时间为 45 分钟，时间到停止考评。

（2）按照技能操作记录单的操作要求进行操作。

技能等级评价专业技能考核操作评分标准

<table>
<tr><td>工种</td><td colspan="6">农网配电营业工（台区经理）</td><td>评价等级</td><td>高级技师</td></tr>
<tr><td>项目模块</td><td colspan="5">工具和设备—设备运维</td><td>编号</td><td colspan="2">Jc0003143001</td></tr>
<tr><td>单位</td><td colspan="3"></td><td>准考证号</td><td colspan="2"></td><td>姓名</td><td></td></tr>
<tr><td>考试时限</td><td colspan="2">45 分钟</td><td>题型</td><td colspan="3">单项操作</td><td>题分</td><td>100 分</td></tr>
<tr><td>成绩</td><td></td><td>考评员</td><td></td><td>考评组长</td><td colspan="2"></td><td>日期</td><td></td></tr>
<tr><td>试题正文</td><td colspan="8">编制低压断路器安装工程交接验收要求</td></tr>
<tr><td>需要说明的问题和要求</td><td colspan="8">（1）给定条件：低压断路器安装完毕。
（2）编制交接验收要求。
（3）编制通电检查要求。
（4）编制验收提交资料和文件要求。
（5）各项得分均扣完为止</td></tr>
</table>

续表

序号	项目名称	质量要求	满分	扣分标准	扣分原因	得分
1	准备	正确规范填写考生信息	2	未按要求填写扣2分		
2	编制工程交接验收要求					
2.1	核对隔离开关型号	查看电器的型号、规格是否符合设计要求	7	未编制此项扣7分		
2.2	外观检查要求	电器的外观检查完好，绝缘器件无裂纹	7	未编制此项扣7分		
2.3	安装验收要求	电器安装牢固、平整，安装方式符合产品技术文件的要求	7	未编制此项扣7分		
2.4	电器的接零、接地	电器的接零、接地可靠	7	未编制此项扣7分		
2.5	连接线	电器的连接线排列整齐、美观	7	未编制此项扣7分		
2.6	电阻值	绝缘电阻值符合要求	7	未编制此项扣7分		
2.7	活动部件动作灵活	活动部件动作灵活、可靠，联锁传动装置动作正确	7	未编制此项扣7分		
2.8	标志	标志齐全完好、字迹清晰	7	未编制此项扣7分		
3	编制通电检查要求					
3.1	操作验收要求	操作时动作灵活、可靠	7	未编制此项扣7分		
3.2	响声	电磁器件无异常响声	7	未编制此项扣7分		
3.3	温度	线圈及接线端子的温度不超过规定	7	未编制此项扣7分		
3.4	接触电阻	触头压力、接触电阻不超过规定	7	未编制此项扣7分		
4	编制验收提交资料和文件要求					
4.1	设计变更	变更设计的证明文件	3	未编制此项扣3分		
4.2	产品说明书等	制造厂提供的产品说明书、合格证件及竣工图纸等技术文件	3	未编制此项扣3分		
4.3	安装记录	安装技术记录	3	未编制此项扣3分		
4.4	调整记录	调整试验记录	3	未编制此项扣3分		
4.5	清单	根据合同提供的备品、备件清单	2	未编制此项扣2分		
合计			100			

Jc0003143002　编制室内低压配线安装交接验收检查要求。（100分）

考核知识点：编制验收要求

难易度：难

技能等级评价专业技能考核操作工作任务书

一、任务名称

编制室内低压配线安装交接验收检查要求。

二、适用工种

农网配电营业工（台区经理）高级技师。

三、具体任务

（1）准备必要的工具及纸张。

（2）工作任务：编制室内低压配线安装交接验收检查要求。

四、工作规范及要求

（1）单人操作。

（2）考核时注意人身和设备安全。

（3）工作结束后恢复原始状态。

五、考核及时间要求

（1）本考核操作时间为45分钟，时间到停止考评。

（2）按照技能操作记录单的操作要求进行操作。

技能等级评价专业技能考核操作评分标准

<table>
<tr><td>工种</td><td colspan="6">农网配电营业工（台区经理）</td><td>评价等级</td><td colspan="2">高级技师</td></tr>
<tr><td>项目模块</td><td colspan="5">工具和设备—设备运维</td><td>编号</td><td colspan="3">Jc0003143002</td></tr>
<tr><td>单位</td><td colspan="3"></td><td>准考证号</td><td colspan="2"></td><td>姓名</td><td colspan="2"></td></tr>
<tr><td>考试时限</td><td colspan="2">45分钟</td><td>题型</td><td colspan="3">单项操作</td><td>题分</td><td colspan="2">100分</td></tr>
<tr><td>成绩</td><td></td><td>考评员</td><td></td><td>考评组长</td><td colspan="2"></td><td>日期</td><td colspan="2"></td></tr>
<tr><td>试题正文</td><td colspan="9">编制室内低压配线安装交接验收检查要求</td></tr>
<tr><td>需要说明的问题和要求</td><td colspan="9">（1）给定条件：安装完毕的室内低压配线。
（2）编制交接验收要求。
（3）编制验收提交资料和文件要求。
（4）各项得分均扣完为止</td></tr>
<tr><td>序号</td><td>项目名称</td><td colspan="2">质量要求</td><td>满分</td><td colspan="3">扣分标准</td><td>扣分原因</td><td>得分</td></tr>
<tr><td>1</td><td>准备</td><td colspan="2">正确规范填写考生信息</td><td>2</td><td colspan="3">未按要求填写扣2分</td><td></td><td></td></tr>
<tr><td>2</td><td>编制工程交接验收要求</td><td colspan="2"></td><td></td><td colspan="3"></td><td></td><td></td></tr>
<tr><td>2.1</td><td>距离</td><td colspan="2">各种规定的距离</td><td>7</td><td colspan="3">未编制此项扣7分</td><td></td><td></td></tr>
<tr><td>2.2</td><td>铁件固定</td><td colspan="2">各种支持件的固定</td><td>7</td><td colspan="3">未编制此项扣7分</td><td></td><td></td></tr>
<tr><td>2.3</td><td>配管安装</td><td colspan="2">配管的弯曲半径</td><td>7</td><td colspan="3">未编制此项扣7分</td><td></td><td></td></tr>
<tr><td>2.4</td><td>位置设置</td><td colspan="2">盒（箱）设置的位置</td><td>7</td><td colspan="3">未编制此项扣7分</td><td></td><td></td></tr>
<tr><td>2.5</td><td>明配线路</td><td colspan="2">明配线路的允许偏差值</td><td>7</td><td colspan="3">未编制此项扣7分</td><td></td><td></td></tr>
<tr><td>2.6</td><td>导线</td><td colspan="2">导线的连接和绝缘电阻</td><td>7</td><td colspan="3">未编制此项扣7分</td><td></td><td></td></tr>
<tr><td>2.7</td><td>接地、接零</td><td colspan="2">非带电金属部分的接地或接零</td><td>7</td><td colspan="3">未编制此项扣7分</td><td></td><td></td></tr>
<tr><td>2.8</td><td>防腐</td><td colspan="2">黑色金属附件防腐情况</td><td>7</td><td colspan="3">未编制此项扣7分</td><td></td><td></td></tr>
<tr><td>2.9</td><td>孔洞封堵</td><td colspan="2">施工中造成的孔、洞、沟、槽的修补情况</td><td>7</td><td colspan="3">未编制此项扣7分</td><td></td><td></td></tr>
<tr><td>3</td><td>编制验收提交资料和文件要求</td><td colspan="2"></td><td></td><td colspan="3"></td><td></td><td></td></tr>
<tr><td>3.1</td><td>竣工图</td><td colspan="2">竣工图</td><td>7</td><td colspan="3">未编制此项扣7分</td><td></td><td></td></tr>
<tr><td>3.2</td><td>设计变更</td><td colspan="2">变更设计的证明文件（包括施工内容明细表）</td><td>7</td><td colspan="3">未编制此项扣7分</td><td></td><td></td></tr>
<tr><td>3.3</td><td>安装记录</td><td colspan="2">安装技术记录（包括隐蔽工程记录）</td><td>7</td><td colspan="3">未编制此项扣7分</td><td></td><td></td></tr>
<tr><td>3.4</td><td>交叉跨越</td><td colspan="2">各种试验记录</td><td>7</td><td colspan="3">未编制此项扣7分</td><td></td><td></td></tr>
<tr><td>3.5</td><td>调整记录</td><td colspan="2">主要器材、设备的合格证</td><td>7</td><td colspan="3">未编制此项扣7分</td><td></td><td></td></tr>
<tr><td colspan="2">合计</td><td colspan="2"></td><td>100</td><td colspan="3"></td><td></td><td></td></tr>
</table>

Jc0003143003　编制电器照明安装交接验收检查要求。（100分）

考核知识点：编制安装验收要求

难易度：难

技能等级评价专业技能考核操作工作任务书

一、任务名称

编制电器照明安装交接验收检查要求。

二、适用工种

农网配电营业工（台区经理）高级技师。

三、具体任务

（1）准备必要的工具及纸张。

（2）工作任务：编制电器照明安装交接验收检查要求。

四、工作规范及要求

（1）单人操作。

（2）考核时注意人身和设备安全。

（3）工作结束后恢复原始状态。

五、考核及时间要求

（1）本考核操作时间为30分钟，时间到停止考评。

（2）按照技能操作记录单的操作要求进行操作。

技能等级评价专业技能考核操作评分标准

工种	农网配电营业工（台区经理）				评价等级	高级技师
项目模块	工具和设备—设备运维			编号	Jc0003143003	
单位		准考证号			姓名	
考试时限	30分钟	题型	单项操作		题分	100分
成绩		考评员		考评组长		日期
试题正文	编制电器照明安装交接验收检查要求					
需要说明的问题和要求	（1）给定条件：安装完毕的电器照明工程。 （2）编制交接验收要求。 （3）编制验收提交资料和文件要求。 （4）各项得分均扣完为止					

序号	项目名称	质量要求	满分	扣分标准	扣分原因	得分
1	准备	正确规范填写考生信息	5	未按要求填写扣5分		
2	编制工程交接验收要求					
2.1	检查照明器材的安装尺寸	并列安装的相同型号的灯具、开关、插座及照明配电箱（板），检查其中心轴线、垂直偏差、距地面高度	10	未编制此项扣10分		
2.2	插座安装	安装开关、插座的面板，盒（箱）周边的间隙，交流、直流及不同电压等级电源插座的安装	10	未编制此项扣10分		
2.3	灯具固定	大型灯具的固定，吊扇、壁扇的防松、防震措施	10	未编制此项扣10分		
2.4	照明配电箱安装	照明配电箱（板）的安装和回路编号	10	未编制此项扣10分		
2.5	测试	回路绝缘电阻测试和灯具试亮及灯具控制性能	10	未编制此项扣10分		
2.6	接地、接零	接地或接零	10	未编制此项扣10分		
3	编制验收提交资料和文件要求					

续表

序号	项目名称	质量要求	满分	扣分标准	扣分原因	得分
3.1	竣工图	竣工图	7	未编制此项扣 7 分		
3.2	设计变更	变更设计的证明文件（包括施工内容明细表）	7	未编制此项扣 7 分		
3.3	产品证件	产品的说明书、合格证等技术文件	7	未编制此项扣 7 分		
3.4	安装记录	安装技术记录	7	未编制此项扣 7 分		
3.5	试验记录	灯具程序控制记录和大型、重型灯具的固定及悬吊装置的过载试验记录	7	未编制此项扣 7 分		
合计			100			

Jc0003143004　三相异步电动机自动 Y—△启动控制线路（时间继电器转换）的现场安装及调试安装。（100 分）

考核知识点：电动机控制

难易度：难

技能等级评价专业技能考核操作工作任务书

一、任务名称

三相异步电动机自动 Y—△启动控制线路（时间继电器转换）的现场安装及调试安装。

二、适用工种

农网配电营业工（台区经理）高级技师。

三、具体任务

（1）准备必要的工具及安全工器具。

（2）工作任务：根据图 Jc0003143004－1、图 Jc0003143004－2，现场安装及调试安装三相异步电动机自动 Y—△启动控制线路（时间继电器转换）。

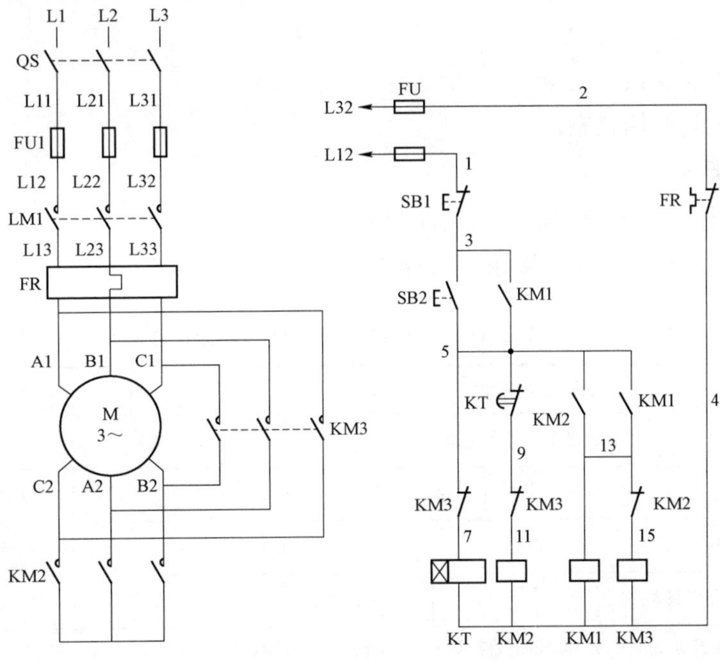

图 Jc0003143004－1

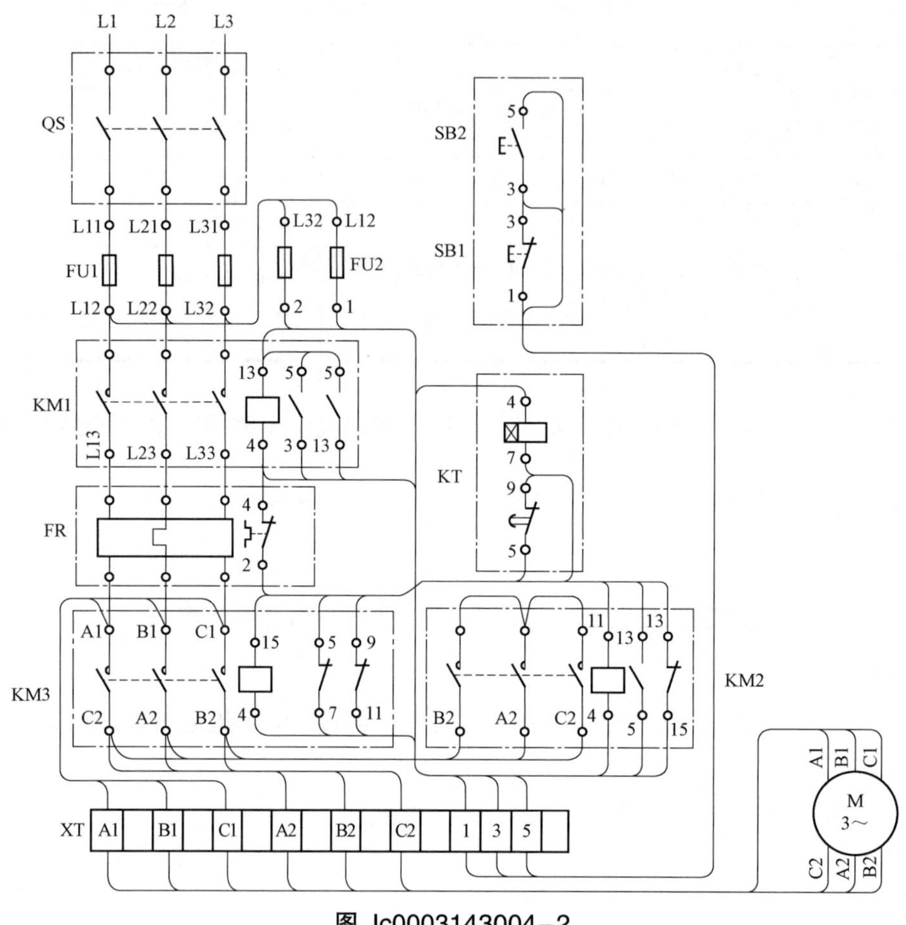

图 Jc0003143004－2

四、工作规范及要求

（1）单人操作。

（2）考核时注意人身和设备安全。

（3）工作结束后恢复原始状态。

五、考核及时间要求

（1）本考核操作时间为 15 分钟，时间到停止考评。

（2）按照技能操作记录单的操作要求进行操作。

技能等级评价专业技能考核操作评分标准

<table>
<tr><td>工种</td><td colspan="5">农网配电营业工（台区经理）</td><td>评价等级</td><td>高级技师</td></tr>
<tr><td>项目模块</td><td colspan="4">工具和设备—设备运维</td><td>编号</td><td colspan="2">Jc0003143004</td></tr>
<tr><td>单位</td><td colspan="2"></td><td>准考证号</td><td colspan="2"></td><td>姓名</td><td></td></tr>
<tr><td>考试时限</td><td colspan="2">15 分钟</td><td>题型</td><td colspan="2">单项操作</td><td>题分</td><td>100 分</td></tr>
<tr><td>成绩</td><td></td><td>考评员</td><td></td><td>考评组长</td><td></td><td>日期</td><td></td></tr>
<tr><td>试题正文</td><td colspan="7">三相异步电动机自动 Y—△启动控制线路（时间继电器转换）的现场安装及调试安装</td></tr>
</table>

续表

需要说明的问题和要求	（1）根据给定的三相异步电动机自动 Y—△启动控制线路（时间继电器转换）电气原理图和安装接线图，现场安装三相异步电动机自动 Y—△启动控制线路（时间继电器转换）。 （2）正确进行安装前电器元件检查。 （3）正确开展接线安装。 （4）要求有热继电器保护。 （5）要求时间继电器自动转换，确保电动机星型启动，三角形运行。 （6）要求须有辅助触点联锁。 （7）严格执行有关规程、规范。 （8）试车过程中防止短路、触电。 （9）严格执行有关规程、规范。 （10）试车过程中防止短路、触电。 （11）工作监护人一名，操作安装人一名。 （12）各项得分均扣完为止

序号	项目名称	质量要求	满分	扣分标准	扣分原因	得分
1	作业前准备					
1.1	工具选择	工具、元器件选择正确	3	仪表未放电扣 2 分； 元器件选择不当扣 1 分		
1.2	导线选择	导线选择正确，应按主回路选择 BV-2.5mm²，控制回路选择 BV-1.5mm²	2	导线选择不当，每个扣 1 分		
1.3	检查测试各器件	（1）测试、检查各元器件性能方法正确。 （2）首先检查刀开关的三极触刀与静插座的接触情况。 （3）拆下接触器的灭弧罩，检查相间隔板。 （4）认真检查选用交流接触器的主触点、辅助触点的接触情况，按下触点架检查各极触点的分合动作，必要时用万用表检查触点动作后的通断，以保证自保和联锁线路正常工作。 （5）用万用表测量电磁线圈的通断，并记下直流电阻值。 （6）测量电动机每相绕组的直流电阻值，并做记录。 （7）此外，还要认真检查热继电器，打开其盖板，检查热元件是否完好，用螺钉旋具轻轻拨动导板，观察动断触点的分断动作。 （8）检查延时类型，如不符合要求，应将电磁机构拆下，倒转方向后装回。 （9）用手压合衔铁，观察延时器的动作是否灵活，将延时时间调整到 5s（调节延时器上端的针阀）左右	15	未检查测试扣 15 分； 缺一小项未检测扣 2 分； 每一小项测试方法不当扣 2 分		
2	安装及空操试验					
2.1	检查安装	按图要求进行安装接线，完成后检查元器件安装是否牢固	5	未检查扣 5 分		
2.2	接线	接线正确，供电回路不得出现短路或断路，闭锁及时间继电器转换回路安装正确	20	接线不当扣 5 分； 供电回路出现短路或断路扣 10 分； 闭锁回路及时间继电器转换控制回路安装错误扣 5 分		
2.3	布线	布线工艺符合要求，导线接头方法正确	5	布线差、凌乱扣 2 分； 接头方法不当扣 3 分		
2.4	检查线路	（1）空操实验前，检查调试线路，检查方法正确。首先检查各端子处接线情况，排除虚接故障。 （2）在用万用表检查以下项目，断开 QS，摘下接触器灭弧罩，万用表拨到 R×1 挡，做以下各项检查：	15	未进行检查扣 15 分； 缺一小项未检查扣 2 分； 每小项检查方法不当扣 1 分		

续表

序号	项目名称	质量要求	满分	扣分标准	扣分原因	得分
2.4	检查线路	1）检查主电路。确保主回路不出现短路或断路。 2）检查辅助电路，拆下电动机接线，万用表笔接 L11、L31 端子，做如下几项测量： a. 检查启动控制。按下 SB2，应测得 KT 与 KM2 两只线圈的并联电阻值。 b. 同时按下 SB2 和 KM2 触头架，应测得 KT、KM2 及 KM1 三只线圈的并联电阻值；同时按下 KM1 与 KM2 的触点架，也应测得上述三只线圈的并联电阻值。 c. 检查联锁线路，按下 KM1 触点架，应测得线路中 4 个电器线圈的并联电阻值；再轻按 KM2 触头架使其动断触点分断（不要放开 KM1 触点架），切除了 KM3 线圈，测量的电阻值应增大。 d. 如果在按下 SB2 的同时轻按 KM3 触点架，使其动断触点分断，则应测得线路由通而断。 e. 检查 KT 的控制作用，按下 SB2 测得 KT 与 KM2 两只线圈的并联电阻值，再按住 KT 电磁机构的衔铁不放，约 5s 后，KT 的延时触点分断切除 KM2 的线圈，测得电阻值应增大	15	未进行检查扣 15 分； 缺一小项未检查扣 2 分； 每小项检查方法不当扣 1 分		
2.5	操作试验	（1）装好接触器的灭弧罩，检查三相电源，在指导老师的监护下通电进行空操作试验。 （2）首先合上 QS，按下 SB2，KT、KM2 和 KM1 应立即得电动作，约经 5s 后，KT 和 KM2 断电释放，同时 KM3 得电动作。 （3）在按下 SB1，则 KM1 和 KM3 释放。反复操作几次，检查线路动作的可靠性。 （4）调节 KT 的针阀，使其延时更准确	15	未进行操作实验扣 15 分； 缺一小项未实验扣 3 分； 每小项实验方法不当扣 2 分		
2.6	试车	（1）进行带负荷试车，断开 QS，接好电动机接线，仔细检查主电路各熔断器的接触情况，检查各端子的接线情况，做好立即停车的准备。 （2）首先合 QS，按下 SB2，电动机应得电启动转速上升，此时应注意电动机运转的声音。 （3）约 5s 后线路转换，电动机转速再次上升进入全压运行	10	未试车扣 10 分； 一小次试车不成功检查调整后再试成功扣 5 分； 再试不成功扣 10 分		
3	安全文明生产	严格遵守《国家电网公司电力安全工作规程（配电部分）》	5	违章作业，每次扣 1 分		
4	现场清洁	现场清洁，工具材料摆放整齐	5	不清洁扣 3 分； 摆放凌乱扣 2 分		
合计			100			

Jc0003143005　一台 10kV 柱上真空开关的现场安装。（100 分）

考核知识点：开关安装

难易度：难

技能等级评价专业技能考核操作工作任务书

一、任务名称

一台 10kV 柱上真空开关的现场安装。

二、适用工种

农网配电营业工（台区经理）高级技师。

三、具体任务

（1）准备必要的工具及安全工器具。

（2）工作任务：一台 10kV 柱上真空开关的现场安装。

四、工作规范及要求

（1）两人操作，一人监护。

（2）考核时注意人身和设备安全。

（3）工作结束后恢复原始状态。

五、考核及时间要求

（1）本考核操作时间为 90 分钟，时间到停止考评。

（2）按照技能操作记录单的操作要求进行操作。

技能等级评价专业技能考核操作评分标准

<table>
<tr><td>工种</td><td colspan="5">农网配电营业工（台区经理）</td><td>评价等级</td><td colspan="2">高级技师</td></tr>
<tr><td>项目模块</td><td colspan="4">工具和设备—设备运维</td><td>编号</td><td colspan="3">Jc0003143005</td></tr>
<tr><td>单位</td><td colspan="2"></td><td>准考证号</td><td colspan="2"></td><td>姓名</td><td colspan="2"></td></tr>
<tr><td>考试时限</td><td colspan="2">90 分钟</td><td>题型</td><td colspan="2">单项操作</td><td>题分</td><td colspan="2">100 分</td></tr>
<tr><td>成绩</td><td></td><td>考评员</td><td></td><td>考评组长</td><td></td><td>日期</td><td colspan="2"></td></tr>
<tr><td>试题正文</td><td colspan="8">一台 10kV 柱上真空开关的现场安装</td></tr>
<tr><td>需要说明的问题和要求</td><td colspan="8">（1）现场安装一台 10kV 柱上真空开关。
（2）要求两人操作，一人监护。
（3）防止开关在吊放过程中挤伤及坠落伤人。
（4）使用滑轮吊放，滑轮应挂在横担主材上，其吊挂用的绳套必须满足荷重要求。
（5）吊放前应检查滑轮门是否扣好，绳套是否挂牢，滑轮门钩应用铁丝封死。
（6）搬运时一定要注意，不能抬断路器的瓷套管，防止套管断折、裂纹。
（7）操作人员配合和谐，分工科学有序，合作高效。
（8）严格执行有关规程、规范。
（9）各项得分均扣完为止</td></tr>
<tr><td>序号</td><td>项目名称</td><td colspan="2">质量要求</td><td>满分</td><td colspan="2">扣分标准</td><td>扣分原因</td><td>得分</td></tr>
<tr><td>1</td><td>工作前准备</td><td colspan="2"></td><td></td><td colspan="2"></td><td></td><td></td></tr>
<tr><td>1.1</td><td>选择所需材料、工器具</td><td colspan="2">符合工作需要</td><td>5</td><td colspan="2">漏选、错选一项扣 1 分</td><td></td><td></td></tr>
<tr><td>1.2</td><td>10kV 柱上真空开关安装前检查</td><td colspan="2">检查瓷套、外壳及真空泡外观是否完好。检查真空断路器各可动部位的紧固螺栓有无松动。检查真空开关有无裂纹、破碎痕迹。检查拉杆、真空灭弧室动静触头两端的绝缘支撑杆有无裂纹、断裂现象，支撑绝缘子表面有无裂纹。操动机构进行分合闸 5～10 次检查，分合位置指示是否正确，检查真空断路器所有螺栓有无松动及变形</td><td>5</td><td colspan="2">不检查扣 5 分；
漏检扣 2 分</td><td></td><td></td></tr>
<tr><td>1.3</td><td>安全着装</td><td colspan="2">穿工作服，戴手套、安全帽、安全带，穿绝缘鞋</td><td>5</td><td colspan="2">不按规定着装，每处扣 2 分</td><td></td><td></td></tr>
</table>

续表

序号	项目名称	质量要求	满分	扣分标准	扣分原因	得分
2	工作过程					
2.1	登杆前检查	检查杆根和登杆工具及脚钉是否牢固	5	未检查扣5分		
2.2	登杆工具试验	登杆前对登杆工具进行冲击试验	5	未试验扣5分		
2.3	登杆	登杆动作规范、熟练，安全带使用正确	10	不熟练扣2分； 登杆未使用安全带扣2分； 中间滑落扣6分		
2.4	工作位置确定	杆上操作位置选择正确，安全带、吊物绳系绑固定规范	10	站位不当扣5分； 固定不当扣5分		
2.5	支架安装	支架传送安全，安装牢固可靠，符合规范要求	10	支架材料传送不当扣3分； 固定不当扣3分； 不规范、美观扣4分		
2.6	真空开关安装	（1）开关吊放捆绑符合要求，吊放安全，安装规定开关操作熟练，工具使用正确，与支架连接牢固，与线路导线的连接要紧密可靠，排列整齐、美观。 （2）使用相应设备线夹等符合有关规定	20	吊放捆绑不符扣2分； 不安全扣5分； 不熟练扣2分； 工具使用不当扣2分； 不符合规范，每项扣2分； 与支架及连接处不牢固扣2分； 未使用设备线夹扣5分		
2.7	避雷器安装	（1）支架传送安全，安装牢固可靠。避雷器安装符合有关规定（整齐一致、垂直安装相间距离不少于350mm）。 （2）避雷器与横担连接牢固。 （3）避雷器与各部件引线安装美观、牢靠，使用相应设备线夹等符合有关规定	10	支架材料传送不当扣2分； 固定不当扣2分； 不符合规范扣2分； 距离不当扣2分； 接线不牢固扣1分； 未使用设备线夹扣1分		
3	安全文明生产	操作过程中无工器具损伤，工作时无物件跌落，材料工具传递正确，杆上无遗留物，工作完毕清理现场，交还工器具	15	工具损伤扣2分； 有跌落物扣3分； 抛掷材料、器具扣4分； 有遗留物扣3分； 未清理、交还扣3分		
合计			100			

Jc0003153006　变压器绝缘电阻及吸收比的测量。（100分）

考核知识点：变压器检测

难易度：难

技能等级评价专业技能考核操作工作任务书

一、任务名称

变压器绝缘电阻及吸收比的测量。

二、适用工种

农网配电营业工（台区经理）高级技师。

三、具体任务

（1）准备必要的工具及安全工器具。

（2）工作任务：变压器绝缘电阻及吸收比的测量。

四、工作规范及要求

（1）一人操作，一人监护。

（2）考核时注意人身和设备安全。

（3）工作结束后恢复原始状态。

五、考核及时间要求

（1）本考核操作时间为60分钟，时间到停止考评。

（2）按照技能操作记录单的操作要求进行操作。

技能等级评价专业技能考核操作评分标准

<table>
<tr><td>工种</td><td colspan="5">农网配电营业工（台区经理）</td><td>评价等级</td><td>高级技师</td></tr>
<tr><td>项目模块</td><td colspan="4">工具和设备—设备运维</td><td>编号</td><td colspan="2">Jc0003153006</td></tr>
<tr><td>单位</td><td colspan="2"></td><td>准考证号</td><td colspan="2"></td><td>姓名</td><td></td></tr>
<tr><td>考试时限</td><td colspan="2">60 分钟</td><td>题型</td><td colspan="2">单项操作</td><td>题分</td><td>100 分</td></tr>
<tr><td>成绩</td><td></td><td>考评员</td><td></td><td>考评组长</td><td></td><td>日期</td><td></td></tr>
<tr><td>试题正文</td><td colspan="7">变压器绝缘电阻及吸收比的测量</td></tr>
<tr><td>需要说明的问题和要求</td><td colspan="7">（1）现场测量绝缘子的绝缘电阻。
（2）工作监护人一名，操作安装人一名。
（3）正确填写试验记录单。
（4）严格执行有关规程、规范。
（5）各项得分均扣完为止</td></tr>
</table>

序号	项目名称	质量要求	满分	扣分标准	扣分原因	得分
1	工作前准备					
1.1	断开被试设备电源	测试前将被试设备电源可靠断开	5	未断开扣5分； 不彻底扣2分		
1.2	绝缘电阻表使用前检查	检查表计，首先将两根引线相碰，慢慢摇动手柄，检查指针是否指向“0”，如不指，应调整表上的调零装置。后将两根引线分开，指针应指向“∞”	10	不检查扣10分； 不正确扣2分		
1.3	变压器高低压引线短接	将变压器高低压侧套管擦净，并将高压A、B、C相短接，将低压侧a、b、c相引线短接	10	套管未擦扣2分； 未短接扣5分； 短接不正确扣3分		
2	工作过程					
2.1	绝缘电阻表接线	绝缘电阻表“L”端接高压侧接线柱，“E”端接低压侧接线柱	10	接线错误扣10分		
2.2	记录测试温湿度	正确记录温度和湿度	5	未记录扣5分		
2.3	测量读数	将表放平，左手按住绝缘电阻表，右手顺时针摇动摇把，逐渐增高到120r/min，接上被测设备并计时，读取15s和60s的绝缘电阻值	20	方法不正确扣5分； 转速不稳读数扣5分； 手触及接线端钮扣5分； 测量值不准扣5分		
2.4	拆除仪表及短接线	拆除仪表及连线，先断开“L”端线，停止摇，防止电容电流向表计放电。拆除短接线前，应将高低压短接充分放电	10	未放电扣5分； 拆法错扣5分		
2.5	试验结果记录分析	将60s绝缘电阻值，换算到出厂试验时取同一温度值比较，判断是否合格，其阻值应不低于出厂的70%。计算R_{60}/R_{15}比值，判断吸收比是否合格。35kV及以下设备应不少于1.3	20	绝缘电阻值未换算扣10分； 判断结论错误扣10分		
3	安全文明生产	严格遵守规程、规范，无违章作业。操作过程中无工具、仪器损坏，工作完毕清理现场，交还工器具	5	仪违章作业扣2分； 仪器、工具损坏扣2分； 未清理、交还扣1分		
4	内容记录	记录内容准确、完整、清晰	5	内容不全扣3分； 不清晰扣2分		
合计			100			

Jc0003143007　编制更换一台 S11－50kVA 柱上变压器的安装施工方案。（100 分）

考核知识点： 编制方案

难易度： 难

技能等级评价专业技能考核操作工作任务书

一、任务名称

编制更换一台 S11－50kVA 柱上变压器的安装施工方案。

二、适用工种

农网配电营业工（台区经理）高级技师。

三、具体任务

编制和更换关于一台 S11－50kVA 柱上变压器的安装施工方案。

四、工作规范及要求

（1）单人操作。

（2）考核时注意人身和设备安全。

（3）工作结束后恢复原始状态。

五、考核及时间要求

（1）本考核操作时间为 45 分钟，时间到停止考评。

（2）按照技能操作记录单的操作要求进行操作。

技能等级评价专业技能考核操作评分标准

工种	农网配电营业工（台区经理）				评价等级	高级技师
项目模块	工具和设备—设备运维			编号	Jc0003143007	
单位		准考证号			姓名	
考试时限	45 分钟	题型	单项操作		题分	100 分
成绩		考评员		考评组长	日期	
试题正文	编制更换一台 S11－50kVA 柱上变压器的安装施工方案					
需要说明的问题和要求	（1）单人操作。 （2）考核时注意人身和设备安全。 （3）工作结束后恢复原始状态。 （4）各项得分均扣完为止					

序号	项目名称	质量要求	满分	扣分标准	扣分原因	得分
1	准备					
1.1	明确工作任务	根据运行单位的检修计划，明确由生产调度专工安排本班组的工作任务及内容	5	缺该项扣 5 分； 内容不准确扣 5 分		
1.2	查阅图纸，现场勘测	接到任务后，进行现场勘测或查阅图纸，熟悉现场情况，了解配电变压器所带负荷	5	缺该项扣 5 分； 内容不准确扣 5 分		
2	编制说明	（1）编制依据。 （2）本方案适用范围。 （3）遵守的有关规程制度	10	缺该项扣 10 分； 内容不准确扣 5 分		
3	组织措施	（1）成立组织机构，确定责任人，明确各级机构人员职责。 （2）本工程的主要任务工作量。 （3）具体工作分工	20	缺该项扣 20 分； 小项内容不准确扣 5 分		

续表

序号	项目名称	质量要求	满分	扣分标准	扣分原因	得分
4	技术措施	（1）明确施工方法及工艺质量标准等。 （2）材料准备及安装前检查事项。 （3）主要施工工器具准备及型号规格要求。 （4）施工机器的强度校核。 （5）主要施工工序技术要求	20	缺该项扣 20 分； 小项内容不准确扣 5 分		
5	安全措施	（1）设备材料及工器具的检查试验及安全运输要求。 （2）施工中的危险点分析及制定控制措施。 （3）停送电手续办理。 （4）现场安全技术措施的布置落实。 （5）现场施工的有关技术要求和注意事项	20	缺该项扣 20 分； 小项内容不准确扣 5 分		
6	工作终结验收	（1）办理工作终结手续。 （2）拆除安全措施按有关规定恢复送电	10	缺该项扣 10 分； 内容不准确扣 5 分		
7	资料存档	班组技术员将当天检修设备情况填写设备变动记录，交运行班归档	10	缺该项扣 10 分； 内容不准确扣 5 分		
合计			100			

Jc0003143008　编制一台 S11－50kVA 柱上变压器的安装验收方案。（100 分）

考核知识点： 编制方案

难易度： 难

技能等级评价专业技能考核操作工作任务书

一、任务名称

编制一台 S11－50kVA 柱上变压器的安装验收方案。

二、适用工种

农网配电营业工（台区经理）高级技师。

三、具体任务

编制关于一台 S11－50kVA 柱上变压器的安装验收方案。

四、工作规范及要求

（1）单人操作。

（2）考核时注意人身和设备安全。

（3）工作结束后恢复原始状态。

五、考核及时间要求

（1）本考核操作时间为 45 分钟，时间到停止考评。

（2）按照技能操作记录单的操作要求进行操作。

技能等级评价专业技能考核操作评分标准

<table>
<tr><td>工种</td><td colspan="5">农网配电营业工（台区经理）</td><td>评价等级</td><td>高级技师</td></tr>
<tr><td>项目模块</td><td colspan="4">工具和设备—设备运维</td><td>编号</td><td colspan="2">Jc0003143008</td></tr>
<tr><td>单位</td><td colspan="2"></td><td>准考证号</td><td colspan="2"></td><td>姓名</td><td></td></tr>
<tr><td>考试时限</td><td colspan="2">45 分钟</td><td>题型</td><td colspan="2">单项操作</td><td>题分</td><td>100 分</td></tr>
<tr><td>成绩</td><td></td><td>考评员</td><td></td><td>考评组长</td><td></td><td>日期</td><td></td></tr>
</table>

续表

试题正文	编制一台 S11－50kVA 柱上变压器的安装验收方案					
需要说明的问题和要求	（1）单人操作。 （2）考核时注意人身和设备安全。 （3）工作结束后恢复原始状态。 （4）各项得分均扣完为止					

序号	项目名称	质量要求	满分	扣分标准	扣分原因	得分
1	明确验收工作组成员及分工	验收作业人员两人以上，验收负责人一人。 验收负责人负责验收的组织领导，验收成员负责具体验收项目实施	5	缺该项扣 5 分； 内容不准确扣 1 分		
2	明确作业人员职责	（1）验收负责人，正确安全地组织验收工作，向验收人员布置验收任务，汇总验收结果，提出验收意见，根据验收标准严把验收质量，对验收的正确性负责。根据《国家电网公司电力安全工作规程(配电部分)》要求，在验收工作中作好安全监护，对验收成员的安全负责。 （2）验收成员，按照验收负责人布置的验收任务，严格按照验收标准进行验收，并及时将验收结果汇报验收负责人，对验收项目的正确性负责，对验收工作中的安全负责	10	缺该项扣 10 分； 缺一小项扣 5 分； 一小项内容不准确扣 2 分		
3	具有危险点分析及控制措施内容	（1）验收前不认真准备，不能保证验收质量和验收人员安全。验收前做好准备，保证验收质量，确保验收人员在验收过程中的安全。 （2）拆除安全措施后登杆验收设备。安全措施拆除后，严禁再登杆验收设备。 （3）登杆验收不戴安全帽，不系安全带，可能造成人员伤害。上杆验收，必须戴好安全帽，系好安全带。 （4）在没有专人监护的情况下登杆验收设备。登杆验收设备必须有专人监护。 （5）跌落式熔断器熔管脱落伤人。验收人员在摘挂熔管时，禁止跌落式熔断器下方有人，验收人员要戴安全帽。 （6）低压刀闸刀片脱落伤人。验收人员在摘挂刀片时，禁止低压隔离开关下方有人，验收人员要戴安全帽。 （7）验收中发现的问题提交、整改不全，产生质量隐患。验收中发现的问题要及时汇总，及时上报，及时处理	10	缺该项扣 10 分； 缺一小项扣 2 分； 每小项内容不准确扣 1 分		
4	列出验收前的准备工作内容	（1）验收人员与安装人员共同到达设备现场。 （2）安装施工人员准备好各开关、设备等的试验报告、出厂合格证及安装施工图纸等资料。 （3）验收负责人检查安装人员提供的资料完备齐全。 （4）验收负责人向验收成员交代验收任务、分工和注意事项。 （5）验收负责人向验收成员讲明验收中的安全注意事项。 （6）验收成员准备好验收用的各种工器具	10	缺该项扣 10 分； 缺一小项扣 2 分； 每小项内容不准确扣 1 分		
5	列出变压器台架验收内容	（1）变压器台架应与线路在一条直线上，台架杆埋深不小于杆高的 1/10 加上 0.7m。 （2）台架根开 2.5m 或 3m，台架梁下沿距地面高度不小于 2.5m。 （3）台架梁安装牢固，水平倾斜量不大于台架长度的 1/100。 （4）高压跌落式熔断器横担距地面高度为不低于 4.7m。避雷器横担与低压引线横担保持水平，且距台架梁上沿高度为 1.8～2.0m	10	缺该项扣 10 分 缺一小项扣 2.5 分； 每小项内容不准确扣 1 分		

续表

序号	项目名称	质量要求	满分	扣分标准	扣分原因	得分
6	列出变压器本体验收内容	（1）变压器套管表面光洁，无破损、裂纹现象。 （2）检查盖板、套管、油位计、排油阀等处是否密封良好，有无渗油现象；储油柜上的油位计是否完好，油位是否清晰且在与环境温度相符的油位线上。 （3）呼吸器内干燥剂正常，无受潮变色现象。 （4）变压器中性点与外壳连接后和避雷器接地线一起可靠接地，接地电阻符合要求。 （5）变压器固定应采用经过防锈处理的固定金具固定。 （6）变压器高低压引线与变压器接线桩头连接紧密牢靠，引线为铝绝缘线时，应有可靠的铜铝过渡措施。 （7）引线连接好后，排列整齐，松紧适中，不应使变压器接线桩头受力。 （8）防爆管（安全气道）的防爆膜是否完好，呼吸器的吸潮剂是否失效。 （9）变压器一、二次出线套管及与导线的连接是否良好，相色是否正确	10	缺该项扣 10 分； 缺一小项扣 2 分； 每小项内容不准确扣 1 分		
7	列出高压跌落式熔断器验收内容	（1）各部分零件完整，安装牢固。固定跌落式熔断器的螺栓应加装垫片和弹簧垫。 （2）转轴光滑灵活，铸件不应有裂纹，砂眼。 （3）绝缘件良好，熔丝管不应有吸潮膨胀或弯曲现象。 （4）熔管轴线与地面垂线的夹角在 15°～30°之间，两熔断器之间的距离不小于 500m。 （5）动作灵活可靠，接触紧密，合闸时上触点应有一定的压缩行程。 （6）熔断器上下引线连接可靠，排列整齐，长短适中，不应使熔断器承力	10	缺该项扣 10 分； 缺一小项扣 2 分； 每小项内容不准确扣 1 分		
8	列出避雷器验收内容	（1）安装牢固，排列整齐，高低一致，相间距离不小于 350mm。 （2）引下线应短而直，连接紧密，上引线应使用不小于 $25mm^2$ 的铜绝缘线，下引线应使用不小于 $25mm^2$ 的铜绝缘线。 （3）电气部分的连接不应使避雷器受力	10	缺该项扣 10 分； 缺一小项扣 3 分； 每小项内容不准确扣 1 分		
9	列出低压隔离开关验收内容	（1）安装牢固，排列整齐，高低一致，相间距离不小于 350mm。 （2）低压隔离开关与引线通过双孔铜铝过渡设备线夹可靠连接，铜铝设备线夹型号必须与导线型号相匹配。 （3）电气连接部分不应使低压隔离开关受力。 （4）低压隔离开关操作方便可靠	10	缺该项扣 10 分； 缺一小项扣 2.5 分； 每小项内容不准确扣 1 分		
10	具有外部环境验收内容	（1）验收负责人将验收结果按要求填写到验收报告中。 （2）验收负责人将验收中发现的问题以书面形式一次性提交安装单位整改。 （3）待整改完毕、验收合格后，验收负责人接收图纸资料，并在验收报告上签字	10	缺该项扣 10 分； 缺一小项扣 3 分； 每小项内容不准确扣 1 分		
11	具有验收总结	验收结束，汇报送电。验收负责人应将验收中发现的问题以书面形式一次性提交安装单位整改，整改后再认真验收	5	缺该项扣 5 分； 内容不准确扣 2 分		
合计			100			

Jc0003143009　模拟列出 10kV 箱式变电站的巡视检查要求及检查内容。（100 分）
考核知识点： 线路设备巡视
难易度： 难

技能等级评价专业技能考核操作工作任务书

一、任务名称

模拟列出 10kV 箱式变电站的巡视检查要求及检查内容。

二、适用工种

农网配电营业工（台区经理）高级技师。

三、具体任务

对 10kV 箱式变电站的巡视检查要求及检查内容进行模拟列出。

四、工作规范及要求

（1）单人操作。
（2）考核时注意人身和设备安全。
（3）工作结束后恢复原始状态。

五、考核及时间要求

（1）本考核操作时间为 30 分钟，时间到停止考评。
（2）按照技能操作记录单的操作要求进行操作。

技能等级评价专业技能考核操作评分标准

<table>
<tr><td>工种</td><td colspan="5">农网配电营业工（台区经理）</td><td>评价等级</td><td colspan="2">高级技师</td></tr>
<tr><td>项目模块</td><td colspan="4">工具和设备—设备运维</td><td>编号</td><td colspan="3">Jc0003143009</td></tr>
<tr><td>单位</td><td colspan="3"></td><td>准考证号</td><td></td><td>姓名</td><td colspan="2"></td></tr>
<tr><td>考试时限</td><td colspan="2">30 分钟</td><td>题型</td><td colspan="2">单项操作</td><td>题分</td><td colspan="2">100 分</td></tr>
<tr><td>成绩</td><td></td><td>考评员</td><td></td><td>考评组长</td><td></td><td>日期</td><td colspan="2"></td></tr>
<tr><td>试题正文</td><td colspan="8">模拟列出 10kV 箱式变电站的巡视检查要求及检查内容</td></tr>
<tr><td>需要说明的问题和要求</td><td colspan="8">（1）单人操作。
（2）考核时注意人身和设备安全。
（3）工作结束后恢复原始状态。
（4）各项得分均扣完为止</td></tr>
<tr><td>序号</td><td>项目名称</td><td colspan="2">质量要求</td><td>满分</td><td colspan="2">扣分标准</td><td>扣分原因</td><td>得分</td></tr>
<tr><td>1</td><td>巡视人员要求</td><td colspan="2">（1）巡视和检查一般应由两人一起进行。
（2）巡视人员应有电力工作经验，应熟悉设备运行情况、相关技术参数和周围自然情况及风土人情，在巡视中能通过看、听、摸、嗅、测的方法对设备进行检查。
（3）巡视人员应能对发现的缺陷进行准确分类</td><td>10</td><td colspan="2">缺该项扣 10 分；
内容不准确扣 5 分</td><td></td><td></td></tr>
<tr><td>2</td><td>巡视准备</td><td colspan="2">准备好巡视工器具和必备用品：
（1）准备检查测量仪器等工器具。
（2）应带好巡视手册和记录笔。
（3）根据实际需要，携带必要的食品及饮用水等</td><td>10</td><td colspan="2">缺该项扣 10 分；
缺一小项扣 5 分</td><td></td><td></td></tr>
<tr><td>3</td><td>正常巡视检查内容</td><td colspan="2"></td><td></td><td colspan="2"></td><td></td><td></td></tr>
</table>

续表

序号	项目名称	质量要求	满分	扣分标准	扣分原因	得分
3.1	外观检查	（1）检查箱式变电站的外壳是否有锈蚀和破损现象。 （2）检查箱式变电站的围栏是否完好。 （3）检查箱体有无渗、漏水现象，基础有无下沉。 （4）检查周围有无威胁安全、影响工作和阻塞检修车辆通行的堆积物。 （5）检查防小动物设施是否完好	15	缺该项扣 15 分； 内缺一小项扣 3 分； 每小项不准确扣 1 分		
3.2	内部检查	（1）检查各种仪表、信号装置指示是否正常。 （2）检查各种设备有无异常情况，各部触点有无过热现象，空气断路器、互感器有无异声、有无灼焦气味等。 （3）检查各种充油设备的油色、油温是否正常，有无渗、漏油现象。 （4）检查各种设备的瓷件是否清洁，有无裂纹、损坏、放电痕迹等异常现象。 （5）检查低压母线的绝缘护套是否良好，有无过热现象。 （6）检查断路器的分、合位置是否正确。 （7）检查各种标志是否齐全、清晰，是否有正确的低压网络图	20	缺该项扣 20 分； 内缺一小项扣 3 分； 每小项不准确扣 1 分		
3.3	接地装置检查	检查接地装置是否完好可靠，防雷装置是否完好	5	缺该项扣 5 分； 内容不准确扣 1 分		
4	特殊要求					
4.1	特殊巡视	有对箱式变电站产生破坏性的自然现象和气候（如大风、雷雨、地震等）及其他异常情况（如电缆线路有可能被施工、运输、爆破等原因破坏）时需进行特殊巡视	5	缺该项扣 5 分； 内容不准确扣 1 分		
4.2	夜间巡视	高峰负荷时间，为检查设备各部触点发热情况，有雾和小雨加雪天检查电缆终端头、绝缘子、避雷器等放电情况，需进行夜间巡视	5	缺该项扣 5 分； 内容不准确扣 1 分		
4.3	故障巡视	为查明事故情况需进行故障巡视。巡视时应视设备是带电的，与其保持足够的安全距离	5	缺该项扣 5 分； 内容不准确扣 1 分		
4.4	监察性巡视	运行单位的领导、专责技术人员为了了解设备运行情况和检查维护人员工作需进行监察性巡视，每半年至少进行一次巡视	5	缺该项扣 5 分； 内容不准确扣 1 分		
5	巡视总结	巡视结束后，对巡视中发现的异常情况，上报相关设备管理人员，由设备管理人员填写缺陷记录，编排检修计划，传递给检修班组消缺	10	缺该项扣 10 分； 内容不准确扣 5 分		
6	巡视检查注意事项	（1）巡视时，必须严格遵守《国家电网公司电力安全工作规程（配电部分）》关于设备巡视的有关规定，不得进行其他工作，确保巡视人员安全。 （2）巡视时如果发现危及安全的紧急情况，应立即采取防止行人触电的安全措施，并报告相关部门及领导组织处理。 （3）雷雨天气需要巡视时，应穿绝缘靴	10	缺该项扣 10 分； 小项内容不准确扣 2 分		
合计			100			

Jc0003143010　10kV 箱式变电站的运行维护项目及内容。（100 分）

考核知识点：线路设备巡视

难易度：难

技能等级评价专业技能考核操作工作任务书

一、任务名称

10kV 箱式变电站的运行维护项目及内容。

二、适用工种

农网配电营业工（台区经理）高级技师。

三、具体任务

根据 10kV 箱式变电站的运行维护项目及内容进行操作。

四、工作规范及要求

（1）单人操作。

（2）考核时注意人身和设备安全。

五、考核及时间要求

（1）本考核操作时间为 30 分钟，时间到停止考评。

（2）按照技能操作记录单的操作要求进行操作。

技能等级评价专业技能考核操作评分标准

<table>
<tr><td>工种</td><td colspan="5">农网配电营业工（台区经理）</td><td>评价等级</td><td>高级技师</td></tr>
<tr><td>项目模块</td><td colspan="4">工具和设备—设备运维</td><td>编号</td><td colspan="2">Jc0003143010</td></tr>
<tr><td>单位</td><td colspan="3"></td><td>准考证号</td><td></td><td>姓名</td><td></td></tr>
<tr><td>考试时限</td><td colspan="2">30 分钟</td><td>题型</td><td colspan="2">单项操作</td><td>题分</td><td>100 分</td></tr>
<tr><td>成绩</td><td></td><td>考评员</td><td></td><td>考评组长</td><td></td><td>日期</td><td></td></tr>
<tr><td>试题正文</td><td colspan="7">10kV 箱式变电站的运行维护项目及内容</td></tr>
<tr><td>需要说明的问题和要求</td><td colspan="7">（1）单人操作。
（2）考核时注意人身和设备安全。
（3）各项得分均扣完为止</td></tr>
</table>

<table>
<tr><th>序号</th><th>项目名称</th><th>质量要求</th><th>满分</th><th>扣分标准</th><th>扣分原因</th><th>得分</th></tr>
<tr><td>1</td><td>变压器的维护</td><td>变压器的维护内容：
（1）套管是否清洁，有无裂纹、损伤、放电痕迹。
（2）油温、油色、油面是否正常，有无异声、异味。
（3）呼吸器是否正常，有无堵塞现象。
（4）各个电气连接点有无锈蚀、过热和烧损现象。
（5）分接开关位置是否正确、换接是否良好。
（6）外壳有无脱漆、锈蚀；焊口有无裂纹、渗油，接地是否良好。
（7）各部密封垫有无老化、开裂，缝隙有无渗漏油现象。
（8）各部分螺栓是否完整、有无松动。
（9）铭牌及其他标志是否完好。
（10）一二次引线是否松弛，绝缘是否良好，相间或对构件的距离是否符合规定，对工作人员有无触电危险</td><td>20</td><td>缺该项扣 20 分；
内容不全面缺一小项扣 2 分；
内容不准确一小项扣 1 分</td><td></td><td></td></tr>
<tr><td>2</td><td>高压负荷开关的维护</td><td>维护内容：运行中的高压负荷开关设备经规定次数开断后，应检查触头接触情况和灭弧装置的消耗程度，发现有异变应及时检修或调换。高压负荷开关进线电缆有接在开关上口和下口的，应具体标明，在检修和维护过程中要特别注意</td><td>10</td><td>缺该项扣 10 分；
内容不全面准确扣 2 分</td><td></td><td></td></tr>
</table>

续表

序号	项目名称	质量要求	满分	扣分标准	扣分原因	得分
3	隔离开关、熔断器的维护	维护内容：瓷件无裂纹、闪络破损及脏污；熔断管无弯曲、变形；触头间接触良好，无过热、烧损、熔化现象；引线触点连接牢固可靠，各部件间距合适；操动机构灵活、无锈蚀现象	10	缺该项扣 10 分； 内容不全面缺一项内容扣 2 分		
4	DW 型空气断路器的维护	维护内容：断路器在使用过程中各个转动部分应定期或定次数注入润滑油；定期维护、清扫灰尘，以保持断路器的绝缘水平；当断路器遇到短路电流后，除必须检查触头外，还要清理灭弧罩两壁烟痕，如灭弧栅片烧损严重或灭弧罩碎裂，不允许再使用，必须更换灭弧罩	10	缺该项扣 10 分； 内容不全面缺一项内容扣 2 分		
5	DZ 型断路器的维护	维护内容：断路器断开短路电流后，应立即打开盖子进行检查。检查触头接触是否良好，螺钉、螺母是否松动。清除断路器内灭弧罩栅片上的金属粒子。检查操动机构是否正常。触头磨损 1/2 厚度的应更换新开关	10	缺该项扣 10 分； 内容不全面缺一项内容扣 2 分		
6	高、低压盘的维护	维护内容： （1）盘面应平整，不应有明显的凹凸不平现象。 （2）表面均应涂漆，并应有良好的附着力，不应有明显的不均匀、透出底漆。 （3）构架应有足够的机械强度，操作一次设备不应使二次设备误动作，构架应有接地装置。 （4）底脚平稳，不应有显著的前后倾斜、左右偏歪及晃动等现象，多面屏排列应整齐，屏间不应有明显的缝隙。 （5）焊接应牢固，无焊穿、裂缝等缺陷。 （6）金属零件的镀层应牢固，无变质、脱落及生锈现象。 （7）操作机械把手应灵活可靠，分、合指示正确	20	缺该项扣 20 分； 内容不全面缺一小项扣 2 分； 内容不准确一小项扣 1 分		
7	母线的维护	维护内容：母线应连接严密，应有绝缘护套，接触良好，配置整齐美观，用黄、绿、红三色标示出相位关系，不同金属连接时，应采取防电化腐蚀的措施。母线在允许载流量下，长期运行时允许发热温度为 70℃短时最高温升为：铜母线排 250℃；铝母线排 150℃	10	缺该项扣 10 分； 内容不全面缺一项内容扣 2 分		
8	防雷设备与接地装置维护	维护内容： （1）防雷装置应在雷雨季之前投入运行。 （2）防雷装置的巡视周期与箱式变电站的巡视周期相同。 （3）防雷装置检查、试验周期为一年一次，避雷器绝缘电阻试验一年一次，避雷器工频放电试验 3 年一次。 （4）箱式变电站所辖的电气设备的接地电阻测量每两年一次，测量接地电阻应在干燥天气进行；箱式变电站的接地装置的接地电阻不应大于 4Ω。 （5）箱式变电站内各部件接地应良好，引下线各接头应良好，接地卡子和引线连接处不应有锈蚀	10	缺该项扣 10 分； 内容不全面缺一小项扣 2 分； 内容不准确一小项扣 1 分		
合计			100			

Jc0003163011　配电线路断杆事故抢修。（100分）

考核知识点：事故抢修

难易度：难

技能等级评价专业技能考核操作工作任务书

一、任务名称

配电线路断杆事故抢修。

二、适用工种

农网配电营业工（台区经理）高级技师。

三、具体任务

进行配电线路断杆事故抢修操作。

四、工作规范及要求

（1）单人操作。

（2）考核时注意人身和设备安全。

（3）工作结束后恢复原始状态。

五、考核及时间要求

（1）本考核操作时间为60分钟，时间到停止考评。

（2）按照技能操作记录单的操作要求进行操作。

技能等级评价专业技能考核操作评分标准

工种	农网配电营业工（台区经理）					评价等级	高级技师
项目模块	工具和设备—设备运维				编号	Jc0003163011	
单位			准考证号			姓名	
考试时限	60分钟		题型	单项操作		题分	100分
成绩		考评员		考评组长		日期	
试题正文	配电线路断杆事故抢修						
需要说明的问题和要求	（1）给定条件：设定钢筋混凝土电杆断杆事故进行模拟处理。 （2）考虑全面，方法合适。 （3）各项得分均扣完为止						

序号	项目名称	质量要求	满分	扣分标准	扣分原因	得分
1	事故现场勘察	（1）接到故障通知后，立即进行巡线，查找故障点。 （2）彻底查明可能向作业地点反送电的所有电源，并核实断路器、隔离开关的编号，考虑施工器械的行走路线和工作位置，以及核查清楚对施工构成障碍的物体	10	未查找到故障点扣3分； 未说明反送电的可能扣3分； 未核对设备编号和作业位置扣4分； 未进行现场勘查扣10分		
2	制定抢修方案	抢修方案满足处理工作现场条件的要求。做好人员分工以及工器具、材料的准备	5	未制定事故抢修方案扣5分； 抢修方案制定不齐全扣2～3分		
3	填写事故应急抢修单	根据故障情况填写事故应急抢修单	5	未填写扣5分； 填写不清楚扣2～3分		
4	抢修过程					
4.1	安全措施的实施	工作负责人带领工作班成员进入作业现场，确认线路已停电，在故障线路两端做好安全措施后，开始抢修作业	10	未验电扣5分； 未挂接地线或接地线设置不合理扣5分		

续表

序号	项目名称	质量要求	满分	扣分标准	扣分原因	得分
4.2	基础施工	根据现场情况，进行电杆定位，开挖基础，允许误差为+100、−50mm	5	基坑位置不合适扣3分； 坑深不符合要求扣2分		
4.3	新电杆组立	清理现场障碍物，检查杆身质量，选择合适的立杆方法，布置好施工现场进行电杆的起立	20	为检查杆身质量扣5分； 立杆方法不合理扣5分； 立杆工艺交代不清楚，每处扣2分		
4.4	附件安装	安装横担、金具、绝缘子；对导线进行处理，紧线，调整弧垂满足要求	15	横担安装质量不合格扣5分； 金具组装不满足要求，每处扣1分； 导线处理不合理扣5分； 弧垂不满足要求扣3分		
4.5	验收	对电杆和导线进行验收	10	导线绑扎不牢固，每处扣1分； 其他安装质量不合适，每处扣2分		
5	清理现场	拆除旧杆，清理现场无遗留物，安全措施全部拆除	10	现场清理不彻底扣5分； 未拆除安全措施扣10分		
6	恢复送电	办理工作终结手续，与调度联系恢复送电	10	未办理终结手续扣5分； 未与调度联系恢复送电扣5分		
合计			100			

Jc0003143012　编制线路施工方案。（100分）

考核知识点：编制方案

难易度：难

技能等级评价专业技能考核操作工作任务书

一、任务名称

编制线路施工方案。

二、适用工种

农网配电营业工（台区经理）高级技师。

三、具体任务

进行线路施工方案的编制。

四、工作规范及要求

（1）单人操作。

（2）考核时注意人身和设备安全。

（3）工作结束后恢复原始状态。

五、考核及时间要求

（1）本考核操作时间为60分钟，时间到停止考评。

（2）按照技能操作记录单的操作要求进行操作。

技能等级评价专业技能考核操作评分标准

工种	农网配电营业工（台区经理）					评价等级	高级技师
项目模块	工具和设备—设备运维				编号	Jc0003143012	
单位			准考证号			姓名	
考试时限	60分钟	题型		单项操作		题分	100分
成绩		考评员		考评组长		日期	

续表

试题正文	编制线路施工方案
需要说明的问题和要求	（1）模拟操作采用书面形式答题。 （2）假设一个项目，并提出具体要求。 （3）思路清晰，条理清楚。 （4）各项得分均扣完为止

序号	项目名称	质量要求	满分	扣分标准	扣分原因	得分
1	编制说明	（1）编制依据。 （2）本方案适用范围。 （3）应遵守的规章制度。 （4）明确工日、工期	20	每缺少一项扣5分		
2	组织措施	（1）成立组织机构，确定机构负责人。 （2）明确各级机构、负责人的职权和职责。 （3）本项目的主要工作量。 （4）工作分工	20	每缺少一项扣5分		
3	技术措施	（1）依据项目要求选择合理的施工方案。 （2）施工的质量标准。 （3）选择主要施工工器具的规格型号。 （4）主要施工工器具的强度校核	20	每缺少一项扣5分		
4	安全措施	（1）设备、材料运输的安全要求。 （2）停送电联系程序。 （3）现场安全技术措施及危险点预控措施的落实。 （4）工器具检查和试验要求。 （5）登高作业的安全注意事项。 （6）大型操作项目的指挥、信号及工作人员的相互配合。 （7）更换设备的安全注意事项。 （8）出现异常情况时的处理程序	40	每缺少一项扣5分		
合计			100			

Jc0003163013　10kV 配电线路更换导线操作。（100 分）

考核知识点：导线更换

难易度：难

技能等级评价专业技能考核操作工作任务书

一、任务名称

10kV 配电线路更换导线操作。

二、适用工种

农网配电营业工（台区经理）高级技师。

三、具体任务

进行 10kV 配电线路导线更换的操作。

四、工作规范及要求

（1）两人操作。

（2）考核时注意人身和设备安全。

（3）工作结束后恢复原始状态。

五、考核及时间要求

（1）本考核操作时间为 60 分钟，时间到停止考评。

（2）按照技能操作记录单的操作要求进行操作。

技能等级评价专业技能考核操作评分标准

<table>
<tr><td>工种</td><td colspan="5">农网配电营业工（台区经理）</td><td>评价等级</td><td>高级技师</td></tr>
<tr><td>项目模块</td><td colspan="4">工具和设备—设备运维</td><td>编号</td><td colspan="2">Jc0003163013</td></tr>
<tr><td>单位</td><td colspan="2"></td><td>准考证号</td><td colspan="2"></td><td>姓名</td><td></td></tr>
<tr><td>考试时限</td><td colspan="2">60 分钟</td><td>题型</td><td colspan="2">单项操作</td><td>题分</td><td>100 分</td></tr>
<tr><td>成绩</td><td></td><td>考评员</td><td></td><td>考评组长</td><td></td><td>日期</td><td></td></tr>
<tr><td>试题正文</td><td colspan="7">10kV 配电线路更换导线操作</td></tr>
<tr><td>需要说明的问题和要求</td><td colspan="7">（1）按规定要求进行着装。
（2）可由两人配合操作。
（3）工作条件：不带电的孤立档实习线路，无交叉跨越；拉线完好；不需验电、挂接地线；导线无损伤，弧垂按杆上所画标记为准。
（4）节约时间不加分，超时停止作业，未完成项目不得分。
（5）各项得分均扣完为止</td></tr>
</table>

序号	项目名称	质量要求	满分	扣分标准	扣分原因	得分
1	着装	正确佩戴安全帽，穿工作服，穿绝缘鞋	5	没穿工作服（工作鞋）、没戴安全帽，每项扣 2 分； 帽扣带不系紧，衣、袖扣没扣，鞋带不系每项扣 1 分		
2	材料、工具准备	正确选用材料、正确选用工器具，规格数量满足工作要求	5	每缺少一项或规格不符合要求或数量每缺少一件，扣 1 分		
3	办理、宣读工作票	办理电力线路第一种工作票，现场宣读工作票	5	未办理工作票扣 5 分； 未宣读工作票扣 3 分		
4	登杆前检查及准备	登杆前检查基础、杆身、拉线是否牢固，质量是否符合要求；检查登杆工具和安全带并做冲击试验	5	登杆前检查，每缺少一项扣 2 分； 脚扣和安全带少检查一项扣 2 分； 未做冲击试验，每个扣 2 分		
5	上、下电杆	登杆动作应熟练、规范，登杆过程中应全程使用安全带	10	登杆动作不熟练扣 5 分； 未全程使用安全带扣 5 分		
6	拆除旧线					
6.1	拆除前准备	登杆悬挂放线滑车；利用紧线器收紧导线，使耐张绝缘子串不受力；将牵引绳与导线连接	10	未悬挂放线滑车扣 2 分； 导线受力过大扣 4 分； 连接不牢固扣 4 分		
6.2	松旧线	杆上作业人员拆除线夹，将导线放于滑车内，利用牵引绳使导线缓慢落地	10	导线未放在滑车内扣 5 分； 放松速度过快扣 5 分		
7	展放新线					
7.1	将新线固定在旧线尾端	连接牢固，方法正确	5	连接不牢固扣 5 分		
7.2	放线	用旧导线带新导线进行放线，放线过程中检查导线质量，检查有无卡阻现象	10	放线时未检查导线质量扣 5 分； 牵引速度过快扣 5 分		
8	紧线	紧线前应再次检查导线质量；悬挂好弧垂板后可以开始紧线操作，紧线时应同时收紧两边相，弧垂满足要求后停止紧线	10	未检查导线质量扣 2 分； 紧线不符合要求扣 4 分； 导线受力过大扣 4 分		
9	挂线、固定	弧垂合格后进行划印，挂线、固定	10	固定前未缠绕铝包带扣 4 分； 固定不牢固扣 3 分； 弧垂不合格扣 3 分		
10	安全文明生产	不能出现高空落物，工具材料不能随意乱放等	10	工器具、材料放置不当，每件次扣 1 分； 发生高空落物，每件次扣 5 分； 在施工中出现严重不安全因素取消资格		
11	现场清理	工作完毕后清理工作现场	5	未清理扣 5 分		
合计			100			

Jc0003143014　10kV 电力电缆热缩终端头制作。（100 分）

考核知识点：电缆头制作

难易度：难

技能等级评价专业技能考核操作工作任务书

一、任务名称

10kV 电力电缆热缩终端头制作。

二、适用工种

农网配电营业工（台区经理）高级技师。

三、具体任务

进行 10kV 电力电缆终端头的制作。

四、工作规范及要求

（1）两人操作。

（2）考核时注意人身和设备安全。

（3）工作结束后恢复原始状态。

五、考核及时间要求

（1）本考核操作时间为 60 分钟，时间到停止考评。

（2）按照技能操作记录单的操作要求进行操作。

技能等级评价专业技能考核操作评分标准

工种	农网配电营业工（台区经理）					评价等级	高级技师
项目模块	工具和设备—设备运维				编号	Jc0003143014	
单位			准考证号			姓名	
考试时限	60 分钟		题型	单项操作		题分	100 分
成绩		考评员		考评组长		日期	
试题正文	10kV 电力电缆热缩终端头制作						
需要说明的问题和要求	（1）给定条件：制作交联聚乙烯绝缘电力电缆热缩终端头一个。 （2）天气条件良好，满足电缆头制作要求。 （3）电缆经试验合格，无缺陷。 （4）正确核对电缆相位。 （5）电缆端头处理合理，接地线焊接牢固、规范。 （6）电缆头接线鼻子型号与电缆线芯匹配，压接钳压模与接线鼻子匹配，压接质量合格。 （7）热缩顺序正确，工艺符合要求。 （8）能正确、安全使用热缩工具。 （9）各项得分均扣完为止						

序号	项目名称	质量要求	满分	扣分标准	扣分原因	得分
1	着装	正确佩戴安全帽，穿工作服，穿绝缘鞋	3	没穿工作服（工作鞋）、没戴安全帽，每项扣 2 分； 帽扣带不系紧，衣、袖扣没扣，鞋带不系，每项扣 1 分		
2	剥切电缆的外护层，锯钢铠					
2.1	校直电缆	制作电缆头之前首先应把电缆校直（无明显弯曲可不用）	2	未校直扣 2 分		

续表

序号	项目名称	质量要求	满分	扣分标准	扣分原因	得分
2.2	剥切外护套	按规定尺寸剥除外护套	5	割切断面不平扣1分； 剥切尺寸错误扣2分； 剥切方法不合适扣2分		
2.3	剥切钢铠前临时绑扎	距离外护套30mm处用细铁扎丝将钢甲绑扎，绑扎应牢固	4	绑扎尺寸不合适扣2分； 绑扎不牢固扣2分		
2.4	锯除钢铠	锯钢铠时不能伤及内护层且断面应整齐	4	断面不整齐扣2分； 伤及内护层扣2分		
3	焊接地线					
3.1	选择接地线	软铜编织线，截面积不小于10mm²。	1	接地线选择不合适扣1分		
3.2	处理钢铠	用砂纸去除接地线焊接点处的氧化层	1	未去除氧化层扣1分		
3.3	固定接地线	用镀锡铜线将接地线绑在钢铠上	3	固定不牢固扣3分		
3.4	焊接接地线	将接地线一端拆开均分为三份。将每一份重新编织后分别绕包在三相屏蔽层上并绑扎牢固，锡焊在各相铜带屏蔽上	5	焊接点不牢固，每处扣1分		
3.5	接地线防水处理	在防潮段的接地线用焊锡填满编织线的空隙长约20mm	3	不做防潮段扣2分； 焊锡填充空隙长度不够扣1分		
4	剥切内护层	钢带断口外保留10mm内衬层，其余切除。注意不要伤及铜屏蔽层。除去填充物，分开绝缘线芯	5	尺寸不合适扣1分； 断口不整齐扣1分； 伤铜屏蔽层扣2分； 填充物切割不完整扣1分		
5	安装分支套管					
5.1	填充三芯分支处	用填充胶填充三芯分支处及铠装周围	3	未填充分支处扣2分； 填充工艺不符合要求扣1分		
5.2	套入分支套管	把分支手套套至电缆根部，用破布条勒住三支分叉处向下用力拉，使其与电缆线芯根部尽量靠紧	2	套入时损坏套管扣1分； 与根部接触不紧扣1分		
5.3	热缩分支套管	先对分支部位加热收缩，逐步向绕包部位加热收缩	7	加热顺序不正确扣2分； 将分支手套烫伤，每处扣2分； 热缩工艺不好，每处扣1分		
6	剥切铜带屏蔽、半导电层	从分支套手指端部向上量40mm切断铜屏蔽层，保留半导电层20mm，其余剥除	8	铜屏蔽层未绑扎进行切割扣1分； 伤及半导体层扣1分； 伤及主绝缘层扣5分； 断口不整齐，每处扣1分		
7	绕包半导体带和自黏带	（1）用半导电带填充半导电层与主绝缘的间隙20mm，以半叠绕方式绕包一层，与半导电层和主绝缘各搭接10mm，形成平滑过渡。 （2）从半导电层中间开始向上以半叠绕方式绕包自黏带1～2层	5	未清除主绝缘表面残余半导体层扣1分； 绕包工艺不好扣1分； 半导体层和主绝缘未搭接扣2分； 未缠绕自黏带扣1分		
8	压接接线端子					
8.1	剥切主绝缘	电缆绝缘线芯末端的绝缘剥切长度K为接线端子孔深加5mm，绝缘线芯端部绝缘削成铅笔头状	5	剥切长度不合适扣1分； 未削成铅笔头扣2分； 工艺不好扣1分； 伤及线芯扣1分		
8.2	处理线芯和接线鼻子	用汽油和钢丝刷清理线芯和接线鼻子上油污及氧化层	3	未用汽油清洗，每处扣1分； 未用钢丝刷清理扣1分		
8.3	压接	用压钳和模具进行接线端子压接；压后应修整棱角毛刺。清洁端子表面，用自黏带填充压坑并填充线芯绝缘末端与接线端子之间	7	压模不合适扣2分； 压模数不符合要求扣2分； 压好后未处理，每项扣1分； 线鼻压接平面未在外扣2分		

续表

序号	项目名称	质量要求	满分	扣分标准	扣分原因	得分
9	安装应力控制管	清洁半导电层、铜、屏蔽及主绝缘表面，确保绝缘表面没有炭迹。套入应力控制管，应力控制管下端与分支套手指上端相距20mm。自下而上热缩应力管，在应力控制管上端包绕自黏带，使其平滑过渡	6	未清洁，每处扣1分； 应力管套入尺寸不合理扣1分； 热缩工艺不好，每处扣1分； 热缩顺序不正确扣2分； 热缩后未缠自黏带扣1分		
10	套装热收缩管	清洁线芯绝缘表面、应力控制管及分支套表面；套入热收缩管，热收缩管下部与分支套手指部搭接20mm，用弱火焰自下往上环绕加热收缩	7	没有进行清洁扣2分； 搭接长度超过20mm扣5分		
11	安装雨裙	清洁热收缩管表面，套入三孔雨裙，下落到分支套手指根部，自下而上加热收缩。再在每相上套入两个单孔雨裙，找正后自下而上加热收缩	3	未热缩雨裙扣3分； 热缩工艺不好扣1分； 热缩顺序不正确扣1分		
12	热缩相色标志	相色标志正确	3	不符合要求，每相扣1分		
13	安全文明生产	喷枪点火时不准对着人和设备	3	每出现一次扣1分		
14	现场清理	工作完毕后清理现场	2	现场未清理扣2分		
合计			100			

Jc0003153015　10kV 电力电缆热缩中间接头制作。（100 分）

考核知识点：电缆中间头制作

难易度：难

技能等级评价专业技能考核操作工作任务书

一、任务名称

10kV 电力电缆热缩中间接头制作。

二、适用工种

农网配电营业工（台区经理）高级技师。

三、具体任务

进行 10kV 电力电缆中间接头的制作。

四、工作规范及要求

（1）两人操作。

（2）考核时注意人身和设备安全。

（3）工作结束后恢复原始状态。

五、考核及时间要求

（1）本考核操作时间为 60 分钟，时间到停止考评。

（2）按照技能操作记录单的操作要求进行操作。

技能等级评价专业技能考核操作评分标准

工种	农网配电营业工（台区经理）				评价等级	高级技师
项目模块	工具和设备—设备运维			编号	Jc0003153015	
单位		准考证号			姓名	
考试时限	60 分钟	题型	单项操作		题分	100 分

续表

成绩		考评员		考评组长		日期	
试题正文	10kV 电力电缆热缩中间接头制作						
需要说明的问题和要求	（1）给定条件：制作交联聚乙烯绝缘电力电缆热缩中间接头一个。 （2）天气条件良好，满足电缆头制作要求。 （3）电缆经试验合格，无缺陷。 （4）正确核对电缆相位。 （5）电缆端头处理合理，接地线焊接牢固、规范。 （6）电缆头接线鼻子型号与电缆线芯匹配，压接钳压模与接线鼻子匹配，压接质量合格。 （7）热缩顺序正确，工艺符合要求。 （8）能正确、安全使用热缩工具。 （9）各项得分均扣完为止						

序号	项目名称	质量要求	满分	扣分标准	扣分原因	得分
1	着装	正确佩戴安全帽，穿工作服，穿绝缘鞋	3	着装不规范，每处扣 1 分		
2	剥切电缆的外护层，锯钢铠	剥切制作电缆头所需尺寸的外护层和钢铠				
2.1	校直电缆	将 2 根待接电缆两端 2m 内校直、锯齐（无明显弯曲可不用）	2	未校直扣 2 分		
2.2	剥切外护套	按要求剥除外护套。长端剥除 1000mm，短端剥除 500mm	5	割切断面不平扣 1 分； 剥切尺寸错误扣 2 分； 方法不合适扣 2 分		
2.3	剥切钢铠	分别在两端外护套断口处向铠装带量 30mm 做标记并扎绑铜线，去掉多余钢铠带，将裸露的 30mm 钢铠锉光	7	绑扎不牢固扣 1 分； 断面不整齐扣 2 分； 伤及内护层扣 2 分； 未锉光扣 2 分		
3	剥除内护层	钢带向上留 60mm 内护套，其余剥去，把余下的内护层表面打磨粗糙；三相分开，剥去的内衬物保留备用	7	断口不整齐扣 1 分； 内护层表面未打磨扣 2 分； 内衬物保留不完整扣 2 分； 伤铜屏蔽层扣 2 分		
4	清洁电缆本体	清洁两端电缆本体，清洁长度大于内外护套热缩管长度	4	未清洁，每处扣 1 分； 清洁长度不够，每处扣 1 分		
5	套入热缩护套管	分别在长端和短端电缆上套入内外护套热缩管	2	未套入扣 2 分		
6	切除铜屏蔽带	自接头中心向两端各量取 250mm，用黏胶带绕包两层，切除铜屏蔽带	4	断口不整齐扣 1 分； 伤及半导体层和内绝缘扣 2 分； 未缠绕扣 1 分		
7	剥去半导体层	剥去半导体层。注意：不要损伤绝缘体，将半导电层末端倒角，使半导电层与绝缘层平滑过渡	6	伤及绝缘扣 2 分； 半导体层未处理扣 2 分； 处理工艺不好扣 2 分		
8	剥切绝缘层	按 1/2 接续管长度加 3mm，切取两端绝缘层。并将线芯绝缘端头处削成铅笔头状	5	剥切时伤及线芯，每处扣 1 分； 未削成铅笔头状扣 2 分		
9	清洗绝缘表面	用细砂纸打磨绝缘层表面，以除去残留的半导电颗粒和刀痕；用清洗巾清洁绝缘层和半导电层表面（清洗时必须由绝缘层擦向半导电层），并均匀地抹上一层硅脂	6	未去除半导体颗粒扣 2 分； 未清洗绝缘层和半导体层扣 2 分； 清洗顺序不正确扣 1 分； 未涂硅脂扣 1 分		
10	热缩应力管	要求应力管覆盖绝缘层的长度为 70mm	3	热缩时覆盖绝缘层长度不够扣 1 分； 热缩工艺不好扣 2 分		

续表

序号	项目名称	质量要求	满分	扣分标准	扣分原因	得分
11	套入各种管材	在剥切较长端套入护套管、内外绝缘管和外半导电管，在短端套入内半导电管和铜网	2	套入管材不合适，每处扣1分		
12	压接连接管	将2根电缆线芯根据相色分别插入连接管，按照压接标准用压钳压紧；锉平连接管上的棱角、毛刺，清除金属尘粒	6	压接工艺不好扣2分； 压接后未处理扣2分； 半导体带缠绕工艺不好扣2分		
13	绕包半导电带	连接管上采用半重叠法绕包一层半导电带至线芯根部并填平连接管压坑	3	绕包方法不合理扣1分； 压坑未填平扣2分		
14	安装内半导电管	将内半导电管放置中间部位，加热收缩；两端绕密封胶均匀过渡	3	热缩工艺不好扣1分； 两端未密封扣2分		
15	安装内、外绝缘管	内绝缘管搭接一端铜屏蔽30mm左右，加热收缩；清洁内绝缘管表面，把外绝缘管置中，加热收缩	5	内绝缘管与铜屏蔽未搭接扣2分； 未清洁内绝缘管就热缩外绝缘扣2分； 热缩工艺不好扣1分		
16	安装外半导电管	将一根外半导电管套至绝缘管外，一端与铜带搭接30mm左右，从搭接处向接头中心加热收缩；用半导电带绕包末端的台阶；将另一根外半导电管套至绝缘管外，与另一端铜带搭接30mm，从搭接处向接头中心加热收缩；两端用半导电带绕包至铜屏蔽搭接20mm	7	加热顺序不正确扣2分； 外半导体管搭接不合理，每处扣2分； 热缩后未缠绕半导体带扣2分； 热缩工艺不好扣1分		
17	恢复铜屏蔽带	恢复铜屏蔽带，将各相的屏蔽铜网拉开并与两端铜屏蔽带连通，用焊锡与铜屏蔽焊接牢固	4	未与两端铜屏蔽连接扣4分； 铜屏蔽焊接不牢，每处扣2分		
18	热缩内护套管	将三相芯线握紧用自黏带扎牢，套上内护套与电缆本体内护套搭接热缩，两端内护套中在中间搭接长度不小于60mm	6	三相线芯未整理好扣2分； 内护套未与本体内护套连接扣2分； 内护套中间搭接不好扣2分		
19	钢铠连接	用接地铜编织线连接两端的钢铠，用铜扎线扎紧焊牢	3	未绑扎接地线扣2分； 未焊牢，每处扣1分		
20	热缩外护套管	在外护套两端绕密封胶，缩外护套管，两护套管搭接处绕密封胶，要求相互搭接60mm	5	两端未缠绕密封胶扣2分； 搭接处未缠绕密封胶扣2分； 搭接尺寸不够扣1分		
21	现场清理	工作完毕后清理现场	2	现场未清理扣2分		
合计			100			

Jc0005163016　三相三线制电能计量装置接线分析。（100分）

考核知识点：抄表异常分析与处理

难易度：难

技能等级评价专业技能考核操作工作任务书

一、任务名称

三相三线制电能计量装置接线分析。

二、适用工种

农网配电营业工（台区经理）高级技师。

三、具体任务

使用相位伏安表完成指定三相三线制电能计量装置相关参数的测量分析接线形式，并计算错误接线的更正系数及退补电量，见表Jc0005163016。

表 Jc0005163016

编号		姓名		工位号	

一、实测数据

表 1　　测定三相电压、电流

U_{12}	U_{32}	U_{13}	I_1	I_2

表 2　　确定 B 相

U_{1n}	U_{2n}	U_{3n}

表 3　　测定电压电流相位及确定相序

相位差	$\dot{U}_{32}$	$\dot{I}_1$	$\dot{I}_2$	电压相序判断	电压相别判断	U_1	U_2	U_3
$\dot{U}_{12}$								

二、错误接线相量图

三、错误接线示意图：

四、判断结论

接线组别	第一元件：	说明：
	第二元件：	

五、写出错误接线的功率表达式：

$P_1=$　　　　$P_2=$

$P_{总}=$

六、计算更正系数：

七、计算退补电量：

四、工作规范及要求

（1）着装符合要求，穿全棉长袖工作服、绝缘鞋，戴安全帽、线手套。

（2）携带自备工具（钢笔或中性笔、计算器、三角尺）进入现场，待考评老师宣布许可工作命令后开始工作并计时。

（3）打开计量柜（箱）门之前必须对柜（箱）体验电，现场操作严格执行《国家电网有限公司营销现场作业安全工作规程（试行）》。

（4）工作结束清理现场，并向监考老师报告。

五、考核及时间要求

本考核操作时间为30分钟，时间到停止考评。

技能等级评价专业技能考核操作评分标准

工种	农网配电营业工（台区经理）					评价等级	高级技师
项目模块	营销服务—抄表与计量				编号	Jc0005163016	
单位			准考证号			姓名	
考试时限	30分钟		题型	单项操作		题分	100分
成绩		考评员		考评组长		日期	
试题正文	三相三线制电能计量装置接线分析						
需要说明的问题和要求	（1）要求单人操作； （2）操作应注意安全，按照标准化作业书的技术安全说明做好安全措施。 （3）各项得分均扣完为止						

序号	项目名称	质量要求	满分	扣分标准	扣分原因	得分
1	工具使用及安全措施					
1.1	相关安全措施的准备	安全帽、工作服、绝缘鞋、手套、验电笔	5	准备不齐全或着装不规范，每项扣1分		
1.2	各种工器具正确使用	（1）正确使用验电笔。 （2）熟练正确使用相位伏安表	5	未验电扣2分； 验电方法不当扣1分； 工器具掉落，每次扣1分； 相位伏安表使用不当，每次扣1分； 测量过程摘手套扣1分； 测量完毕后再次申请测量扣5分		
2	相关参数测量					
2.1	数据测量	（1）正确填写电能表基本信息。 （2）正确记录实测数据并判断电压相序	10	电能表基本信息，填写不正确，每处扣1分； 测量数据不正确，每项扣1分； 无单位，每处扣0.5分，最多扣2分； 相序判断不正确扣2分		
3	绘制错误接线图及相量图					
3.1	错误接线相量图	正确绘制错误接线相量图	15	电压、电流相量标记错误，每项扣2分； 无相量符号扣1分； 相量角度偏差超过15°，每项扣2分； 未标记功率因数角，每项扣2分		
3.2	错误接线形式	正确判断错误接线形式	10	错误接线形式判断不正确，每项扣2分		
3.3	错误接线示意图	正确绘制错误接线示意图	15	电压、电流回路接线不正确，每处扣2分； 中性线接线不正确扣2分； 未标注同名端扣2分		
4	计算功率表达式					
4.1	各元件的功率表达式	正确书写各元件的功率表达式	6	每个元件的功率表达式不正确扣3分		
4.2	计算总功率	正确计算总功率	4	每个元件的功率表达式不正确扣2分； 未化简扣2分		
5	计算更正系数	正确计算更正系数	10	更正系数表达式不正确扣10分； 未化简扣5分； 结果不正确扣5分		
6	计算退补电量	正确计算退补电量	10	退补电量公式列写不正确扣10分； 计算结果不正确扣5分		
7	现场恢复	恢复现场	10	未进行现场恢复扣10分		
合计			100			